KB022111

쇼 미 더 허니

쇼 미 더 허니
꿀벌과 함께한 뜻밖의 모험

초판 1쇄 펴냄 2023년 9월 1일

지은이   데이브 도로기
옮긴이   박내현
책임편집   이송찬

펴낸곳   도서출판 이김
등록   2015년 12월 2일 (제2021-000353호)
주소   서울시 마포구 방울내로 70, 301호 (망원동)

ISBN   979-11-89680-46-6 (03490)

값 16,800원
잘못된 책은 구입한 곳에서 바꿔 드립니다.

SHOW ME The HONEY

쇼 미 더 허니

꿀벌과 함께한 뜻밖의 모험

데이브 도로기 지음 • 박내현 옮김

DATE 20230901 PAGE 336
PRICE 16,800 KRW

LOT. No. 9791189680466
PRINTED IN PAJU, KOREA

이담

차례

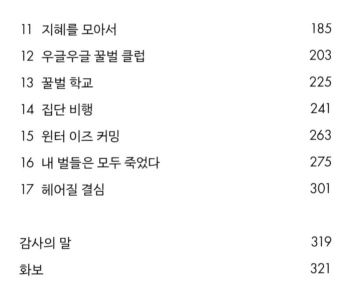

일러두기

모든 각주는 옮긴이의 말이다.

관심 있는 것이 많을수록

인생이 더 흥미로워진다고

나와 내 누이에게 알려 주신 어머니 수잔에게

추천의 글

데이브와 안 지는 30년이 넘었다. 데이브는 내가 농담으로 그를 "꿀가이 데이브"라고 소개하는 것을 좋아했다. 난 데이브의 벌집에서 수확한 벌꿀을 정말 좋아했다. 그와 처음 만난 계기는 세계적인 햄버거 프랜차이즈 때문이었다. 그를 꿀가이라고 부르기 오래 전에는 "맥도날드 가이"라고 불렀다.

　일련의 우연한 일들을 거쳐 데이브는 내가 이끄는 맨 인 모션 월드 투어(Man In Motion World Tour) 팀에 합류했다. 그때 나는 1년이 넘도록 전 세계를 여행했지만, 모금의 성공까지는 아득히 멀어 보였다. 솔직히 당시의 나는 마지막 희망을 잃어가는 중이었다. 바로 그때, 팔머 자비스 광고 에이전시의 새 아트 디렉터이자 1년 이상 맥도날드와 거래를 담당했던 데이브가 밴쿠버 투어 사전 홍보 프로모션을 맡았다. 그의 작업을 통해 홍보물과 모금 매뉴얼을 개선하고, 나이키가 기부한 트랙 수트에 맥도날드 패치까지 붙일 수 있었다.

브라이언트 검벨이 진행하는 NBC 투데이 쇼에서 캐나다 맥도날드 회장 조지 코혼과 내가 휠체어로 세계일주 얘기를 나눈 것은 신의 개입이라고 밖에 말할 수 없었다. 맥도날드 로고가 눈에 잘 띄도록 데이브가 꿰매 준 내 셔츠 위의 패치도 조지 코혼의 눈길을 끌었다.

조지는 선한 영향력을 미치는 일에 열정적이었고, 운좋게도 내 꿈은 척수 손상 치료법을 찾고 장애인의 잠재력에 대한 인식을 높이는 것이었다. 조지는 맥도날드 캐나다 서부지역 부사장 론 마커스를 만나서 맥도날드가 투어에 더 많은 후원을 하도록 만들었다. 데이브의 상사 조지 자비스가 캐나다 동부 해안에서 서부 해안으로 가는 마지막 투어에 데이브가 합류하는 결정을 내리기는 쉬웠다. 그동안 데이브가 보여 준 기업가 정신과 열정적인 태도 덕분이었다.

데이브에게는 또한 투어의 선발대 역할을 하면서 동시에 투어의 최종 단계까지 맥도날드가 약 25만 달러를 모금하도록 돕는 목표가 주어졌다. 쉬운 일은 아니었지만 그는 도전했다. 우리는 9개월 동안 캐나다 횡단 고속도로를 따라 여행하며 우정을 쌓았다.

번화가에 도착할 때마다 맥도날드가 조직적으로 움직이는 모습에 감탄했다. 맥도날드에 도착할 때마다 "당신과 함께할게요, 릭"이라고 적힌 현수막이 우리를 반겼다. 현수막을 몇 백 개는 제작했을 것이라고 생각할 정도였다. 나중에 현수막은 하나밖에 없었다는 것을 알고 놀랐다. 내가 맥도날드를 떠날 때 데이브는 식당 매니저와 사다리를 타고 올라가 현수막을 내렸다. 데이브는 현수막을 돌돌 말아서 다음 마을로 가는 그레이하운드 버스에 실어 보내 내가 도착하기 전 맥도날드 지붕 위로 올릴 준비를 했다.

데이브는 우리의 가장 활기찬 정찰벌(scout bee) 중 하나다. 위 이야기는 그의 에너지와 전문성을 보여 주는 수많은 에피소드 중 하나이다. 투어가 성공할 수 있도록 역할을 다해 준 데이브에게 영원히 감사할 것이고, 투어 이후에도 수 년간 보여 준 그의 우정과 지원에 더욱 감사할 것이다. 데이브는 항상 끈적거리는 모험에 쉽게 뛰어들 수 있는 타고난 호기심과 야심을 갖고 있었다. 데이브가 양봉가로서 새로운 꿈을 좇기 시작했다는 것은 내게는 놀라운 이야기가 아니다. 그의 책을 읽으면서 나는 번성하는 벌 군체를 만드는 것과 인생이 매우 비슷하다는 사실에 감명받았다.

투어의 화려한 경험만을 추억하기는 쉽다. 수천 명이 줄지어 우리의 귀환을 환영하고, 수백만 달러를 모금한 것에 감탄할 수 있다. 하지만 내가 정말 잊지 말아야 할 것은, 이 여정이 놀라운 열정으로 중요한 역할을 수행해 준 데이브 같은 수천 명의 사람들이 있었기 때문에 가능했다는 사실이다. 꿀을 즐길 때도 마찬가지다. 우리는 꿀을 차에 넣거나 땅콩버터 샌드위치에 바를 때, 꿀이 어디서 왔는지 잊어버리기 십상이다.

인생은 나와 세상이 연결될 때 발생하는 사건들로 직조하는 태피스트리다. 데이브가 우연히 들어선 양봉가 도전기에는 유머와 사려 깊은 관찰이 있다. 그의 이야기는 우리 행성이 활기차고 건강할 수 있도록 섬세하게 균형을 유지하는 벌들의 복잡하고 필수적인 역할을 보여준다. 벌은 비록 작지만, 주어진 환경을 변화시키기 위해 협력하는 방식은 매우 영리하다. 좀 더 가까이에서 보면, 세상은 데이브와 그의 꿀벌들처럼 많은 변화를 만드는 사람들로 이루어져 있다. 데이브의 벌 이야기는 우리가 우리 스스로는 아무것도 이루지 못한다는 사실을 상기시킨다. 우리의 성취는 크고 작은 많은 행동에 달려 있다. 우리 모두는 삶을 가치 있게 만드는 중요한 역할을 하고 있다. 이 벌들처럼.

– 릭 한센

시작

벌 키우기는 끈적하고, 취미 치고는 시간과 돈을 많이 잡아먹으며, 꿀을 채취하지 못하거나 매우 조금만 얻을 때도 있고, 낡고 해진 인간 바늘꽂이가 된 느낌이 들 만큼 많이 쏘이는 일이다. 실제로 나는 형편없는 벌치기(bee keeper)다. 인생의 많은 일들이 그렇듯이, 내가 양봉의 길에 들어선 것도 일종의 우연이었다. 아니, 양봉이 날 선택했다고 할 수 있다.

　나의 누나 미리엄과 그의 남편 렌은 몇 년 동안 양봉에 진심이었다. 미리엄은 늘 그렇듯 그 취미에 열정적으로 몰두했다. 가족 식사 시간의 대화 주제는 수벌, 여왕벌, 간호사벌, 경비벌, 여성 노동자 등의 주제로 이어졌다. 가끔은 꿀벌에 대해서도 대화했다. 그러다 여자친구 지니를 만났는데, 공교롭게도 그의 언니도 벌을 치고 있었다. 우리가 데이트를 시작한 지 얼마 지나지 않아 지니도 벌을 치기 시작했고, 눈 깜짝할 사이에 내 주변의 모든 사람들이 메쉬 베일이 달린 하얀 옷을 차려 입었다. 나는 갑작스럽게 꿀벌 바보들 패거리에 둘러싸여서는 바보 같은 질문이나 하는 아웃사이더가 되었다. 나는 돌아갈 집이 없는 벌처럼 외로움과 소외감을 느꼈다.

내가 우연히 벌치기가 된 몇 년 전 어느 봄날, 모든 것이 변했다. 계획에 없었으니, 나는 내 벌들에게 처음부터 어설프고 정신없는 모습을 보였다. 내 딸들이 살아 있는 것은 기적이다. 음, 아직 살아는 있는 셈이다.

내가 벌을 기르며 저지른 수십 번의 실수는 이 책에 창피할 정도로 자세하게 설명해 놓았다. 하지만 그 와중에도 내 벌집을 주의 깊게 관찰하고, 기록하고, 실수로부터 교훈을 얻으려고 노력했다. 나는 힘들었지만 계속해 나갔다. 벌을 기르면서 우리 행성의 섬세한 생태계를 유지하는 중요한 연결고리인 이들이, 본능 속에 있는 고도로 발달한 협력을 통해 질서 있게 매일의 업적을 완수해 나가는 것을 보았다. 그것은 우리에게 놀라운 통찰력을 준다. 나는 정식 양봉가 교육에서는 이와 같은 기쁨을 느끼지 못했다. 수업은 지루하고 건조했고, 양봉 컨벤션에서 산 책도 마찬가지였다. 사실 그 책의 1장, 그것도 사진만 보고 읽기를 그만뒀다. 나는 30년 동안 대학에서 시간강사로 일했는데, 대부분의 개념은 유머러스한 짧은 이야기로 포장했을 때 가장 잘 배울 수 있다는 것을 발견했다. 중요하고 알아야 할 개념에 약간의 드라마와 기발한 디테일을 섞어 넣으면 몰입도가 높아지고 핵심을 기억하는 데 도움이 된다. 이제 와서 말하지만 그 "지루한" 책을 다 읽었어야 했나 보다. 내가 이 책을 쓰는 동안 지니는 450킬로그램 이상 꿀을 수확했고, 미리엄과 렌은 180킬로그램을 수확했다. 내 수확량은? 이 책을 계속 읽다 보면 알게 된다.

내가 꿀 수확량에는 연연치 않고 지구를 위해 벌을 키운다고 말할 수 있다면 좋으련만, 영화 〈제리 맥과이어〉(1996)에서 쿠바 구딩 주니어가 연기한 NFL 풋볼 스타가 톰 크루즈에게 했듯 "쇼 미 더 머니(Show me the Money)!"라고 소리치는 편이 나에겐 더 어울린다. 단 마지막 단어의 ㅁ을 ㅎ으로 바꾸어서 허니로 만들겠다. 취미에 꽤 많은 돈과 수백 시간을 투자했으니 보상 받기를 원한다. 블루베리 머핀 위에 바를 달콤한 것을 원한다. 나를 자본주의적 양봉가나 상업적 곤충사육업자라고 불러도 좋으니 "쇼 미 더 허니!"

지니는 내가 벌들을 충분히 사랑하지 않는다고 말한다. 그는 내가 벌들의 필요를 채워 주지 않고, 꿀에만 정신이 팔려 있다고 했다. 나는 그 말에 동의하지 않는다. 그리고 그에게는 단지 "작은 것에 진땀 빼지 마"라고 말했을 뿐이다. 앗! 그러고 보니 내 벌들은 모두 작다. 그리고 이 녀석들 걱정을 하느라 진땀을 좀 흘렸다.

하지만 우리는 한 가지에 대해서는 의견이 일치했는

데, 내가 벌에 대한 글쓰기를 벌 키우는 것보다 더 즐거워한다는 것이었다.

1 조석 하구에서의 와글댄스

처음부터 확실히 해 두자. 나는 전통적 의미의 꿀벌 전문가는 아니다. 꿀벌과 양봉에 대해 알아야 할 흥미로운 지식들은 너무 방대해서, 이를 모두 배우고 전문가가 되려면 평생을 바쳐야 한다. 처음 마주하는 의문점은 이렇다. 노란색과 갈색을 띤 이 보송보송한 벌레들은 그들의 가늘고 털이 난 다리에 끈적한 꽃가루를 모으고, 주둥이(예쁜 말로는 꿀을 빠는 꿀벌의 작은 코)로 꽃꿀(nectar)을 빨아들일 보물창고를 어떻게 찾아내는 것일까? 이보다 중요한 것은, 이 전리품을 잔뜩 갖고 꽃꿀을 벌꿀로 만들 체계적인 공장 같은 벌집으로 어떻게 돌아갈 수 있는가이다. 나는 벌집이 암컷 일벌(worker bee)들이 일하는 조화로운 공동체이며, 이들이 다양한 작업을 함께 해결해 나간다는 것을 알게 되었다. 벌들은 변화에 적응하기도 하지만, 심각한 위기를 맞았을 때 극복하는 능력을 보여주었다. 고백하자면 벌들이 위기를 맞은 이유는 내가 양봉을 잘 모르는 데다가, 관심을 덜 쏟았기 때문이다. 나는 소녀들에게 수많은 시련을 안겨 주었다. 그 덕분에 벌들에게서 거둬들인 꿀 한 병은 황금빛 기적이나 다름없다는 것을 알게 되었다.

이 가엾고 예민한 곤충 1만 5천 마리를 입양하고 마지못해 헐렁한 흰색 우주복과 차폐된 모자를 쓴 운명의 그날, 내가 벌들의 비밀한 세계에 입문한 그날에 대해 말하기에 앞서 중요한 몇 가지 자질구레한 사실들을 설명할 필요가 있다. 하나, 나는 오래되고 낡은 목재 바지선에서 살고 있다. 내가 살고 있는 바지선은 75년 전에는 브리티시컬럼비아주의 프레이저 강에서 톱밥을 운반하는 배였다. 누군가가 그 배를 독신 남자의 방 네 칸짜리 떠다니는 궁전으로 개조했다. 가로 7.5미터 세로 15미터 크기의 이 붉은색 수상가옥은 물이 새고 외풍이 든다. 때로는 날씨나 밀물과 썰물에 의해 한쪽으로 기울기도 한다. 날 더 짜릿하게 해 주려고 그러는지, 겨울에는 수도관이 얼어서 며칠 동안 물이 나오지 않는다. 하지만 이 수상가옥은 내게 지구상에서 가장 놀랍고 숨막히는 풍경을 선사한다. 이 배는 대부분의 사람들의 눈에 띄지 않고 깨끗한 곳인 강 하상지의 작은 섬들 사이에 떠 있다. 난 홀로 있고 아무도 신경 쓰지 않는다. 프레이저 강 위의 이 목가적인 장소는 내가 NBA와 올림픽의 스포츠 마케팅 책임자로 일했던 밴쿠버 시에서 단 30킬로미터밖에 떨어지지 않았다. 한 가지 중요한 사항은 우리 집은 조수 간만의 차에 따라 오르내림을 반복한다는 것이다. 간조 때에 회색 진흙 강바닥에 닿을 때도 있다. 한 가지 더 말하면, 바지선의 뒤쪽 갑판에는 벌집을 설치할 수 있는 충분한 공간이 있었다.

미리엄이 수상가옥으로 나를 만나러 올 때마다 갑판에서 보이는 270미터 떨어진 섬의 무성한 초목과 다양한 덤불, 꽃, 식물들, 그리고 내 배까지 오는 좁은 2차선 농로를 따라 몇 킬로미터나 이어진 농작물들을 보며 놀라워했다. 내가 사는 곳 건너편에는 넓은 라즈베리, 딸기, 블랙베리 밭이 있다. 미리엄은 이곳이 꿀벌들에게는 먹을 수 있는 모든 꽃가루와 꽃꿀이 뷔페처럼 차려진 천국일 거라고 생각했다.

"데이브," 어느날 미리엄이 나에게 물었다. "여기에 벌통을 하나 놓으면 어떨까? 내 생각엔 뒤쪽 갑판에 놓으면 괜찮을 것 같아. 렌과 내가 돌보면 네가 할 일은 아무것도 없을 거야."

난 항상 새로운 시도를 할 준비가 돼 있었고 그 아이디어가 마음에 들었다. 특히 내가 딱히 할 일이 없다는 점이 그랬다. 우리 집에 벌통이 있으면 누나와 매형 렌과 나 이렇게 셋이 더 많은 시간을 보낼 수 있을 것이다. 그리고 스포츠 비즈니스 업계 은퇴를 앞두고 있던 내게는 새로운 관심사가 필요했다. 나는 꿀벌들이 강가를 행복하게 날아다니며 기쁨과 꽃가루를 흩뿌리는 동안 나의 물 위의 궁전 갑판에서 통밀 토스트에 신선한 꿀을 듬뿍 바르며 일출을 바라보는 상상을 했다.

미리엄은 아이디어와 함께 내게 첫 번째 양봉 강의를 해 주었다. 그는 벌들은 군체에서 꽃꿀을 수확하기 좋은 곳으로 최대 5킬로미터까지 날아간다고 설명했다. 이 작은 생명체의 뇌는 우리 뇌의 2만분의 1 크기라는 것을 명심하자. 뇌 크기의 한계에도 불구하고, 심지어 꿀벌들은 GPS의 도움 없이 매번 비행 후에 정확히 같은 장소, 그러니까 처음 출발한 벌통으로 돌아갈 수 있는 기묘한 능력을 가지고 있다. 우리 벌들은 갑판으로 돌아왔다. 나는 상대적으로 거대한 두뇌를 갖고 있는데도 가끔씩 동네 쇼핑몰에서 차를 어디다 주차해 놨는지 기억하지 못한다.

수업은 계속 이어졌다. 놀랍게도 벌은 최대 시속 24 킬로미터로 비행할 수 있는데, 이는 작은 2행정 기관과 맞먹는 성능이다. 꿀벌은 작고 연약한 날개 한 쌍을 1분에 11,500번 저어 앞으로 나아간다.

미리엄은 꿀벌은 집밖에서 날아다닐 때 오직 벌집과 꽃꿀 두 장소에만 신경을 쓴다고 강조했다. 벌에 대한 초급 지식에서 가장 좋아하는 부분은 벌들이 이 두 중요한 장소까지의 방향과 거리를 서로에게 알리는 방식을 일컫는 기발한 이름이다. 이 완전히 과학적인 양봉 용어는 **와글댄스**(waggle dance)다. 벌은 꽃꿀이 흐르는 곳을 찾아 매일 벌집을 떠난다. 벌집으로 돌아올 때 그들은 다른 수백 마리의 벌들에게 어디로 가야 할지 알려야 한다. 말을 할 줄은 모르니 춤으로 소통한다. 와글댄스는 매우 전문적이고 정교한 꿀벌들의 블루스인데, 꽃꿀이 흘러 넘치는 식물과 꽃 쪽으로 가는 길을 알려 준다. 벌들이 둠칫 둠칫 두둠칫 하며 와글댄스를 추는 복잡한 동작과 효율성은 정말 믿을 수 없을 정도다.

와글댄스의 작동 방식은 이렇다. 일벌은 꽃꿀을 채취하면서 가장 좋은 꽃이 있는 곳을 태양의 위치를 이용해서 특정한다. 통통하고 즙이 많은 꽃들의 정확한 위치, 하늘 위 태양의 위치, 그 꽃에 있던 시간을 여러 벌이 상호참조(cross-reference)한다. 그는 벌집으로부터 5킬로미터 안에 있는 가장 달콤한 장소를 기억한 다음, 자매들을 그곳으로 안내할 꽃의 보물지도를 만든다. 그가 돌아오면 댄스 플로어에서 진정한 노동이 시작된다.

벌집으로 돌아온 그는 원을 그리며 빙글빙글 돈다. 그리고 위 아래가 길게 늘어난 숫자 8 형태의 패턴을 따라 와글댄스를 춘다. 이때 8자의 중심축은 꽃이 피어 있는 방향을 가리킨다. 글로 설명하기는 조금 힘든 장면이니 유튜브에서 꿀벌 와글댄스*를 검색해서 감상하시라. 그가 춤을 추면, 수백 마리의 동료이자 같은 벌집의 자매

---

* 한국어로는 꿀벌 8자춤이라고 검색하면 적절한 영상을 찾을 수 있다.

들이 모여들어 그를 만지고, 그를 둘러싸고, 몸을 비비면서 그의 열정적인 에너지를 받아들이고 이해한다. 벌들은 그가 알려 준 가장 좋은 꽃의 정확한 방향과 가는 방법에 대한 자세한 지침을 받아들인다. 와글댄스를 얼마나 오래 추는지가 꽃까지의 거리를 알려 준다. 꽃이 멀다면 오랫동안, 가깝다면 짧게 와글댄스를 춘다. 와글댄스 1초는 약 1킬로미터에 해당한다. 과학자들이 이 사실을 어떻게 알아냈는지 나는 이해하지 못한다. 나는 직접 보고 나서야 그것을 믿을 수 있었다. 어느 날 누나가 날 자신의 집으로 초대해서는 벌통에서 꿀틀 한 장을 꺼냈다. 벌들이 디스코를 시작하는 장면을 누나와 함께 보면서 나는 놀라 뒤로 물러났다. 미리엄은 흰색 보호복을 갖춰 입고 꿀틀 위에 있는 수백 마리의 벌들을 와글댄스를 추고 있는 매우 인기 있고 유식한 벌에게 접근시켰다. 미리엄은 벌들이 와글 댄서의 지시를 해석하고 외운 다음, 정확하게 꽃이 있는 장소로 가고, 그 과정에서 발견한 또다른 좋은 꽃들을 찾아내는, 선한 영향력이 퍼진다고 말해 줬다. 그들 중 몇몇은 돌아와서 다시 와글댄스를 춘다. 비트와 와글은 계속된다. 이런 식의 정보 공유는 벌집 전체가 투입되는 집단 작전인 먹이 찾기에 소요되는 에너지를 최소화한다.

벌들에게 와글댄스는 사실 춤이라기보다는, 생존 기술에 가깝다. 물론 70년대 초 텔레비전에서 아메리칸 밴드스탠드와 소울트레인을 보고 배운 최고의 춤 동작들을 떠올리게는 했다. 딕 클라크가 곡이 끝날 때마다 커플들을 인터뷰하면서 음악을 평가해 달라던 장면을 기억하는가? 최신 히트곡에 맞춰 춤을 춘 다음 "비트가 너무 좋았어요. 춤추기 좋은 곡이고, 제 파트너가 빙글 돌며 팔을 펄럭거리는 모습을 보고 할리우드 앤 바인(Hollywood and Vine)에서 남쪽 2.5킬로미터 지점에 황금 베고니아 꽃이 피어 있는 것을 알 수 있었어요." 라고 대답하는 장면은 보지 못했다. 십대들은 그 쇼에서 춤을 추며 허니를 찾았겠지만, 알다시피 지금 이것과는 조금 다른 종류의 허니였다.

미리엄이 우리집 뒷갑판에 벌집을 처음 선보일 준비를 하고 있을 때, 지니는 자신의 벌집 준비로 언니와 상의하느라 바빴다.

지니는 2,000제곱미터 정도 되는 자기 소유의 아름다운 잔디밭에서 벌을 쳤다. 가끔 별장으로 임대하는 곳이었다. 벌집을 놓은 뒤에야 어떤 손님은 벌을 좋아하지 않는다는 것을 알게 되었다. 나는 벌 공포증이 있는 손님이 오면 잠깐 동안 벌집을 집에서 먼 곳으로 옮겨 놓으면 어떻겠냐고 제안했다. 그녀는 노련한 양봉가들이 알고 있는 수많은 지침 중 하나를 말해 주었다. 벌집은 항상 같은 장소에 둘 것. 벌을 절대로 이주시키지 말 것. 양봉가들 사이에서 통용되는 경험칙에 따르면, 벌집은 원칙적으로 최대 약 50센티미터까지만 옮길 수 있다는 것이다. 이상한 점은 벌은 5킬로미터 아니 그 이상도 이동할 수 있다는 것이다. 그러나, 벌집을 다른 곳으로 옮긴다면 옮긴 거리만큼 벌들 안에 있는 GPS 장치가 엉망이 된다. 문제는 이렇다. 벌은 벌집이 있는 특정 장소에 익숙해진다. 그리고 정밀하게 조정되는 와글댄스 비행 경로는 모두 그 위치를 기준으로 프로그램된다. 따라서 벌집을 10센티미터 정도만 옮긴다면 벌들은 큰 문제없이 집을 찾아낼 것이다. 하지만 예를 들어 벌집을 5미터 이동시킨다면, 근처에 있는 꽃가루를 찾기 위해 문을 나서자마자 길을 잃게 될 것이다. 헨젤과 그레텔처럼 빵 부스러기를 뿌리며 다니는 것도 아니니 돌아오는 비행에도 지장이 있을 것이다. 연구에 따르면 벌집을 일정 거리 이상 옮기면 벌들은 그들의 적응력 강한 뇌를 재빨리 다시 프로그래밍하는 것으로 나타났다. 말했듯이 그들은 영리하다.

지니가 벌집을 6미터 정도 옮긴 어느 날, 비행에서 돌아온 벌들이 옮기기 전에 벌통이 있던 장소로 갔다. 그날 오후, 혼란에 빠진 벌떼가 벌집에서 왼쪽으로 6미터 떨어진 곳에서 날고 있는 모습을 보았다. 지니는 그 모습을 보고 벌집의 위치를 다시 돌려 놓아야만 했다.

와글댄스의 의미와 벌통을 움직이지 말아야 한다는 사실의 중요성, 이 두 가지가 내가 처음으로 알게 된 가치 있는 지식이었음에도 불구하고 나는 대수롭게 여기지 않았다. 나는 벌치기가 되기 위해 애쓰면서도 수백 가지의 필수적인 양봉 지식을 잊어버리고, 잘못 해석하고, 무시했다. 하지만 처음 배운 두 지식을 간과함으로써 미리엄과 매형이 내 바지선으로 벌들을 데려온 기념비적인 밤을 매우 불안하게 만들었다.

우리는 모두 호수나 바다 같은 큰 규모의 수역에 달이 미치는 영향을 잘 알고 있다. 내게 있어 그 수역은 캐나다 로키산맥의 가장 높은 지점인 롭슨 산에서부터 흘러나온 프레이저 강이다. 프레이저 강은 맑고 깨끗한 급류에서 시작된다. 강은 브리티시컬럼비아를 굽이쳐 흐르고 몇 개의 개울과 여러 지류들이 합류하면서 점점 더 큰 물줄기가 된다. 프레이저 강이 내가 사는 브리티시컬럼비아주 라드너에 도착할 때에는 강폭이 넓어지고 퇴적토가 쌓이므로 조석 하구(tidal estuary)라고 묘사하는 것이 더 정확하다. 강은 태평양과 인접해 있어서 조수의 영향을 받아서, 높이가 하루에 4.5미터까지 극적으로 변한다.

내 낡은 바지선에는 뜻밖의 저녁식사 손님들이 자주 오는데 가끔은 오후 5시경에 도착한다. 그들은 강둑에서 선착장까지 완만한 경사로를 별 생각 없이 걸어 내려간다. 밤 11시쯤에 그들이 떠날 때는 같은 경사로를 에베레스트를 등반하는 자세로 걸어 올라간다. 왜냐하면 우리가 식사를 하는 동안 강이 4.5미터나 얕아졌기 때문이다. 그들의 놀란 표정을 상상할 수 있을 것이다. 특히 와인을 몇 잔 마신 다음 다시 육지로 돌아가는 것은 꽤 힘든 일이었을 것이다. 썰물 때에는 반짝이는 물결 대신 갈색 진흙이 내 바지선을 둘러싸고 있다. 대부분의 사람들은 내 집이 물살에 살짝 흔들리거나, 큰 어선이 지나가거나, 바람이 불 때 약간 흔들리는 것을 느끼지만, 내 집을 1층과 3층 사이를 쉬지 않고 오르내리는 엘리베이터로 바꿔 놓는 강력한 조수간만의 차는 알아차리지 못한다. 양봉주의자의 경험칙을 떠올려보자. 벌집은 60센티미터 내외만 움직이거나 차라리 몇 킬로미터 떨어져야 한다.

조수간만의 차가 와글댄스를 하는 내 벌들에게 어떤 영향을 미칠까? 벌들이 돌아오는 저녁이 될 때까지도 나는 이 둘의 상관관계를 생각하지 못했다. 내 집이 배라는 것을 생각하지 못한 것은 아니다. 그러나 내가 생각한 문제라고는 고작 이 정도였다. 벌통을 뒷갑판 어디에 둘까? 우리 곤충 친구들이 강에 부는 강한 서풍을 견뎌낼 수 있을까? 내 이웃들은 엉덩이에 날카로운 가시가 달린 곤충 수만 마리가 온 것에 대해 어떻게 생각할까? 나는 우리 동네에 벌 알레르기가 있는 사람이 있는지 궁금했다. 야외에서 저녁 파티를 주최할 때 벌레들이 날아다녀서 손님들을 성가시게 만들까 봐 걱정했다. 집으로 돌아오는 지친 벌들이 꽃가루와 꽃꿀을 내려 놓고 깊은 잠에 빠져야 할 내 수상가옥의 뒷갑판이 4.5미터씩이나 움직이는 장소가 될 거라고는 생각하지 못했다. 이 사소한 간과는 상당히 치명적이었다. 벌들은 현재 밴에 실려 고속도로를 타고 내 수상가옥을 향해 오고 있었다.

밴에 벌을 싣고 마을을 가로지르는 일은 그 자체로 예술이다. 벌집을 꼼꼼하게 밀봉해야 함은 당연하다. 튼튼한 회색 덕트 테이프로 정말 꼼꼼하게 밀봉해야 한다. 휴대폰으로 통화하면서 운전이 어렵다면, 방금 탈출했고 화가 났으며 혼란스러워하는 수백 마리 벌들이 시야를 방해하는 운전에 도전해 보시라. 벌들을 새로운 장소로 옮기려면 벌들이 모두 집에 들어가서 잠잠히 있는 밤에 하는 것이 가장 좋다. 낮에 벌집을 옮긴다면 먹이를 찾아 떠난 많은 벌들을 버려두게 된다. 벌집 옮기기는 야행성 활동이다.

마침내 대이동의 날 저녁이 도래했다. 미리엄은 오는 길에 내게 전화를 걸어 새 벌집을 단단히 봉해서 밴에 고정시켰다고 말했다. 그때까지도 내 수상가옥에 새로 입주할 다리 여섯 개 달린 주민들에게 조수간만의 차가 얼마나 해로울지 생각하지도 못했다. 왜 누나도 그런 생각을 못했는지는 여전히 알 수 없다. 아마도 미리엄은 그 생각을 하긴 했지만 말하는 것을 잊었을지도 모른다. 어쩌면, 조수간만의 차는 알았지만 그의 벌들이 매우 똑똑하고 발전했으며 도전할 준비가 됐다고 생각했을지도 모른다. 전화를 끊고 난 후 나는 지니와 소파에 앉아 긴장을 풀고 와인을 몇 모금 마셨다. 몇 분 후 불현듯 생각이 떠올랐다.

눈을 감고 소파에 머리를 기대고 앉아 있는 지니에게 "안 돼!"라고 소리쳤다. "방금 생각났어…. 뭔가 잘못될 것 같아. 이곳의 조수간만의 차가 벌들 안에 내재된 내비게이션을 엉망으로 만들 거야." 지니는 갑자기 자세를 고쳐앉았다. 그는 내 말이 무슨 의미인지 정확하게 알고 있었다. 우리는 말없이 서로를 바라봤다. 나는 즉시 미리엄에게 전화를 걸어 치명적일 수도 있는 내 실수를 고백했다. "누나, 멈춰!" 나는 꽥 소리를 질렀다. 초보 양봉가로서 나는 조금 흥분했었다. "벌들을 여기로 데려오지 마! 이 집이 매일 4.5미터씩 오르내리는 이상 그들은 여기서 살 수 없어!"

10초간의 아주 긴 침묵이 흘렀다. 지금까지 내가 누나에게 소리를 지른 일은 거의 없었다. 그녀가 다시 통화를 시작했고, 우리는 우리가 처한 곤경에 대해 긴 시간 논의했다. 결국 지금 이미 오는 길이며, 누나와 렌은 이미 양봉 장비를 착용했고, 벌집은 잘 봉인했으니 원래 계획대로 진행하는 것이 낫다고 결론지었다.

지니와 나는 누나, 매형, 1만 5천 마리의 벌을 초조하게 기다리면서, 양봉가들이 벌집 환경을 자연 상태처럼 구현하려고 얼마나 노력하는지에 대해 얘기했다. 대부분의 야생 벌집은 나무 위나 오래된 통나무에 있다. 우리가 벌들을 위해 만든 고정식 나무집은 랭스트로스 벌통

(Langstroth hive) 이라고 불리며 대부분 서랍 네 칸이 있는 구식 캐비닛처럼 생겼다. 벌들이 자연 환경에서 발견할 수 있는 텅 빈 공간을 재현해 놓은 것이다. 그러나 자연의 어느 곳에서도 벌들은 강 위에 집을 짓는 선택을 하지 않는다. 조석 하구는 말할 것도 없다. 강을 따라 떠내려가는 통나무에 벌집을 지을 수 있을까? 말도 안 된다. 이것이 꿀벌을 강물 위에서 사육하는 최초의 사례가 될 수도 있다. 이 골칫거리를 해결하기 위해서 항공학적 비유를 생각해 냈다.

나는 지니에게 말했다. "당신이 보잉 747기 조종사들에게 각자의 비행 경로를 알려 주는 항공 관제사라고 가정해 봐. 당신이 안내하는 비행기들은 전 세계에 있는 정확한 목적지에 도착하고 돌아오는 방법에 대한 정밀한 지침이 필요할 거야. 벌과 달리 항공 교통 관제사는 조종사들에게 말할 때 옆에서 8자를 그리며 와글댄스를 추고, 팔을 팔딱거릴 필요도 없지. 그런데 당신도 모르는 사이에 비행기가 이륙하는 활주로가 계속 위아래로 움직인다면, 비행기는 아마도 사방팔방으로 불시착할 거야."

지니와 나는 이 말도 안 되는 곤경을 곱씹었고 같은 결론에 도달했다. 벌들은 밴을 타고 큰 위기를 향해 오고 있었다. 벌들에게 장난을 치려고 이사를 시킨 거라면 그냥 보트에 도착할 때까지 기다렸을 것이다. 우리는 움직이는 벌집을 찾아 끊임없이 헤매는 보람없고 공허한 삶으로 그들을 몰아넣고 있었던 것일까? 나는 아직 벌들을 맞이하지도 못했지만 내 머릿속에서 갈 곳 없음, 무력함, 굶주림이라는 세 개의 나쁜 단어를 떠올릴 수밖에 없었다. 지역 양봉가 커뮤니티에서 내 수상가옥이 죽음의 노예 노동벌 수용소라고 이름이 날까? 하지만 지니와 내가 아무리 큰 실수를 저질렀다고 해도 우리가 할 수 있는 일은 별로 없었다. 양봉 역사상 가장 큰 생물학적 실수를 막을 수 없었다. 미리엄과 렌은 오는 길이었고, 우리는 모두 이 어설픈 계획을 원래대로 진행하기로 합의했다. 우리는 벌들이 적응하고 모든 것을 그들 스스로 해결하길 바랄 뿐이었다.

미리엄과 렌은 밤 10시가 조금 넘어서 도착했다. 하얀 양봉복을 입은 모습이 외계인 커플처럼 보였다. 강가에 주차한 밴에서 내 배의 뒷갑판으로 벌들을 옮기는 데는 30분이 걸렸다. 우리는 매우 조심스럽게 벌통을 부엌과 거실을 거쳐 운반했다. 옮기는 동안 벌 한 마리가 테이프가 찢어진 틈으로 탈출해서 싱크대 옆 조리대에 내려앉는 모습을 보았다.

갑판 위에 벌집을 단단히 고정한 다음 미리엄과 렌은 다음날 아침 자유롭게 밖으로 나가 먹이를 찾아다닐 수 있도록 벌집의 작은 입구를 막은 테이프를 제거했다. 나는 속으로 생각했다. "애들아, 내일부터 이곳의 맛있는 꽃꿀을 따고, 무사히 돌아오렴." 조금 더 섬뜩한 생각도 들었다. "부디 평안하렴(Rest in peace)."

깊은 밤에 이루어진 운반 작업인데다가, 미리엄과 렌은 자신의 정체를 숨기는 복장을 하고 있었고, 특히 대량 학살이라는 결과로 이어질 수 있다는 점을 알고 난 다음부터는 이 모든 일이 은밀한 범죄극처럼 느껴졌다. 날이 어두워져서 우리가 뭘 하는지 아무도 몰랐기에 다행이었다. 이 잘못된 양봉 연습 계획이 실패하면 동물복지감시관이 수색영장을 들고 내 방문을 두드리는 것은 아닌지 걱정했다.

벌들을 침대에 눕히고 벌들의 현관문도 활짝 열어 두었으니, 우리는 명백히 돌아오지 못할 강을 건넜다. 물 위에 새로 자리잡은 이 벌집에서 1만 5천 마리의 벌들은 꿀잠을 자고 있었다. 방으로 들어가기 전에 벌 몇 마리가 야식을 먹기 위해 벌통 밖으로 나가는 장면을 관찰했다. 혼잡하고 낯선 곳이라 잠이 오지 않을 것이라고 생각했다. 나가는 벌들이 살짝 혼란스러울 것이라고 확신했다. 그들이 잘 돌아오기를 바랐다. 무거운 짐을 옮기고 흥분이 가라앉은 상태에서 나는 누나와 매형에게 (당연하게도) 꿀 한 숟가락을 크게 떠 넣은 차를 대접했다. 떠 있는 집에서 이야기를 나누는 네 명의 결론은, 우리 머리로는 해결할 수 없으니 양봉 전문가들에게 조언을 구해야 한다는 것으로 모아졌다.

미리엄과 렌은 평상복으로 갈아입었고, 나는 설거지

를 하고 있는데 탈출한 벌 한 마리가 날아올라 내 팔을 쏘았다. 첫 번째 침이었다. 혹시 그것이 불길한 징조였을까?

미리엄은 꿀벌들을 내려 놓고 간 지 6주 만에 전에 입었던 그 하얀 옷을 입고 우리 집으로 와 벌통을 확인했다. 누나는 벌들이 잘 지내는 모습을 보고 놀라워했다. 종종 벌집에 침입해 종말을 선고하는 기생충의 흔적도 보이지 않았다. 6월 초 그날, 내 벌집은 깨끗하다는 인증을 받았다. 응애도, 기생충도 없고, 나쁜 질병도 없으며 그저 아름다운 새 벌방과, 수많은 일벌이 있었으며, 바쁘고 행복하고 포동포동한 여왕벌이 벌방에 아기 벌들을 낳았다. 가장 좋은 것은, 벌들이 달콤하고 맛있는 꿀을 아주 많이 만들었다는 것이다. 이 벌집 안에서 새로운 세계가 펼쳐지고 있었다. 소녀들은 새로운 환경에서 길을 잃지 않고 집으로 돌아가는 길을 찾아냈다.

미리엄이 다시 찾아온 때는 7월이었다. 그는 벌집 뚜껑을 열면서 흥분을 참지 못했다. "데이브!" 미리엄은 환호성을 질렀다. "이 안에 믿을 수 없을 만큼 많은 꿀이 있어. 이 벌집은 완벽해!" 미리엄은 내 벌통이 45킬로그램 되는 황금빛 정수를 만들었을 것이라고 말했는데, 그 양은 지금까지 누나의 땅에 있는 어떤 벌통에서 산출된 꿀보다 더 많은 양이었다. 신난다! 불과 두 달 전까지만 해도, 나는 우리가 무책임하게도 아무 곳에나 벌통을 놓았으니, 이 소녀들을 기껏해야 힘겨운 노숙 생활로 몰아

넣을 것이며, 최악의 경우 저승사자를 만나게 할 것이라고 생각했다.

미리엄과 렌은 9월에 세 번째로 방문했다. 이번엔 벌통에서 꿀틀을 꺼내 꿀을 추출하기 위해 집 안으로 가져왔다. 우리는 꿀대박을 터뜨렸다. 브링크스 방탄 차량이라도 불러야 할 정도였다. 벌집의 작은 벌방 속에 45킬로그램의 엄청난 황금빛 시럽이 숨겨져 있었다.

미리엄과 렌은 9월 동안 꿀을 전부 추출했다. 10월에는 꿀을 걸러서 병에 담아 브리티시컬럼비아 꿀 생산자들의 아카데미 상이라고 할 수 있는 브리티시컬럼비아 꿀 생산자 협회에 속한 수백 명의 회원들의 연례 모임에 우리를 데려갔다. 모임의 가장 중요한 안건은 주 내 최고의 꿀을 선정하는 것이다. 맛은 중요한 요소이지만, 점수를 매기는 여러 기준 중 하나에 불과하다. 이 권위 높은 대회에 출품된 꿀 항아리는 기포, 밀도, 수분 함량, 선명도, 밝기, 먼지 유무 등 엄격한 기준에 따라 검사를 받는다. 심지어 항아리에 묻은 지문도 검사 대상이다. 그리고 두구두구(북 치는 소리)⋯, 제발⋯, 짜잔(트럼펫 소리)⋯ 브리티시컬럼비아주의 대표적인 꿀 전문가들이 우리 수상가옥의 꿀을 브리티시컬럼비아에서 두 번째로 뛰어난 호박색 꿀로 꼽았다!

미리엄이 이 소식을 전해왔을 때, 나는 뒷갑판으로 달려나가 소녀들을 축하하고 귀중한 시간을 함께 보냈다. 꿀벌들 한 마리 한 마리가 너무 자랑스러웠다. 벌집 옆에 앉아 그들이 이룬 것을 곰곰히 떠올려보았다. 그들은 벌집이 놓인 새 장소에 적응했을 뿐만 아니라 **번성**했다. 그들은 내가 제공한 수많은 역경 중 첫 번째인 새로운 환경, 새로운 먹잇감, 끊임없이 오르내리며, 흔들리고, 움직이는 집에 적응했다. 나는 연설을 시작했다. "소녀들이여, 나는 여러분이 높아지는 조수의 역경을 극복하고 훌륭한 꿀 45킬로그램을 생산해 낸 것이 매우 기쁩니다. 우리는 2위를 차지했습니다. 이제 푹 쉬면서 따뜻한 겨울을 보내시고, 내년에는 **1위**를 향해 갑시다! 여러분, 이 수상가옥 주민들의 좌우명은 '자매들은 모두를 위해 해낸다' 입니다!" 차를 끓일 물을 올리려 수상가옥 실내로 돌아가면서 생각했다. "양봉도 나쁘지만은 않네."

그해 크리스마스에 미리엄이 보내온 카드에는 벌통이 이제 공식적으로 내 것이라는 선언이 있었다. 벌들을 돌보기 위해 누나의 집에서 이곳 강까지 너무 오랜 시간 운전해 와야 하기 때문이었다. 때마침 나는 벌에 관심이 생겼고, 이제 내 벌통을 돌보기 위한 큰 발걸음을 내디딜 때였다. "걱정 마." 누나가 말했다. "전화로 얘기하면 되고 지니도 도와 줄 수 있을 거야." 나는 지금까지 벌 돌보기에서 맡은 일이 없었다. 하지만 이제는 요령을 배울 수 있다는 생각에 신이 났다. 나는 벌집이 여름 동안 세 배로 번성해서 5만 마리가 될 것을 알았다. 모든 책임이 내게 달린 작은 생명체들. 나는 갓난아이의 아버지처럼 도전할 준비를 했다. 배울 것도 많고 준비할 것도 많았다. 새로운 차원의 목적과 의미가 내 삶에 들이닥쳤고 모든 것은 순조로워 보였다. 만약 수상가옥에서 난 꿀의 양을 점수로 본다면, 나는 꿀을 남기는 성공적인 벌치기가 되려던 참이었다.

어쨌든, 내게는 선택의 여지가 없었다. 크리스마스 카드에 적힌 선언은 아주 분명했다. 서명, 봉인, 배송과 함께 벌집의 소유권 이전이 완료되었다. 이제 이 벌레들은 내 것이다. 나는 가라앉지 않기 위해 나아가야 했다. 그래서 그 후 몇 년 동안 벌집을 살리는 법을 배우기 위해 할 수 있는 모든 것을 했다.

2 독침

벌은 쏜다. 벌치기는 맞는다. 그것은 순리다.

진정한 벌치기가 되는 길은 가렵고 때로는 고통스럽다는 사실을 꽤 빨리 배웠다. 이 고통을 피하려면 벌들을 존중하고 벌집과 하나가 되어야 한다. 가끔 쏘이는 것은 어쩔 수 없다. 하지만 나처럼 서투르게 벌집을 후벼대는 왕초보에서 벌집의 안녕을 돕고 꿀 생산을 위해 최적의 환경을 제공하는 노련하고 세심한 벌치기가 되었음을 어떻게 알 수 있을까? 나는 그런 의미에서 당신이 온 마음과 영혼을 다해 양봉의 모든 면을 포용하며, 벌들이 무슨 짓을 하든 존중해야 한다고 말한 것이다. 그들은 존재할 권리가 있으며, 믿을 수 없을 정도로 부지런하고 실제로 우리와 공존하는 작은 존재들이다. 아직 나는 '노련한' 벌치기 수준까지는 이르지 못했지만 점점 그에 가까워지고 있다. 나는 벌들을 탁탁 쳐냈지만, 이제는 그들을 껴안는다(실제로 껴안았다는 말은 아니다). 나는 0.1그램밖에 나가지 않는 곤충에 대해 진정한 연민과 동정심을 느끼는 90킬로그램의 남자다. 이 작은 동물들은 내게 많은 것을 가르쳐 주었고 신비한 방식으로 나를 변화시켰다고 말할 수 있다.

가끔 이 작은 생물들이 쏘지만 않는다면 양봉이 얼마나 달라졌을지 궁금하다. 나는 무엇보다 더 많은 사람들이 벌을 길렀을 것이라고 확신한다. 또한 곰돌이 푸의 모든 에피소드도 다시 쓰여야 할 것이다. 마지막으로, 머리부터 발끝까지 하얀색인 양봉복을 입을 필요가 없으니 지금보다는 시시할 것이다. 벌치기가 되면 헤드 기어와 가죽장갑으로 완성되는 기묘한 의상을 입고 일년 내내 할로윈 축제처럼 즐길 수 있다. 물론 우리는 이 의상을 재미로 입는 것은 아니고, 벌들의 뾰족한 침을 막기 위해 입는다. 벌침의 따끔함과 멜리틴 독으로 인한 고통은 달콤한 꿀만큼이나 양봉의 필수 요소다. 이 음양의 조화는 완벽하다. 달콤한 황금빛 보상에 진정으로 감사하고 즐기기 전에 반드시 상처와 고통을 견뎌야 한다.

벌이 쏘지 않는다면, 곰, 말벌, 스컹크 그리고 인간은 반드시 꿀을 남김없이 훔쳐갈 것이다. 벌은 우리를 포함한 지구를 떠도는 많은 생물이 원하는 가치 있는 상품을 생산한다. 대자연의 법칙에 의해 벌들은 빼앗길 수 없는 무기를 가질 권리를 부여받았다.

벌이 쏜다는 사실은 벌치기로 하여금 **모든 순간에** 관찰력을 발휘하고 집중하게 만든다. 나는 정말 산만한 사람이다. 내가 지금 초등학생이라면 내 생활기록부에는 분명히 "데이브는 집중하는 데 어려움을 겪습니다."라고 적혀 있을 것이다. 벌 키우기만큼 집중력 부족을 곧바로 응징 당하는 취미는 없다. 우리가 벌통에 다가갈 때마다 5만 개의 장전된 침이 우리를 기다린다.

당신이 벌집을 여는 순간, 아니 벌집에 **접근**하는 순간에도 주위에서 무슨 일이 일어나는지 완전히 주의할 필요가 있다. 공상에 잠기거나 다른 생각에 빠지지 마라. 어수선한 행동, 갑작스러운 움직임 또는 불안해하는 기운은 평화로운 벌꿀 생산자들의 공동체를 화가 잔뜩 나서 독을 내뿜는 가미카제 비행대로 만들 수 있다.

제2차 세계대전에서 가미카제 파일럿의 임무가 결국 죽음으로 이어진 것처럼, 벌은 침을 쏜 다음에 몹시 위험한 상태에 빠진다. 목표의 피부에 꽂아 넣는 침이 벌의 복부를 찢고 나올 때 내장이 같이 딸려 나오기 때문에 한 시간 안에 죽게 된다.

한번은 나의 떠 있는 집 안에 들어온 벌을 가죽장갑을 낀 손으로 조심스럽게 잡았다. 나는 벌을 밖으로 내보내기 전에 돋보기로 그것을 살폈다. 그의 연약한 몸을 짓누르지 않도록 조심하면서 장갑을 낀 손가락 사이로 살짝 집었다. 내가 돋보기를 더 가까이 가져가자 그는 장갑의 두꺼운 가죽 속으로 자신의 작은 엉덩이를 파묻었다.

끔찍했다. "안 돼, 안 돼, 그러지 마!" 나는 외쳤다. 내가 그를 잡은 손가락을 펴자 그는 끈적끈적한 내장을 질질 끌며 내 엄지손가락 위로 기어올라갔다. 좀 더 정확히 말하면, 그녀의 소화관, 근육, 신경이 약 7센티미터 길이의 뒤엉킨 가닥들이 되었다. 아, 내가 할 수 있는 일은 아무것도 없었다. 나는 그가 꿀벌들의 천국으로 향하고 있다는 것을 알았다. 그를 부엌 카운터에 있는 잔에 앉히고, 설탕물을 약간 주고, 그를 위로하기 위해 조명을 낮추고, 베토벤 교향곡 9번을 들려주었다. 슬프게도 그는 한 시간이 못되어 죽었다.

많은 벌들이 단지 내 피부에 침을 박아 넣기 위해 목숨을 바쳤다. 벌들은 생명보다 벌집을 먼저 보호한다. 존경스럽지 않은가? 존경받아 마땅하다. 벌이 인간에게 대항하는 것이 얼마나 위험한지를 생각해 보면 더욱 그렇다. 윙윙거리는 시끄러운 소리는 침입자를 달아나게 만든다. 벌치기가 되기 전에는, 나는 수많은 화난 벌들을 후려쳐서 바닥으로 내다 꽂은 다음 발로 지긋이 밟았다. 말벌은 더 싫어했다.

실내에서는 더 정성을 다해 벌과 여타 벌레들을 죽여댔다. 옛날식 파리채, 배터리로 작동하는 노란색 플라스틱 테니스 라켓처럼 생긴 도구, 돌돌 말아 쥔 신문이 내가 선호하는 방법이었다. 나는 판사이자 배심원이며 사형 집행인 역할을 했다. 벌레들에게는 항상 유죄 판결이 내려졌다. 공격해 오는 벌을 죽이는 사람을 비난하기는 어렵다. 어쨌든 그들의 침은 지옥을 경험하게 만드는 데다가, 침을 쏠 때 근처의 벌들이 합류하도록 자극하는 페로몬을 방출한다. 벌 한 마리에 쏘였다면 100마리의 증원군이 오고 있을 것이다.

벌침은 매우 심각한 아나필락시스 쇼크를 유발할 수 있다. 유능하고 신중하며 배려심 많은 벌치기인 여자친구 지니는 한때 심한 알레르기 반응이 있었다. 대부분의 벌치기들처럼 그도 수년간 여러 번 쏘였다. 초기에는 고통스러운 통증에 지나지 않았지만, 하루에 세 번 이상 쏘인 다음에는 급히 병원으로 옮겨졌고 의사는 하룻밤 입원할 것을 권했다.

지니가 자신의 벌들을 돌보다 쏘였을 때는, 경험 많은 양봉가인 언니 수잰과 함께 있었기에 다행이었다. 지니는 맹독에 노출되자마자 뭔가 심각하게 잘못되었다는 것을 알았다. 그는 수잰과 함께 곧바로 병원으로 가는 차에 몸을 실었다. 차를 몬 지 10분쯤 되었을 때 지니의 심장 박동은 더 빨라지기 시작했고, 피부는 걷잡을 수 없이 가려워졌고, 온몸에 열이 났다. 증상이 나타난 지 3~4분이 지나자 참을 수 없을 정도로 고통스러웠다. 지니는 약국을 발견하고 수잰에게 차를 세우라고 한 뒤 약국 안으로 뛰어들어갔다. 베나드릴 한 팩을 집어들고 카운터로 달려가 계산한 다음 바로 알약 한 정을 꺼냈다. 벌침 알레르기가 있다면 쏘였을 때 히스타민이라는 물질이 나오는데, 베나드릴은 히스타민의 작용을 차단한다.

지니는 차로 돌아왔고 상태가 악화되면서 엄청난 고통에 빠졌다. 하키퍽 만한 분홍색 발진이 그녀의 온몸에 올라왔다. 심장은 평소보다 두 배로 빠르게, 경험한 적 없을 정도로 강하게 뛰었다. 체온은 운전하고 있는 수잰이 느낄 수 있을 정도로 높아졌다. 빨갛게 부어오른 피부 때문에 셔츠도 벗어야 했다. 찬바람이라도 쐬어야 진정이 될 것 같아 궁여지책으로 달리는 차에서 조수석 창문으로 상반신을 내 놓았다.

다행히도 수잰이 아주 크고 헐렁한 셔츠를 갖고 있었고 지니는 응급실에 도착하기 몇 분 전에는 그걸 입을 수 있었다. 응급실에 도착하자마자 주저하지 않고 접수대로 달려가 셔츠를 걷어 올리고 시원하고 반들반들한 인조 대리석에 맨살을 댔다. 발진과 발열과 심한 고통속에서 몸부림치는 환자를 보러 온 의사는 이렇게 심한 벌침 반응은 본 적이 없다고 단언했다.

잠들 수 없는 긴 밤을 지새운 지니는 다음날 아침 퇴원했다. 다행히도 지니는 며칠 만에 일상을 회복했다. 지니는 그 일에 대해 얘기할 때마다 어떻게 그렇게 순식간에 일이 일어났는지를 몇 번이고 말했다. 나는 벌침에 있는 아주 적은 양의 독이 어떻게 그토록 엄청난 생물학적 대혼란을 일으킬 수 있는지 여전히 이해하지 못한다. 지니는 지금도 매달 알레르기 치료사를 방문해 예방 치료를 받는다.

내 딸들 중 하나가 내 얼굴을 공격한 적이 있다. 꽤 아팠지만 15분쯤 지나자 통증이 사라졌다. 그날 밤 잠자리에 들 무렵 나는 그 일이 있었는지도 잊었다. 다음날 나는 베이징 올림픽 위원회 관계자들과 함께 밴쿠버에서 열린 행사에 참석하기로 되어 있었다. 다음날 일어났을 때 왼쪽 눈이 제대로 보이지 않아서 불안해졌다. 나는 침대에서 일어나 거울을 보았다. 얼굴이 부어서 눈이 가늘게 떠진 것이었다.

벌침 해독제가 있냐고? 있긴 하다. 약국에서 벌레에 물렸을 때 피부에 바르는 연고가 들어 있는 펜 형태의 약을 판매한다. 난 어느 정도 효과를 봤다. 누나는 베이킹 소다와 물을 섞어서 습포하면 괜찮을 거라고 했다. 내가 가장 선호하는 치료 방법은 내 먼 기억 속, 대여섯 살쯤 되었을 어린 시절에 이웃집에 살던 그리스인 가족에게 배운 것이다. 미켈리디스 부인은 벌에 쏘이면 곧바로 벌통 근처의 흙에 오줌을 눈 다음, 오줌으로 갠 진흙을 쏘인 자리에 발라야 한다고 알려 줬다. 미리엄에게 이 얘기를 하면서 베이킹 소다 습포와 비교할 만하다고 했다. 나는 웃으면서 말했지만 미리엄은 오줌이 모든 종류의 침을 치료한다는 과학적 근거가 있다면서 진지하게 말했다. 미리엄과 렌은 열대지방 리조트에 간 적이 있다. 미리엄은 청록빛 바다에서 행복하게 스노클링을 하다가 해파리에 쏘였다. 해변으로 돌아왔을 때, 동료 스노클러들이 미리엄의 팔에 오줌을 누겠다고 제안했다! 과연 여행객을 돕고자 하는 선의였을까, 아니면 뒤틀린 쾌감을 추구하는 이상한 변태들이었을까?

이쯤 되면 여러분은 내가 집중력이 부족해서 양봉복을 입는 것도 잊어버렸다고 생각할지도 모르겠다. 믿을지는 모르겠지만, 양봉복이 어느 정도 보호해 주기는 하더라도 벌들은 단단한 캔버스 천도 뚫을 수 있다. 벌의 작은 침이 이렇게 두꺼운 천에 박힐 수 있다는 것은 놀라운 일이다. 아마도 벌들은 연필깎이로 침을 다듬거나 실밥따개를 휴대하고 있을 것이다. 양봉복을 입을 때 제대로 여미지 않으면 못된 벌들이 레깅스 아래나 소매 틈으로 들어오기도 한다. 이해가 안 된다면 화가 난 벌을 다리에서 가랑이까지 날아오르게 해 보길 바란다. 나는 취미를 우표 수집으로 바꿀 뻔했다.

그래서 벌치기들은 제대로 준비를 하고, 느긋한 태도로, 하지만 어느 정도는 경각심을 유지한 채 벌집에 접근해야 한다. 나는 양봉복을 입을 때 내 숨결을 죽이기 위해 심호흡을 몇 번 한다. 나는 벌집을 한 지붕 아래 사는 5만 명의 친구라고 상상한다. 이것이 나만의 망상이 아니라면, 내가 그들의 작은 집 뚜껑을 열고 방문할 때 얼마나 환영받을지 상상하기 시작했다. 숨고르기 연습과 상황급은 머릿속이 하얘짐을 경험할 확률을 줄여준다. 나는 느긋한 상태에서 집중할 때 실수가 적은 편이다. 벌집에 대해 나보다 훨씬 경험이 많은 지니도 언제나 체계적으로 천천히 확실하게 접근한다.

세상에 똑같은 벌집은 없음을 명심하는 것도 중요하다. 벌집마다 고유한 문화와 "개성"이 있다. 어떤 벌집은 소극적이고 선량한 벌들로 이루어져서 공동체적 행복 속에 서로 협력하는 반면, 어떤 벌집은 성난 수감자들로 가득한 감옥처럼 침입자를 거칠게 물리치거나 탈출할 준비가 되어 있다. 벌집에 접근할 때는 시간도 고려해야 한다. 따뜻하고 화창한 날 오후처럼 벌집의 많은 벌이 꽃꿀을 찾아 밖에 나갔을 때 벌집을 여는 것이 가장 좋다. 벌들 중 절반은 집에 없을 것이고, 나머지 벌들은 수확물을 저장하고 벌집을 만드느라 바빠서 여러분은 거의 안중에도 없을 것이다. 이론상으로는 말이다.

벌집 가까이로 가서 벌집을 열고 들여다볼 때의 잠재적 위험을 무릅쓰면서까지, "양봉가들은 실제로 벌집을 들여다보고 무얼 하는가?"라는 의문이 생길 것이다. 대여섯 가지 작업은 "자동차 보닛을 열고 들여다보듯이" 해야만 한다. 벌집이 잘 만들어지고 있는지, 여왕벌이 살아 있고 알은 낳고 있는지 확인하고, 응애처럼 아주 작은 침입자가 있는지 감시해야 한다. 벌집 꿀틀을 들어보고 무게를 가늠해서 꿀을 얼마나 많이 만들었는지 확인한다. 꽃들이 꽃꿀을 만들지 못하는 때가 되면, 벌들에게 설탕물을 먹이기 위해 벌집을 열어 본다.

수상가옥에 살고 있는 나와 내 벌통의 위치는 조금 특수하다. 나는 집 안에서 창문을 10센티미터 정도만 열고 안전하게 벌들에게 먹이를 줄 수 있다. 이정도만 창문을 열어도 설탕물 한 병을 벌통 안으로 흘려 넣기에 충분한 공간이 생긴다. 이 작업에 신중을 기하기 위해 양봉복과 함께 입는 긴 가죽 장갑을 끼고 모자도 쓴다. 이 방법은 대체로 괜찮지만, 언제나 벌 몇 마리가 집 안으로 날아들어온다. 그럴 때면 나는 벌치기가 되기 전에 하던대로 엄격한 처분을 즉시 실행하지 않고 유예하는 나를 발견한다. 이전의 나는 집에 있는 모든 벌레들을 무단 침입자로 간주하고 그들을 죽일 권리가 있다고 생각했다. 이제 벌은 더 이상 성가신 무단 침입자가 아닌, 조심스럽게 보살피는 작물이며 사랑하는 반려동물 무리 같은 존재가 되었다.

인생에서 가장 중요한 것은 아무도 보지 않을 때 당신이 하는 일이다. 어느 날, 벌들에게 먹이를 주며 어쩌다 창문을 너무 활짝 열어 놓았더니 아홉 마리 정도가 집 안으로 날아들어왔다. 나는 양봉복을 입지 않았기 때문에 위험한 상황이었다. 한 마리씩 천천히 현관문 밖으로 안내하기까지 15분이 걸렸다. 벌을 내보내는 데 가장 좋은 방법은 장갑을 낀 손으로 벌을 부드럽게 잡아 다루는 것이다. 절대로 짓누르지 않도록 주의해야 한다. 나는 내가 이렇게 섬세한 일을 했다는 사실에 스스로 놀랐다. 6개월 전이었다면 밴쿠버 선 신문지를 몇 장 말아쥐고 자기 방어라고 생각하며 휘둘렀을 것이다.

여덟 마리째 벌을 다치게 하지 않고 갑판으로 풀어주고 벌집으로 날아가는 모습을 바라보면서, "내게도 희망이 있구나"라고 생각했다. 변화가 시작되었다. 나는 조금씩 벌치기가 되어가고 있었다.

3 거의 완벽한 음식을 만드는 과정

여름날 야생화가 핀 들판을 날아다니는 곤충이 만들어 내며, 농산물 시장에서 예쁜 항아리에 담겨 팔리며, 김이 모락모락 나는 허브차에 넣어 마시면 행복한 음식. 꿀은 자연 식품의 정수로 여겨진다. 엄밀히 따지면 가공되지 않은 꿀은 생꿀(raw honey)이라고 부르고, 그것이 당신의 팬트리에 들어가기까지 꽤 많은 과정을 거친다. 그 결과 거의 흠잡을 데 없는 제품이 만들어진다. 솔직히 말하면 4분의 3정도 완벽하다고 할 수 있다.

일반적으로 생각하는 좋은 음식은 맛이 좋고, 보기 좋고, 먹기 편하고, 적절한 기간 동안 보존할 수 있어야 한다. 인류는 이 어려운 문제를 풀기 위해 식품 가공을 거대한 산업으로 만들었다. 그 증거인 도넛, 콘칩, 사탕, 핫도그처럼 고도로 가공된 음식들은 인기가 좋다. 꿀은 앞에서 제시한 속성 중 세 가지를 갖고 있다. 인정컨대,

나머지 한 가지 속성 면에서는 아쉬운 점이 많다.

꿀의 달콤하고 화사한 풍미는 더할 나위 없다. 잠깐. 자연을 거스를 생각은 하지 말자. 꿀에 첨가물이나 향을 더할 필요는 없다. 꿀은 지구상에서 가장 매력 넘치는 음식이며, 뇌의 미각 수용체를 광란과 절정 상태로 확실하게 보내준다. 나는 토스트에 꿀을 잔뜩 올리고, 한 숟갈 크게 떠서 커피에 넣고, 손가락으로 찍어서 핥아먹는다.

매끄럽고 반투명한 꿀은 보기에도 아름답다. 연한 호박색 액체가 반짝이는 모습은 여름 오후 야외 의자에 앉아 즐기는 낮잠처럼 여유롭고 고즈넉하다. 나는 가끔 꿀 항아리를 들어 창가에 올려 놓고 그 금빛 찬란한 물질에 햇빛을 비춘다. 나는 새로 밀봉한 꿀 항아리를 뒤집어서 마치 라바 램프처럼 공기방울이 천천히 그리고 우아하게 상승하는 모습을 바라보며 시간을 보냈다.

꿀이 먹기 편한가 하는 문제에 대해서라면, 모든 면에서 완벽하기는 어렵다고 말하고 싶다. 이 항목에서 꿀은 빵점이다. 당신은 어떨지 모르겠지만, 내가 아무리 조심해도 꿀은 카운터 위에, 병뚜껑에, 커피잔에, 어쩔 때는 손가락과 가슴에 끈적끈적하게 묻어 있다. 꿀뜨개(honey dipper)라는 전통의 목재 도구도 사용해 봤지만 소용없었다. 꿀을 바로 짜낼 수 있는 곰 모양 플라스틱 병도 있다. 적어도 끈적거림에서는 벗어날 가능성이 높은 방법이었고, 나는 신이 나서 내가 만든 꿀로 그 병을 다시 채웠다. 어느날 아침, 찬장을 열고 곰 꿀병의 부드러운 플라스틱 배 부분을 잡았는데, 곰의 상반신으로 흘러내린 꿀 때문에 손가락이 들러붙었다.

끈적임도 문제지만, 꿀은 온도, 공기 중 습도, 보관 기간에 따라 밀도가 변하는 고약한 성질이 있다. 이 멋진 호박색 액체를 구입하고 결정이 생길 때까지 찬장에 그대로 둔 적이 몇 번이었을까? 나는 항상 최악의 순간에 이 결정화라는 비극을 맞이한다. 때는 어느 이른 아침이었다. 나는 이미 회사에 지각했고, 바싹 구운 토스트에 꿀을 바르고 싶어 죽을 지경이었다. 나는 잠이 덜 깬 상태에서 곰 꿀병의 연노란색 뚜껑을 비틀어 열고 목으로 칼을 들이밀어서 곰의 가슴 안쪽에서 단단한 꿀 결정을 긁어내야 했다. 그걸 토스트에 바르다가 토스트를 뭉개버리고 말았다.

꿀은 보존 기간으로는 별 다섯 개 만점을 받을 수 있다. 꿀은 절대로 상하지 않는다. 한 달, 1년, 심지어 10년이 지나도 멀쩡하다. 혹자는 꿀이 결정화되면 망가진 거라고 한다. 틀렸다. 결정화는 꿀의 자연스러운 변화이다. 단맛과 기본적인 특성은 꿀이 굳은 다음에도 그대로이다. 결정이 된 꿀을 액체 상태로 돌리려면, 꿀을 유리병에 넣고 물을 담은 냄비에 넣어서 중탕해야 한다. 유리병임을 명심하시라. 위 방법을 하려고 나처럼 플라스틱 곰 꿀병을 뜨거운 냄비에 넣는 짓은 하지 말길 바란다. 나는 푸우의 발을 녹여 버렸고, 푸우는 속에 있는 내용물을 쏟아내며 끓는 물과 녹은 플라스틱의 유독성 혼합물을 만들어냈다. 나는 정신없이 곰의 머리를 잡아 냄비에서 꺼냈고 끈적한 꿀과 플라스틱 방울이 바닥과 조리대 그리고 내 정장 바지에 떨어졌다.

수천 년 전 이집트에서 미라와 함께 꿀단지가 묻혔다는 사실이 기록으로 남아 있다. 놀랄 만한 일은 아니다. 왜냐하면 미라는 자신이 소중하게 여기던 소유물, 그리고 사후 세계로 가는 여정을 위한 음식물과 함께 묻혔기 때문이다. 이 고대인의 무덤을 발견한 고고학자들은 투탕카멘 왕 옆에 있는 도자기 꿀단지를 보고 깜짝 놀랐을 것이다. 그들이 손가락으로 꿀을 찍어서 핥아먹어보고, 꿀이 아직 멀쩡하다고 선언하기까지는 많은 용기가 필요했을 것이다. 하지만 그들은 해냈다. 구글에 검색해 보기 바란다.

오븐 속처럼 뜨거운 이집트 사막에서도 수천 년 동안 멀쩡한 꿀을 냉장고에 넣을 필요가 없다는 것은 놀랄 일이 아니다. 나는 친구들의 냉장고를 기웃거리다가 꿀단지를 발견하면 당황한다. 여러분이 꿀을 냉장고에 보관하고 있다면, 그 공간을 우유나 치즈처럼 대자연이 베푸는 더 상하기 쉬운 음식들에게 양보하기 바란다. 그 음식들은 벌들이 완벽하게 만들어 낸 진미만큼 완벽하지는 않으니까. 꿀을 상온 찬장에 넣어 놓고 2774년에 꺼내도,

채집벌(forager bee)이 갓 따오고 일벌이 날개로 부채질한 첫 날처럼 신선한 맛을 경험할 수 있을 것이다.

꿀은 사람이 손대지 않아도 가공식품의 바람직한 네 가지 특성 중 세 가지를 충족한다. 앞에서 말했듯이 꿀은 4분의 3정도 완벽하다. 벌들은 꿀을 이렇게 만들기 위해 복잡한 처리 과정을 수행한다. 꽃꿀을 조심스럽게 채취하고, 화학적으로 변화시키고, 저장한다. 벌들은 식물에서 꽃꿀을 주둥이로 뽑아내서 삼킨다. 벌들이 꿀을 작은 양동이에 담아서 가져오지 않는다는 것을 알고 놀랐다. 정확하게 말하자면 벌들이 꿀을 만들 때는 여기저기서 구토 대환장파티가 일어난다. 그들이 삼키는 꽃꿀 중 약간은 그들이 매일 1,500곳의 식물과 꽃을 방문하는데 필요한 에너지와 체력을 위해 위장으로 들어간다. 나머지 꽃꿀은 예비 위(spare stomach)로 보내 저장한다. 잠깐, 아직 조금 더 비위 상하는 얘기가 이어진다. 일벌은 벌집으로 돌아오면 가공벌(processor bee)을 찾아서, 위에 저장한 꽃꿀 자당을 가공벌의 입으로 역류시킨다.

여기서부터 꿀 생산에 약간의 테크놀로지가 개입한다. 벌집에 머무는 가공벌들은 꽃꿀 자당을 약 30분 동안 뱃속에 보관한다. 그 30분 동안 벌의 위 효소는 꽃꿀 자당을 분해해서 포도당과 과당으로 전환시킨다. (지금 우리는 아주 복잡한 화학적 작업에 대해 얘기하고 있다.) 가공벌은 일벌보다 어리기 때문에 자당 분해 효소를 충분히 갖고 있다. 벌들은 나이가 들면서 효소를 잃게 되므로 나가서 꿀을 채집해야 한다. 이런 이유로 이들을 일벌이라고도 부른다. 우리와 비슷하다는 점이 충격적이다. 우리들 중 많은 이들이 젊은 시절을 술 마시고 토하며 보낸다. 심지어 나이가 들어도 그 짓을 계속 하면서도 나가서 일도 해야 한다.

가공벌이 위장에서 꽃꿀을 30분 동안 화학적 변성을 시키고 나면 위 속 내용물을 토해 낼 준비가 된 것이다. 그렇다고 그의 여섯 개의 팔 중 하나를 뻗어 구토 봉지를 잡을 수 있는 것은 아니다. 벌집에는 수천 마리의 가공벌이 있어서, 그들에게 모두 돌리려면 구토 봉지가 모자랄 것이다. 벌은 벌집을 이루는 육각형 벌방 중 가장 가까운 곳에 포도당과 과당 혼합물을 토해 낸다. 이것은 꿀이라고 부르기엔 이르다. 이 혼합물은 매우 묽어서, 가공벌은 하루에서 이틀을 꼬박 벌방에 부채질하여 수분 함량을 줄여야 한다.

만약 당신이 어린 가공벌들은 쉽게 일하는데 늙은 채집벌들이 벌판에서 일하는 것을 가여워한다면 다시 생각해 보기 바란다. 아직 가장 역겨운 업무 단계가 남아 있다. 가공벌들은 꿀을 부채질한 다음, 각 벌방을 밀봉하기 위해 그들의 꽁무니 아래에 위치한 작은 분비선에서 밀랍을 분비해야 한다. 가공벌들은 그야말로 앞뒤 가리지 않고 일하고 있다.

마침내 겨울 동안 벌들을 버티게 해 줄 꿀을 만드는 힘든 작업이 끝났다. 동시에 인간들이 제시 제임스[*]처럼 그들의 소중한 저장고를 털러 들어온다. 인간이 꿀을 만드는, 아니 꿀을 빼앗는 과정은 간단하다. 그 방법도 꿀만큼 끈덕지게 100년 동안 그리 많이 변하지 않았다. 말 그대로 아주 끈적하다.

일단 벌집이 꿀로 가득차면 당신은 먼저 캐비닛에서 서류철을 꺼내듯 꿀틀을 한 장씩 꺼내야 한다. 봄에 설치하는 빈 꿀틀은 한 장당 백 십 그램 정도이다. 기상 조건이 완벽하고 당신의 운이 좋다면 여름의 끝자락에는 각각 1.3킬로그램정도 무게가 나갈 것이다. 꿀이 가득 찬 꿀틀 10개의 무게는 약 13킬로그램이고, 풍작이라면 벌통 세 개에 39킬로그램 정도를 얻을 수 있다.

벌통에서 꿀틀을 꺼낸 다음, 청소용 빗자루와 비슷하게 생긴 솔을 이용해 꿀틀에 붙어서 기어다니는 벌들을 부드럽게 벌집 안으로 다시 쓸어 넣어야 한다. 나는 사실 바닥 청소를 자주 하지 않기 때문에 연습이 되어 있지 않아서 벌들을 너무 세게 쓸어내면 눌러 죽일 수 있다는 마음 아픈 사실을 배웠다. 그렇다고 너무 가볍게 쓸면 벌들은 아무 일도 없었다는 듯이 바쁘게 기어 다니며 제 할 일을 한다. 벌 쓸기는 꽤 섬세함을 요하는 기술이다.

[*] 서부 개척시대에 실존한 악명 높은 무법자

꿀틀에 벌이 없다면 꿀이 든 벌방에 밀랍이 씌워져 있는지 검사해야 한다. 뚜껑을 닫지 않은 벌방은 아직 수분이 많아서 부채질하는 중이었을 가능성이 높으며, 아직 수확할 준비가 되지 않았다는 신호다. "덜 구워져 축축한 토스트"라고나 할까?

벌통에서 꺼낸 꿀틀은 통에 넣어 단단히 봉해야 한다. 대부분의 벌치기들은 타파웨어에서 나온 딱 맞는 크기의 통을 사용한다. 뚜껑을 제대로 닫지 않으면 은행을 턴 제시 제임스를 추격하는 보안관처럼 벌들이 꿀을 되찾기 위해 당신을 쫓을 것이다. 꿀틀이 든 상자를 벌통 옆에 5분만 열어 놓으면 수백 마리의 벌들이 꿀을 되찾으려고 할 것이다. 거기서 완전히 벗어나는 것이 상책이다. 적절한 조건에 보관한다면 꿀틀은 몇 년 동안 유지된다. 하지만 대부분의 사람들은 강도짓을 하자마자 꿀을 짜 낸다.

꿀 추출은 세 단계 과정을 거친다. 먼저 봉해진 육각형 벌집을 열어야 한다. 벌집을 열 때는 비포크(bee fork)가 필요하다. 비포크는 70년대 가장 힙했던 아프로 머리에 사용하는 헤어픽 빗처럼 생겼다. 나는 이 도구를 좋아하는데, 날카로운 금속 빗으로 수천 개의 작은 벌방을 긁으면 꿀이 터져나오는 모습이 재밌기 때문이다. 꿀틀 옆면을 여는 것도 잊지 말아야 한다. 당신이 대자연의 친구인 무소부재한 중력을 이용해 꿀을 나오게 하고 싶다면 꿀이 모두 나올 때까지 1~2주 동안 꿀틀을 매우 더운 방에 놓으면 된다. 하지만 우리 대부분은 그렇게 오래 기다릴 시간이 없기 때문에 채밀기가 필요하다.

채밀기는 보통 스테인리스스틸로 만들어진 원통형 기계로 크기와 원리가 탈수기와 비슷하다. 채밀기 안에 있는 네 개에서 여섯 개의 꿀틀이 들어가는 특별한 케이지에는 수동 크랭크와 기어 조합이 연결되어 있다. 크랭크를 잡고 기어를 돌리면 꿀틀을 고정하는 케이지의 회전이 점점 빨라진다. 충분히 빨라지면 어디에나 있는 중력의 사촌인 원심력이 거들어준다. 둥글게 소용돌이치는 순수한 힘이 꿀틀에서 꿀을 빼낸다. 꿀을 채밀기 내부의 깨끗한 벽으로 전부 보내려면 약 2분간 열심히 크랭크를 돌려야 한다. 그 후 채밀기 바닥으로 천천히 고인 꿀을 밸브를 열어 큰 플라스틱 통으로 흐르게 만든다.

다음은 여과다. 대부분의 사람들은 꿀에 있는 벌의 다리, 더듬이, 작은 밀랍 조각, 또는 자잘한 잔가지들을 좋아하지 않는다. 원치 않는 조각과 잔해들이 너무 많은 꿀은 거의 스튜에 가깝기 때문에, 빈 통 위에 조밀한 체를 놓고 걸러야 한다. 이 때 꿀이 부드럽게 흐를 수 있도록 따뜻한 방에서 해야 한다.

수상가옥에서 첫 해에 꿀대박을 맞았을 때 이 작업 과정에서 약간의 독창성이 필요했다. 우리 집에서 가장 작은 방은 욕실이었으니 그 방을 덥히고 꿀을 밤새 그 방에 두면, 다음날 데워진 꿀을 체에 거르기 쉬워졌다. 때로 원치 않는 입자가 특히 많을 경에는 더 미세한 체를 놓고 두 번 거를 필요가 있었다. 부엌에서 꿀을 뽑아내고 욕실에서 꿀을 걸러내는 바람에 내 수상가옥의 방 두 개를 끈적끈적한 난장판으로 만들 수 있었다.

그 다음에는 거실로 옮겨 꿀을 병입하며 끈적끈적한 난장판을 만들었다. 용케도 집 전체를 엉망진창으로 만들지 않은 것이 다행이었다. 세 단계 중 병입은 가장 노련한 안목이 필요한데, 병의 입구에서 정확히 5밀리미터 이내까지만 들어가도록 정확한 타이밍에 꿀 붓기를 멈춰야 하기 때문이다. 10분의 1초 차이로 그 중요한 분기점을 놓치면 꿀이 당신의 손 전체를 타고 흘러넘쳐 신발에 스며들고 온 바닥을 가로질러 퍼져 나간다.

내가 가장 좋아하는 꿀 가공 과정은 꿀병 구입이다. 왜냐하면 꿀병은 모습도 크기도 다양하기 때문이다. 내가 광고 업계에서 배운 것은 제품의 구할은 포장이라는 것이다. 어떤 꿀병은 유리 재질에 복고풍 양각 무늬가 있지만, 나는 원통형에 가까운 호리호리한 병을 선호한다. 이런 꿀병은 꿀 양을 실제보다 1.5배는 많아 보이게 해 준다. 쥐어짤 수 있는 플라스틱 곰 꿀병을 선택하면 곰돌이 푸 오디오북을 틀어 놓고 어린 시절을 떠올릴 수도 있다.

원하는 병에 꿀을 안전하게 담은 다음에는, 뚜껑을 단단히 닫고 라벨을 붙여야 한다. 나는 내 라벨이 돋보이길 원했고, 미리엄과 렌이 준 벌통에 내가 그린 바보 같은 그림을 그대로 사용했다.

세계 최고의 가공식품인 꿀을 만드는 과정에는 벌과 인간이 함께 인내하는 시간과 노력이 필요하다. 벌들은 대자연과 함께 세 계절 동안 꽃꿀이 가득한 춤을 추며, 여름철 달콤한 꽃의 은혜를 삼키며, 그것들을 토하고 부채질하여 완벽하게 만든다. 인간이라는 도둑놈들은 겨울이 코앞에 와야 노동을 시작한다. 그러나 무법자 워너비인 우리들의 집을 온통 끈적끈적하게 만들었으니 벌들은 알지 못하는 새에 소소한 복수를 한 셈이다. 역시 정의는 살아 있다. 책임감 있는 벌치기라면, 딸들에게 겨울을 날 만큼 충분한 여유분을 남겨주고, 우리가 가져간 만큼 인간이 가공한 식품으로라도 되돌려줘야 한다.

이 땅의 수많은 식품 저장고를 장식하는 이 기분 좋게 만드는 제품을 위해 곤충과 인류는 함께 많은 노력을 기울여 왔다. 우리는 잊지 말아야 한다. 꿀은 맛있고, 아름답고, 영원하며, 난장판을 만들고 끈적끈적한 음식이라는 사실을.

4 아웃야드

나는 손으로 뭔가 만드는 일이라면 정석보다는 지름길을 택한다. 나는 세밀한 작업은 커녕 평범한 정도의 손놀림이 필요한 작업에도 그다지 흥미가 없다. 일단 나는 손이 야무지지 못하고 쉽게 주의가 산만해진다. 나는 훌륭한 건축가, 목수, 공예 작가는 되지 못했을 것이다. 나는 "두 번 재고 한 번 자른다"는 옛 격언을 무시한다. 적당히 가늠해 보면 될 텐데 왜 측정을 하지? 그리고 측량 도구는 왜 존재하는 거지? 양봉은 내게 부족한 꼼꼼함이 필요하지만, 그 부분을 지니가 채워 주고 있어서 나는 그럭저럭 해 나간다.

벌이 되어 살아간다면 그와 같은 기술이 필요하다. 벌들은 흠잡을 데 없을 만큼 완벽한 대칭의 벌집을 건축하는 까다로운 완벽주의자들이다. 벌집을 구성하는 수천 개의 육각형 방을 만드는 데에는 지름길이 없다. 만약 그 육각형들 중 하나가 조금이라도 이상하면 벌집 전체가

붕괴될 수도 있다. 나는 벌통에서 꿀틀을 꺼내 보고 점검할 때마다 얼마나 대단한 협력으로 이 건축을 이루어 냈을지를 생각하며 깊은 인상을 받는다. 벌들은 정확히 언제 무엇을 해야 할지 알고 있다. 모든 작업자가 집을 성공적으로 만들때까지 몰두한다. 벌집 옆에 서서 일을 못하겠다고 다투거나 불평을 하는 벌들을 본 적은 없을 것이다. 할 일 없이 어슬렁거리며 다니는 벌도 보지 못했을 것이다.

그렇다면 벌집의 구성원이 거의 대부분 암컷 일벌로 이루어져 있다는 사실은 전혀 놀라운 일이 아니다. 여성들은 디테일에 오롯이 집중하는 데에 능하다. 지니도 그는 완벽하게 각을 잡아 놓는 것을 좋아하고, 모든 일을 빠르게 처리하는 훌륭한 벌치기다. 그녀의 벌통 네 개를 아웃야드로 옮길 때 그것이 증명되었다.

아웃야드는 이런 곳이다. 양봉의 성패는 꿀의 공급에 달려 있다. 채집벌들이 봄과 여름에 꽃과 식물에서 채취한 꽃꿀은 벌집 안에서 꿀로 만들어진다. 하지만 한여름철 동안 들판과 꽃밭이 말라버린다면 어떻게 해야 할까? 양봉가가 나타나서 벌들을 좀더 푸른 초장으로 인도해야 한다. 벌들은 수 킬로미터(몇 킬로미터가 아닌) 떨어신 곳으로 이동하면, 의외로 변화에 잘 적응한다. 토실토실한 벌들을 보고 싶다면 벌들이 더 좋은 것을 얻을 수 있는 곳, 바로 아웃야드로 데려가야 한다. 늦여름의 4~6주 동안 벌들을 더 푸르고 더 고도가 높은 지대로 이동시키는 일은, 벌들에게는 겨울을 더 잘 날 수 있게 해 주고, 당신에게는 더 많은 꿀을 얻을 수 있는 기회를 제공한다.

벌집을 아웃야드로 옮기는 일은 이렇게 비유할 수 있다. 여러분이 황무지의 어느 마을에 위치한 아파트에서 주민들과 함께 살고 있는데, 가뭄으로 인해 식량이 바닥났다고 가정해 보자. 그런데 어느 날, 이유는 모르지만 당신이 사는 아파트 전체가 들어올려지고 옮겨져서 라스베이거스에 떡하니 놓인다. 아파트 옆에 있는 카지노에는 당신이 이용할 수 있는 환상적인 무제한 뷔페가 있다. 당신은 매일 뷔페에 가서 행복하고 만족스럽게 실컷 먹는다. 만약 당신이 나와 비슷하다면, 남은 음식을 주머니에 몰래 넣어와서 나중을 위해 저장할 것이다. 이 향락의 도시에서 한두 달 살다 보면 살도 찌고 행복해진다. 당신 아파트의 방에 남은 음식이 잔뜩 쌓인다. 황무지의 고통은 잊어버린 지 오래다. 가을이 오면, 당신의 아파트는 다시 한 번 들어올려져서 고향에서 겨울을 맞는다. 하지만 이제는 걱정하지 않는다. 당신의 식료품 저장고는 맛있고 영양가 있는 음식들로 가득 차 있다. 살찌고 행복해지는 곳, 그곳이 바로 아웃야드다.

아웃야드는 보통 도시에서 멀리 떨어진 산이나 인적이 드문 들판에 있다. 지니의 양봉 동호회와 이웃 동호회가 힘을 합쳐 회원들을 위한 공동 아웃야드를 만들었다.

그들은 수백 에이커에 대한 벌목권을 갖고 있는 임업 회사로부터 최근 벌목을 마친 작은 땅을 점유할 수 있는 허가를 받았다. 동호회는 도시 외곽에서 12킬로미터 떨어진 산 중턱에 위치한 100제곱미터의 땅을 무료로 사용한다. 아웃야드에는 번식력이 뛰어난 분홍바늘꽃이 수백 미터에 걸쳐 펼쳐져 있었다. 분홍바늘꽃은 벌목된 지역에서 가장 먼저 자라나는 식물이다. 벌들에게 분홍바늘꽃은 사워크림을 잔뜩 바른 구운 감자를 곁들인 스테이크와 랍스터 요리나 마찬가지다. 그 꽃은 벌들에게 사랑스럽고, 계속 먹어도 질리지 않고, 살찌게 만드는 식물이다.

맨땅을 아웃야드로 바꾸는 데에는 많은 노력이 필요하다. 이번에는 양봉 동호회 두 곳에서 삽과 전지가위로 무장한 회원 여섯 명이 늦봄 주말을 여덟 시간이나 할애해야 했다. 그들은 잡초를 제거하고, 벌집을 놓을 수 있도록 땅을 평평하게 다지고, 전기 울타리를 설치했다. 태양광으로 작동하는 전기 울타리는 곰들이 잘 차려진 뷔페 식당의 문을 부수고 가장 좋아하는 음식인 꿀을 향해 돌진하는 일을 막기 위해서 설치한 것이다.

양봉 동호회 회원들은 늦은 여름 4~6주 동안 벌통을 아웃야드로 옮겨 놓을 수 있었다. 나는 힘든 일이 끝났을 때쯤 합류했다. 어쩌면 힘든 일이 끝났기를 바랐던 것일지도 모른다. 세상에, 내 예상은 완전히 빗나갔다.

벌통을 옮기기 전날, 지니는 나에게 벌통 네 개를 준

비하는 것을 도와 달라고 청했다. 왜 벌통을 옮기는 데 준비 씩이나 필요한지를 설명하려면, 벌통 이송은 보통 새벽 5시에 픽업트럭 짐칸에 벌통을 싣고 매우 울퉁불퉁하고 오래된 벌목 화물용 도로를 통해 아웃야드로 올라가는 일이라는 점을 먼저 일러두어야 한다. 아웃야드에 도착하면 트럭 짐칸에서 서둘러 벌통을 내리고 자리를 잡기 위해 벌통과 씨름해야 한다. 벌통은 일반적인 상자가 아니다. 5만 마리의 진정 살아 있고, 매우 민감한 곤충들이 사는 고층 주택이다. 만약 여러분이 개나 고양이를 상자에 넣고 차에 실어서 다른 도시로 간다면 얼마나 조심스러울지 생각해 보라. 그 다음 벌의 수에 벌통의 수를 곱하면 $50{,}000 \times 4(벌통) = 200{,}000$이다. 그러니까, 20만 마리의 소중한 반려동물을 옮기는 일이다.

지니와 나는 튼튼한 밧줄을 엮어 만든 띠와, 조심스럽게 나사로 고정한 목재 지지대, 래칫 타이다운 스트랩과 고정 장치를 이용해 벌집을 구식 철제 서류 캐비닛 스타일로 고정해 놓아야 한다는 것을 분명히 알고 있었다. 벌들의 안전을 위해 각각의 벌통을 튼튼하게 보강해야 했다. 벌통이 네 개라는 사실이 각각의 타워를 안정시키는 임무를 더 힘들게 만들었다. 우리가 만지고 있는 통이 살아있는 벌들로 가득했다는 사실을 잊지 말아 주시길. 밧줄로 묶고, 타이 다운을 조이는 동안 벌통 안에서 들려오는 윙윙거리는 소리가 어쩐지 약간 불안했다. 나는 지니 옆에 서서 손에 망치를 들고 있었고, 지니는 내가 못 들었거나, 듣고 잊어버렸거나, 지금은 할 수 없는 일들을 세세하게 지시했다. 고백하자면, 나는 망치의 어느 쪽을 잡아야 할지 모를 정도로 막막했다.

20여 분 동안 끈으로 묶고, 드릴로 나사못을 박고, 래칫을 조이고, 못을 박고 난 다음 나는 멍청하고 성급하게도 "끝났다. 이제 이건 됐고, 다음 할 일은 뭐지?"라고 말했다. 정확하고 엄격한 여자친구는 아직 끝나지 않았다고 말하면서 벌집을 더 단단한 밧줄, 더 넓고 평평한 널빤지, 그 외의 또다른 고정 장치들로 단단하게 고정해달라고 부탁했다. 그는 내가 어설프게 해 놓은 일을 점검하고, 내가 잘못한 것을 지적했다. 나는 화를 냈고, 우리는 벌들이라면 절대 하지 않을 일을 했다. 공공의 이익을 위해 함께 일하기는 커녕 누가 옳은지를 놓고 말다툼을 벌인 것이다.

짧은 말다툼 뒤에 나는 마지못해 문제 해결에 들어갔다. 묵묵히 지니의 지시를 따르며 나는 해리 후디니*라도 이 상자에서는 빠져나오지 못할 것이라고 생각했다. 내 머릿속에 있는 반항적인 작은 목소리는 완강한 태도로 계속 말했다. "우린 여기에 너무 많은 노력을 들이고 있어." 세 번째 벌집을 작업할 때 나는 더 이상 참을 수 없

---

* 탈출 마술을 전문으로 한 전설적인 마술사

었다. 나는 지니에게 별것 아닌 일을 너무 심각하게 생각하고 있는 데다가 시간이 너무 오래 걸린다고 말했다. 네 번째 벌통을 작업할 무렵에서야 밤을 새더라도 그의 지시를 따라야 한다는 것을 납득할 수 있었다.

마침내 영원 같았던 두 시간이 지난 뒤에야 벌통 네 개 모두를 지니 아버지의 파란색 도요타 픽업 트럭에 실을 준비를 마쳤다. 벌통을 준비하는 과정에서 벌에 쏘이는 일은 없었지만, 망치에 손가락을 찧었다. 살짝 멍이들었다. 하지만 내 자존심에 생긴 멍보다는 작았다. 그날 밤 우리가 잠자리에 들었을 때, 포트 녹스 군사 기지 만큼이나 엄청나게 안전한 네 개의 벌집 탑에 든 수십만 마리의 지친 벌들도 트럭 침대 뒤편에서 쉼을 청했다. 이 철통 같은 벌통들은 다음날 아침 트럭 위에 핵미사일이 떨어진다고 할지라도 벌들은 무사하도록 감싸져 있다. 우리는 벌들보다 한참 먼저 일어나 최대한 순조롭게 이동할 수 있도록 새벽 4시에 알람을 설정해 놓았다.

당신도 기억하겠지만, 벌은 어둡고 선선한 밤에 옮기는 것이 가장 좋다. 누군가에게 이목을 끌기 싫어서가 아니라, 벌들이 벌통 속에 편안하게 지낼 수 있는 시간대이기 때문이다. 해가 나면 벌들은 밖에 나가 꽃꿀을 찾고 싶어 몸이 근질근질할 것이 분명하다. 또한 밀폐된 벌집을 직사광선에 노출시키며 이동하는 것은 위험하다. 벌통 안의 벌들이 쉽게 과열되어 폐사할 수 있기 때문이다. 뜨거운 햇볕이 내리쬐면 밀폐된 벌통은 마치 오븐처럼 변하고, 5만 마리의 흥분한 벌들이 서로 비비적대며 만들어내는 마찰열 때문에 더 심해진다. 그래서 우리는 동트기 전 어슴푸레하고 선선한 새벽에 고속도로 옆에서 지니의 벌 동호회 사람들을 만났다. 우리는 머리끝부터 발끝까지 양봉복을 입은 채 벌통을 실은 픽업트럭과 트레일러를 운전했다. 혹여나 지나가던 자동차 여행자가 어둠 속에서 흰 옷을 입고 시골 트럭을 운전하는 우리 무리를 보고 KKK단이라고 오해하지는 않을까 조금 걱정이 됐다.

다섯 대의 트럭이 멈추고 난 뒤, 나는 조심스럽게 무엇보다 벌집들이 거친 산길에 잘 대비되었는지 하나하나 살폈다. 편차가 꽤 컸다. 어떤 벌집은 우리가 한 것만큼은 아니었지만 잘 밀봉되어 있었고, 어떤 것들은 노끈이나 밧줄로 한 차례 감겨 있을 뿐이었다. 나는 잠시 하던 일을 멈추고 내 커다란 입을 작게 열고 말했다. "이거 봐, 내 말이 맞지. 벌통을 그냥 밧줄로만 단단히 고정하기만 해도 됐잖아. 그럼 어젯밤 한 시간은 더 잤을 거 아냐." 나는 나의 비협조적인 태도와 엉성한 꼼수를 택하지 않은 것을 트집 잡아 신랄한 비난을 할 준비를 했다. 그렇지만 그 말을 듣고 생각해야 할 사람은 모든 벌치기들의 벌집 준비 상태와, 앞으로의 여정을 버틸 수 있을지 살피느라 곁에 없었다.

그날 아침 여섯 대의 트럭이 아웃야드로의 여정을 떠

나기로 되어 있었다. 이 미친 계획 전반을 꾸린 우리와, 다른 양봉 동호회에 속한 빌이라는 이름의 남자가 선두에 서기로 했다. 모두가 도착하길 기다리는 동안 빌이 소심하게 아내가 양봉하는 걸 정말 원치 않는다고 고백했다. 빌의 아내는 그가 벌에 쏘이는 게 걱정된다고 했는데, 빌의 직업이 저먼 셰퍼드를 경찰견으로 훈련시키는 일이라는 점을 생각하면 참 아이러니하지 않을 수 없다. 마지막 트럭이 도착하기까지 15분이라는 소중한 시간이 흘렀지만, 먼저 떠날 수는 없었다. 해가 뜨기 시작하면서 벌써 살짝 따스한 기운이 감돌았고 곧 벌들이 구워질 것 같았다.

총 150만 마리의 벌을 실은 벌 수송대는 이제 길을 떠나 신선한 아고산 지역의 초원과 맛있는 꽃과 풀이 있는 곳을 향해 이동해 나갔다. 지니와 나는 빌과 가까이, 행렬의 두 번째 트럭에서 일출이 벌들에게 어떤 영향이라도 줄까 봐 걱정하고 있었다. 우리는 이미 계획보다 늦었고, 45분 후면 태양이 완전히 떠오를 시간이었다. 그야말로 촌각을 다투는 레이스였다. 가는 동안 빌의 트럭에 있는 벌통 중 유독 하나의 벌통에서 간혹 못된 벌들이 빠져나오는 모습이 우리 차 전조등에 비쳐 보였다.

곧 벌 한 마리가 우리 트럭의 앞 유리에 부딪혔다. 철퍼덕. 시속 65킬로미터로 달리고 있었기에 자동차 여기저기로 벌의 조각들이 튀었다. 고속도로로 30킬로미터 정도 더 갔을 때쯤에는 우리의 앞유리는 끈적거리는 벌의 사체들로 뒤덮이고 말았다. 우리는 속도를 줄여 포장된 고속도로를 빠져나와 시골길로 접어들었고, 전나무가 줄지어 서 있고 길 곳곳이 움푹 패인 간선 벌목도로로 진입했다. 언덕을 오르기 위해 속도를 줄이면서 덜컹거림은 심해졌고, 큰 문으로 봉쇄된 제한 삼림 구역에 점점 가까워졌다.

빌은 몇 주 전에 삼림 관리 회사와 협의해서 여벌 열쇠를 받아 두었고, 두 그룹의 다른 양봉가들도 이 지역에 출입할 수 있는 허가를 받았으며 열쇠는 한 개를 공동으로 사용할 예정이었다. 일을 간단하게 하기 위해(아니, 나중에야 깨달았지만 덕분에 일이 더 복잡해졌다), 열쇠는 문 근처 바위 아래의 비밀 장소에 숨겨져 있었다.

덜컹거리는 도로를 따라 10분 정도 올라간 끝에 우리는 빌의 대충 봉인한 벌통에서 점점 더 많은 벌들이 탈출하고 있음을 발견했다. 처음에는 스무 마리 정도였는데, 잠시 후에는 백여 마리, 그 다음에는 수백 마리 이상이 사방으로 쏟아져 나오고 있었다. 빌의 벌통은 운반할 준비가 제대로 되지 않았던 것이다. 아마도 상자 자체나 벌통 뚜껑이 망가진 듯했다. 벌들은 이제 여러분들이 다 알만한 그곳을 향해 미친듯이 날아오고 있었다.

시간의 단위 대비 작동의 측정은 유용한 과학적 도구가 될 수 있다. 스토리텔링을 위한 유용한 장치이기도 하다. 예를 들어 mph(mile per hour)나 fps(feet per second)라는 단위를 들어 설명한다면 여러분은 내가 하려는 말이 무슨 의미인지 정확히 알 것이다. 여기서 나는 온전히 내가 개발했지만 저작권을 포기하고 양봉 커뮤니티에 바치는 전혀 새로운 단위를 제안한다. 바로 bpm(bees per minute), 즉 1분당 꿀벌 수다. 이것은 특정 지점을 통과하는 60초 동안 유리창에 붙은 벌의 수를 세는 단위다.

다섯 대의 트럭이 고속도로 갓길에서 출발하던 시점에 빌의 트럭에서 탈출하는 벌의 수는 약 1bpm이었다. 도로 상태가 좋아서 속도를 올릴수록 bpm도 높아졌다. 지니가 운전하는 동안 빌의 벌집에서 새어나오는 벌을 수를 세려고 노력했다. 벌들은 지니 아버지의 트럭 전조등에 비쳐서 잘 보였고, 우리 앞유리에 쌓인 벌들의 수를 세어 보았다. 시속 96킬로미터로 달린 지 5분 정도 지났을 때쯤에는, 아주 대략적으로 계산해도 bpm이 5정도로 올라갔다. 잘 포장된 고속도로를 벗어나 흙투성이의 비포장도로 시골길로 들어서자 bpm은 두 배인 10으로 올라갔다. 더 울퉁불퉁한 산길로 접어들자 bpm은 20까지 비약적으로 상승했고, 대강 묶어 놓은 빌의 벌통이 서서히 무너지면서 서서히 증가했다. 지니와 나는 충격과 공포에 휩싸인 채 bpm이 25, 30, 그리고 기어이 40을 넘어서는 장면을 지켜보았다. 우리의 앞 유리는 죽은 벌들 때문에 점점 더 끈끈해져 가고 있었다.

외떨어진 곳에서, 돌아갈 곳이 없는 상황에서 벌집을 나온 벌들은 아마도 죽을 것이다. 꿀벌은 홀로 살아갈 수 없는, 공동체적 생명체이다. 아웃야드에 놓일 벌통은 벌들이 빠져나온 지점에서부터 30킬로미터 정도 떨어져 있을 텐데, 이는 벌들의 활동 범위를 훨씬 크게 넘어선다. 자연에서 만들어진 다른 벌집을 찾아간다고 해도 그곳에 원래 살던 벌들이 배척할 가능성이 높다. 도로가 점점 거칠어지고 bpm이 증가하면서 제대로 준비되지 않은 벌통의 상태는 점점 끔찍해졌다. 목숨을 잃는 벌의 수가 늘어난다는 건 참으로 비극이었다.

우리는 경적을 울려 빌에게 그의 트럭 뒤편에서 발생하는 사망자 수에 대해 알리려 했다. 그는 알고 있다는 의미로 손을 흔들었지만 차를 멈추지는 않았다. 시간에 쫓기고 있었기 때문에 그가 가속 페달을 계속 밟을 수밖에 없음을 이해했다. 벌들을 구워 버리고 싶지 않다면 해가 뜨기 전에 아웃야드에 도착해야만 했다. 멈춰서서 고장난 벌통을 고칠 시간은 없었다. 빌은 가파른 언덕길을 줄곧 달렸고, 속도가 오르고 도로 상태가 나빠지자 bpm은 100에 다다르고 말았다. 빌은 숙련된 벌치기였기 때문에 우리 모두의 이익을 위해 벌통 하나를 희생하고 있었다.

우리 벌 수송대 일행은 마침내 일반인 출입 통제구역인 삼림 지역 경계선에 있는 철제 보안문 앞에 도착했고, 그때서야 빌은 차를 멈춰세울 수 있었다. 문은 무척 육중했다. 어차피 열쇠가 없으면 제한 구역에 들어가는 것이 불가능할 정도라서 그런지 무단 침입 경고 문구도 없었다. 빌은 트럭에서 내려서 숨겨진 열쇠를 찾았다. 그가 열쇠를 찾는 동안 지니와 나는 벌통에서 수백 마리의 벌들이 더 쏟아져 나오는 것을 절망 속에서 지켜보고 있었다. 성난 벌떼 구름이 솟아올랐다. 그것은 마치 지평선 가까이 드리운 먹구름처럼 점점 커져만 갔다. 하지만 해가 떠오르고 있었기 때문에 부실한 벌통을 손볼 시간은 없었다. 다른 몇백만 마리의 벌들이 통 속에서 데워지고 있었고, 빨리 내보내지 않으면 모두 죽게 될 지경이었다. 빌이 열쇠를 찾기까지 예상보다 시간이 오래 걸렸고, 우리는 예정보다 한참 늦어지게 됐다. 마침내 빌이 열쇠를 찾았고 우리는 문을 지나갔다.

막 개간을 마친 아웃야드로 이끄는 산길의 마지막 구간은 가장 거칠고 험난했다. 이 도로는 목재 운반용 대형 트럭의 통행을 염두에 두고 만들어진 길이었고, 움푹 패인 부분 곳은 거의 작은 냉장고 만한 크기였다. 이 길은 이미 벌목이 완료된 지역이었기 때문에 수 년 동안 사용되지 않고 관리되지 않은 채 방치되어 있었다. 거의 지나갈 수 없을 정도로 가파른 경사로였다. 우리는 소중한 시간을 놓쳐가고 있었다.

빌의 트럭에 놓인 다섯 개의 벌집이 서로 부딪혔고, 심지어 트럭 난간 옆으로 빠져나올 정도로 요동쳤으며,

그 소리는 우리 벌 호송대의 마지막 트럭까지 들릴 정도로 컸다. 가장 부실하게 포장된 벌집은 우리 눈 앞에서 거의 무너지고 있었지만 우리는 그저 지켜보는 수밖에 없었다. 그때 빌의 트럭이 깊게 패인 땅을 지났다. bpm은 1000 정도로 급상승해서 정점을 치고 말았다. 마지막 2킬로미터를 앞두고 너무나 많은 벌들이 몰려나와서 흡사 제트기의 긴 비행운 같은 것을 만들어 냈고, 지니는 와이퍼를 켜야만 했다. 메이데이! 메이데이!

6시 45분, 우리는 마침내 아웃야드에 도착했다. 아침 햇살이 무척 빠르게 공기를 데우고 있었다. 다섯 대의 트럭은 우거진 풀 속 아무데나 황급히 차를 댔다. 운전자들과 양봉가들은 자기들의 살아있는 소중한 수하물의 상태를 확인하기 위해 재빨리 움직였다. 지니의 벌통 네 개를 조사할 때 지니는 말없이 그저 의기양양한 미소만을 띠었다. 그 미소가 모든 것을 말해 주었다. 지니의 벌통에서는 단 한 마리의 벌도 탈락하지 않은 것이다. 나는 순한 양이 되어 지니의 지시를 따라 아웃야드에서 설치 작업을 진행했다.

빌이 아웃야드에 쳐진 전기 울타리 문을 열었고 우리는 모두 서둘러 45킬로그램짜리 벌집들을 제 위치로 옮겨 놓았다. 모두 합쳐서 30개의 벌통을 트럭에서 내려 2미터 떨어진 울타리 안쪽으로 들어옮겨야 했다. 기온이 높아질수록 벌치기들은 조급해졌고 저마다 벌통의 적합한 위치를 찾느라 이리뛰고 저리뛰었다. 모든 벌통이 자리를 잡은 다음에야 우리의 벌들을 이동식 목재 태양열 사우나에서 풀어줄 수 있었다. 빌의 허물어져가는 벌통에서 탈출한 마지막 1만 마리의 벌이 혼돈에 싸인 채 우리 주변에서 떼지어 날아다니며 시야를 가리는 바람에 일은 더 어려워졌다. 양봉복의 헤드 베일 때문에도 이미 잘 안 보였는데, 부서진 벌통에서 빠져나온 벌이 너무 많았고 열댓마리가 벌써 내 얼굴 보호장구 위를 기어다니고 있었다. 뜨거운 햇살을 받아 비오듯 흐르는 땀이 눈썹을 타고 눈으로 들어왔다.

트럭의 뒷문이 철컹 소리를 내면, 벌통을 뒷문 밖으로 내린다. 벌집을 옮기는 일은 두세 사람이 같이 해야 하는, 허리가 끊어질 정도로 힘든 일이다. 길은 울퉁불퉁하고 앞은 안 보이고, 우리끼리 부딪히기도 해서 더 어려운 일이었다. 우리 벌통은 상자 네 개만 높게 쌓아 올렸기 때문에 지니와 나는 우리 몫을 알아서 감당할 수 있었다. 그러나 어떤 벌통은 다섯 개 혹은 여섯 개 높이로 쌓아놔서 옮기려면 튼튼한 짐수레가 필요했다. 하지만 수레는 부드럽고 울퉁불퉁한 들판에서는 잘 움직이지 못한다. 열한 명의 벌치기들이 트럭과 울타리 사이를 오가는 모양새는 마치 펑크 록 콘서트에서 1열 스탠딩 관객들이 춤추는 난장판처럼 보였다. 게다가 1만 마리의 길 잃고 동요한 벌들이 우리의 현란한 춤사위에 끼어들었다. 우리는 마치 제2차 세계대전 당시 노르망디 해변에 불어닥친 폭풍우 같은 혼돈 속에서 움직였다.

그날 아침 아웃야드에서 보낼 수 있는 제한된 시간 동안 우리의 벌치기 목적을 달성하기 위해서는 구체적인 작업을 순서대로 수행해야 했다.

1. 각 벌통을 트럭에서 아웃야드로 옮긴다.
2. 평평한 땅에, 적절한 간격을 두고, 출입문이 남동쪽을 향하도록 벌통을 위치시킨다.
3. 끈과 잠금장치, 목재 고정 장치, 노끈을 제거한다.
4. 마지막으로, 가장 중요한 절차가 남았다. 벌통의 문을 덮고 있는 덕트 테이프를 제거하고 벌들을 풀어 준다.

몇 사람이 벌을 풀어 주는 4단계를 밟고 있는 동안 여전히 1단계에서 고군분투하는 이들도 있었다. 벌집 입구의 덕트 테이프가 벗겨질 때마다 1~2만 마리의 벌들이 뜨거운 벌통에서 나와 첫 아침 식사를 하기 위해 분홍바늘꽃을 향해 몰려갔다. 벌의 수는 1만 마리에서 30만 마리로 늘어났고, 작은 주택지 정도의 구역을 벗어나지 않고 돌며 식사를 했다. 벌들의 날갯짓은 점점 거세졌고, 그들의 수는 태양을 가릴 만큼 많아졌다. 세상이 멸망할 듯이 짙은 그림자가 드리웠다. 통제 불능이었다. 여기서 더 이상 나빠질 수는 없을 거라 생각했지만, 그것이 실제로 일어났다.

약속 장소에 나타나지 않았던 여섯 번째 트럭을 기억하는가? 음, 그 순간, 그것이 마침내 아웃야드에 부릉 소리를 내며 도착했다. 표현하자면, 그것은 "하루를 늦었고 1달러도 모자랐다". 벌집을 준비해 온 마지막 트럭의 벌치기는 분명히 메모를 읽지 않았을 것이다. 벌집을 옮길 준비도 거의 되어 있지 않은데다, 벌통이 썩어서 부서져 버렸다. 아마도 습기에 의한 곰팡이 때문이거나 흰개미 때문이었겠지만 어느 쪽인지는 확실치 않았다. 그 벌치기가 각각의 벌집을 트럭에서 내리려고 하자 벌통은 그냥 허물어져 버렸다. 그는 벌통 중 하나를 내려 놓았는데, 상자 네 개의 무게에 눌린 맨 아래 상자가 부서지면서 벌집 다섯 개 안에 있던 내용물(아마 수십 만 마리의 벌)을 이미 벌레로 가득찬 공중으로 쏟아냈다.

나와 함께 두세 명의 벌치기들이 그를 도우러 달려갔다. 양봉복을 입은 채 울퉁불퉁한 지형을 지나 서둘러 그의 트럭으로 달려가려고 했지만 거의 앞이 보이지 않았다. 나는 커다란 수레에 걸려 넘어져 얼굴이 땅에 처박혔다. 내가 쓰러지다니! 나는 뜨거운 양봉복에 갇힌 채 흙바닥에 나뒹굴었고, 온몸이 꿀벌로 뒤덮인데다가 입 속에서는 흙이 씹혔다. 다시 한번 우표 수집을 했어야 했다고 생각했다.

몸을 추스르고 잠시 멈춰서서 우리 주변으로 몰려드는 벌들의 무리를 감상했다. 아래를 내려다보니 발이 거의 보이지 않았다. 몇 년 전 스쿠버 다이빙을 하러 갔을 때, 나는 거의 뭉쳐있다시피 한 물고기 떼 속으로 헤엄쳐 들어간 적이 있다. 그곳에서 벗어나려고 정신없이 물갈퀴질을 할 때도 몇 미터 이상 앞을 볼 수가 없었다. 달라진 점이 있다면 물 속에서는 아무 소리도 들리지 않았지만, 지금 이 상황은 마치 진공청소기 두 대가 내 머리 양 옆에 연결되어 있는 것처럼 윙윙거리는 소리가 계속 들렸다는 것이다. 나는 정신을 차리고 서서 천천히 다리를 절며 조잡한 트럭을 몰고 온 벌치기의 도움을 받았다. 우리 중 몇 명은 부서진 꿀틀과 벌집을 조립하는 것을 도왔다.

이때쯤 되자 다른 30개의 벌통도 모두 앞문을 활짝 연 채 전기 울타리 안에 자리를 잡고 있었다. 약 50만 마리의 벌들이 우리 주변에서 윙윙거렸다고 해도 과언이 아닌데, 새로 방사된 벌들은 캠핑을 온 것을 달가워 하지 않았다. 무덥고 낯선 영토에서, 그리고 다른 벌통에서 온 수십만 마리의 모르는 벌들과 함께 날아다니다 보니 그들은 완전히 뿔이 나 있었다. 누군가 불행한 벌을 궁금해 한다면, 바로 누군가를 쏘기 직전인 벌을 보여줄 것이다.

지니는 그날 아침 집을 나서기 전에 손목과 발목에 테이프를 두르고 양봉복 안에 두꺼운 옷을 입는 등의 예방조치를 취했음에도 불구하고 공격을 당하고 말았다. 아마도 한 마리의 벌이 지니의 옷 속으로 들어갔거나 캔버스 천과 플리스를 뚫고 침을 꽂아 넣기로 결심했을 것이다. 지니는 자신이 쏘였다고 알리기 위해 달려왔다. 열한 명 중 벌에 쏘인 사람이 벌 알레르기가 있는 사람이라는 사실이 아직도 놀라울 뿐이다. 가장 가까운 병원은 1시간 30분 거리에 있었다. 우리는 지니를 그곳에서 당장 내보내야 했다.

그날 아침 아웃야드로 올라가면서, 빌이 문을 잠그고 열쇠를 비밀 장소에 도로 가져다 놓았다. 나는 거기가 어디인지 주의 깊게 보지 않았는데, 열쇠가 없으면 우리가 꼼짝 못한다는 것은 알고 있었다. 빌을 찾아서 열쇠가 정확히 어디에 있는지 설명해 달라고 부탁했다. 하지만 50만 마리의 벌떼와, 똑같은 벌복을 입은 사람들 속에서 그를 발견하는 것은 어려웠고 소중한 시간을 낭비했다. 지니는 벌을 피해 트럭 운전석으로 피신한 뒤 허벅지에 쏘인 자국을 확인하기 위해 보호복을 벗었다.

지시에는 일상적인 지시와 중요한 지시가 있다. 그때 내게 주어진 것은 후자의 것이었고, 지니가 나를 도와 경청해 주었으면 좋겠다고 생각했다. 전날 밤 이미 경청하는 것이 내 강점이 아니라는 것이 증명되었다. 나는 두 사람이 지시를 함께 듣는 것이 가장 좋다고 생각하는데, 지니와 함께 여행할 때마다 그녀의 주의 깊은 귀가 큰 도움이 되기 때문이다. 하지만 빌이 트럭 앞에 서서 열쇠를 찾는 방법을 알려줄 때는 지니에게 창문을 열고 들으라고 했다가는 벌들이 운전석으로 들어갈테니 그렇게 할 수 없었다. 게다가 양봉 장갑이 너무 거추장스러워서 펜을 잡고 열쇠의 위치를 메모하기도 힘들었다. 하물며 나에겐 펜도 없었다. 내 머릿속은 생명을 구하기 위한 세부적인 지침은 커녕 아무것도 담을 수 없는 채반처럼 느껴졌다. 나는 빌이 말해 준 것을 외우려고 최선을 다했고, 문을 열고 벌들이 들어오지 못하게 손을 휘저으며 트럭에 올라탔다. 시동을 걸었다. 풀밭에 있는 다른 트럭들과 트레일러들을 피해 울퉁불퉁한 벌목도로에 들어가서 우리가 올라왔을 때 속도의 세 배로 달렸다.

이제 지니는 벌들을 보살필 때면 항상 정량의 아드레날린이 장전된 주사기, 에피네프린 펜, 졸음을 유발하는 부작용이 있는 항히스타민제인 베나드릴 알약을 가지고 다닌다. 우리가 정비되지 않은 산길을 질주해 내려갈 때, 그는 베나드릴 약병을 손에 꼭 쥐고 있었다. 스테인리스로 된 출퇴근용 컵에 있었던 차갑게 식은 커피를 한 모금 들이키며 그는 알약 두 알을 삼켰다. 다행히도 그의 증상은 아직 에피네프린이 필요할 정도는 아니었다.

하지만 운전한 지 10분 만에 잠긴 문에 도착했을 때 우리의 긴장감은 고조되었다. 서둘러 트럭에서 내렸을 때, 나는 빌이 한 말을 머릿속에 되뇌였다. "문 뒤 왼쪽에 보이는 큰 바위에 열쇠가 숨겨져 있어요. 담장 오른쪽 3미터 정도를 보면 세 개의 작은 바위가 줄지어 있는데, 그중 가운데 바위 아래에 있습니다." 당황한 채로 문 주변을 배회하다가 머릿속이 하얗게 되었고, 첫 번째 방향이 우회전인지 좌회전인지 떠올려 보았다. 이 보물찾기는 시작부터 엉망이었다. 길가에 있는 바위들이 모두 똑같아 보였다. 어디에 열쇠를 숨긴 거지? 마침내 바위를 제대로 찾았고 열쇠를 손에 넣었다. 승리에 가까워졌지만, 이제는 어느 쪽 끝에 자물쇠가 있는지 알 수 없었다. 결국 발견했지만 열쇠를 자물쇠에 꽂아넣느라 애를 먹었다. 지니가 나와서 나를 도와 주었다. 그때까지는 알레르기 증상이 올라오지 않는다고 말해 주어서 정말 기뻤다. 하지만 비유적으로든, 문자 그대로든 우린 아직 숲을 벗어나지 못했다. 고속도로까지 가려면 벌목도로를 30분은 더 달려야 했다. 나중에 지니는 운전석에 앉아 내가 열쇠로 자물쇠 대신 경첩을 찌르는 모습을 보면서 우리가 끝났다고 생각했다고 고백했다. 난 왜 이렇게 답이 없을까?

등 뒤의 문을 닫는 것을 잊은 채, 나는 가속 페달을 밟았고, 우리는 모퉁이를 돌며 질주했다. 핸드폰이 안 터져서 누구에게도 연락을 할 수 없었다. 우리밖에 없었다. 벌 독이 퍼지기를 기다리는 동안 나는 우리의 운명을 전혀 예상하지 못했다. 자연이 우리에게 친 장난은 얼마나 잔인한가. 우리는 이 놀라운 생물들을 원하는 만큼 먹을 수 있는 멋진 환경으로 옮기고 있었는데 그 보답으로 받은 게 그들을 먹이는 손(혹은 이 경우에는 허벅지)을 물리는 것이라니. 그때 벌집 보호를 허술하게 해 죽음을 맞은 수만 마리의 벌이 생각났다. 그들의 복수를 위한 신의 개입이었을까?

지니가 쇼크 상태에 빠지지 않은 채 시간이 지날수록 나는 점점 마음이 놓였다. 벌의 침에 인간이 반응하는 방식은 일관성이 없으며 여전히 의학적 미스터리로 남아 있다. 비록 쏘인 자리 주변이 약간 부풀어 오르기는 했지만 천천히 퍼지고 있었고, 다른 심각한 방법으로 그녀에게 영향을 미치지 않는 듯 보였다. 지니에게 일어난 마지막 반응은 심한 부종, 빨라진 심박수, 홍조뿐이었다. 오전 10시쯤, 우리는 마침내 시내 입구의 상점가에 차를 세우고 운전석에서 기어나와 서로 부둥켜안고 커피숍을 찾았다. 우리 둘 다 엄청난 양의 물과 커피를 마시고 살아 있음에 기뻐하며 지니의 집으로 돌아왔다. 베나드릴의 진정 작용으로 지니는 남은 하루 내내 잠을 잤다. 덕분에 나는 지난 12시간을 되돌아볼 조용한 시간을 얻었다.

인생의 많은 교훈은 실수로부터 얻는다. 그리고 아웃야드로의 여행은 실수투성이였다. 두말할 나위 없이 내가 배운 것은 벌통을 멀리 옮길 때는 준비와 포장을 제대로 해야 한다는 것이었다. 이걸 배우지 못했다면 나는 벌을 기를 자격이 없다. 다음 두 가지 교훈은 나보다는 양봉 동호회와 더 관련이 있다. 뒤늦게나마 깨달은 것이지만, 우리는 새벽 5시가 아니라 새벽 4시에 만났어야 했다. 그날 아침 우리가 겪었던 많은 스트레스와 긴장감은 일출이라는 예측 가능한 사건으로 인해 발생했다. 우리가 한 시간만 더 일찍 떠났다면 벌들이 익어버리기 전에 꺼내야 한다는 극심한 압박감을 피할 수 있었을 것이다. 마지막 교훈은 또한 벌통이 아웃야드 안쪽에 완전히 자리 잡은 후에 벌들을 풀어주어야 한다는 것이다. 우리 벌치기들 사이가 약간만 더 조율이 잘 되었다면 큰 도움이 됐을 것이다. 모든 벌통이 자리를 잡은 뒤에 벌을 동시에 풀어주자고 결정했어야 했다. 마지막으로, 지니의 벌 알레르기는 여전히 해결해야 할 문제로 남아 있다. 지니는 그 이후로 알레르기 반응 가능성을 줄일 수 있도록 알레르기 치료사에게 벌침 둔감증 치료를 받고 있다.

우리가 저지른 어리석은 인간적 실수를 살핀 다음, 나는 우리 양봉 키스톤 캅스*들이 벌들을 아웃야드로 옮기던 그 재앙 같은 아침의 벌들에 대해, 그리고 그들의 역할에 대해 생각해 보았다. 그 영리한 작은 생명체들이 우리의 실수를 감지하고 집단적으로 우리를 이용해 먹은 것일까? 150만 마리의 벌들은 이제는 충분히 먹었을까? 우리가 트럭에 태워서 잔인하게 흔들고 자신들을 굽는 처사에 진절머리가 났을까? 그들이 의식적으로 복수

---

* 1912년부터 1917년까지 제작된 슬랩스틱 코미디 무성 영화. 키스톤 캅스는 그 영화에 등장하는 허구적이고 유머러스한 경찰들이다.

를 결심했을까? 그들은 벌 알레르기가 있는 우리 양봉 동호회의 한 멤버를 골라낼 만큼 똑똑했을까? 그들이 그녀를 공격할 가장 강한 벌을 지정했을까?

나는 '벌의 복수' 같은 부정적인 주제에 대해 되새기기 보다는 긍정적인 면에 초점을 맞춰야겠다고 결심했다. 우리는 서른 개의 벌집을 성공적으로 이동시켰고, 피닉스 시의 인구보다 많은 벌들의 거처를 젖과 꿀이 흐르는 땅으로 옮겨 주었다. 그 모든 벌들은 이제 벌들의 필레 미뇽이라 할 수 있는 분홍바늘꽃을 행복하게 베어 먹고 있었다. 집에 앉아서 양봉 방법 책을 읽었을 때보다 훨씬 더 많은 것을 배웠고, 지니와 나는 언쟁은 벌였지만 여전히 사이좋게 말을 나누는 사이다. 대체로 보람찬 하루였다. 나는 지쳐서 베나드릴을 먹고 지니 곁에서 긴 낮잠을 잤다.

아웃야드에서의 양봉은 뒷마당에 있는 벌집을 돌보는 것과는 다르다는 것을 덧붙이고 싶다. 많은 초보 벌치기들은 보호복만 입으면 벌통 하나 정도는 안전하게 돌볼 수 있다. 하지만 아웃야드에는 너무나 많은 벌들이 모여 있어서 적절한 보호 장비는 생명을 보존하기 위한 필수품이다.

5 하느님, 여왕을 지켜 주소서

그 이름에서 알 수 있듯이, 여왕벌은 일벌과 수벌들이 사랑하고 존경하고 숭배해 마지않는 고귀한 존재이다. 그의 백성들은 여왕벌을 위해 자신들의 갈색과 노란색의 꼬리를 다 바쳐 일한다. 여왕벌은 수많은 벌을 거느린 군주다. 벌집의 미래가 그녀의 어깨, 더 정확히는 그녀의 몸통에 달려 있다. 초보 벌치기로서 나는 여왕을 발견하는 데 어려움을 겪었는데, 여왕벌을 계속 치기 위해서는 반드시 익숙해져야 할 중요한 기술이었다.

여왕벌이 군체 내에서 하는 중추적이고 권위 있는 역할을 고려한다면, 여왕벌은 벌집 안에서 확실히 눈에 띄는 편은 아니다. 훈련되지 않은 눈에는, 깊은 곳에 둥지를 틀고 수만 마리의 새끼를 낳는 여왕벌은 다른 벌들과 거의 비슷한 생김새, 보통의 색깔과 무늬를 가지고 있는 것으로 보인다. 여왕벌의 유일하게 도드라지는 특징은 조금 더 크다는 것이다. 일벌의 몸길이는 약 12밀리미터이고, 여왕벌의 몸길이는 약 18밀리미터이므로 일벌보다 약 50퍼센트 정도 더 크다. 6밀리미터라는 가늠하기 어려울 정도로 작은 차이를 감지해서 여왕을 확실히 포착하기란 쉽지 않다. 하지만 당신이 벌치기라면, 벌집에서 꿀틀을 관찰할 때 여왕벌이 있는지를 확인하는 것보다 더 중요한 일은 없다. 여왕이 없는 벌집은 결국 죽은 벌집이 된다. 벌치기들이 벌통을 열고 안에 있는 꿀틀을 확인할 때, 가장 먼저 해야 할 임무는 여왕이 매일 수천 개의 알을 잘 낳았는지 확인하는 것이다. 혹시 언젠가 파티에서 벌치기와 대화를 나눌 일이 있다면 "그쪽 여왕은 잘 지내나요?"라고 물어보면 된다. 만약 "그녀를 찾지도 못했다"라는 반응이 나온다면 그 사람이 나처럼 초보자라는 뜻이다. 그보다 더 최악은 여왕이 없는 그의 벌집이 곧 쑥대밭이 될 것이라는 사실이다.

누나는 여왕벌을 더 쉽게 찾으려면 개체를 특정해서 펜으로 표시해 놓으라고 알려 줬다. 당신은 조심스럽게 여왕의 등에 무독성 펜으로 점을 찍는 일 정도라면 꽤 쉽지 않겠냐고 생각하겠지만, 안타깝게도 내 기술은 여왕벌을 찾아내 손으로 능숙하게 집어든 뒤 그의 몸에 끄적일 만큼 발전하지 않았다. 나는 아마 여왕벌을 짓이겨 죽음에 이르게 하거나 점을 찍다가 실수로 그의 더듬이 중 하나를 부러뜨릴지도 모른다. 하지만, 나는 그 방법에 흥미를 느꼈고 종종 그렇듯이 과거에 있었던 실제 경험을 떠올리며 상념에 빠졌다.

2004년에 나는 런던에서 1년 동안 머물면서 2012년 하계 올림픽 유치 업무를 했다. 이 역사적인 입찰의 책임자 중 한 명이었던 나는 75명의 동료들과 함께 버킹엄 궁전에 초대받아 엘리자베스 여왕을 만난 적이 있다. 연회는 호화로운 무도회장에서 열렸는데, 이 여왕은 다른 사람들보다 50퍼센트는 더 **작았다**. 그녀의 45킬로그램 남짓한 작은 체구 탓에 쉽게 눈에 띄기도 했지만, 그보다 그녀의 머리에 있는 다이아몬드 티아라가 결정적인 증거였다. 내가 빨간색 네임펜 뚜껑을 열고 그녀의 터키색 드레스에 빨간 점을 찍었다면 무슨 일이 벌어졌을지 상상만 해 보았다. 실제로 그랬다면 내가 방문한 다음 마당은 아웃야드가 아닌 스코틀랜드 야드*였을 것이다.

내 벌집의 여왕이 그렇듯, 엘리자베스 여왕 주변의 수행원들은 연회가 진행되는 내내 그녀를 예의주시하며 극진히 받들었다. 나는 여왕에게서 나던 장미와 레몬이 섞인 사랑스러운 향기를 분명히 기억한다. 내가 여태까지 맡았던 그 어떤 향과도 비교할 수 없는 상쾌한 조합이었다. 내 벌집의 여왕 또한 자신의 위대하고 분주한 군체의 벌들에게 특별하게 느껴지는 페로몬 냄새를 발산한다.

여왕의 수행원들이 그 작은 여인 가까이에서 그녀의

---

* 런던 경찰본부.

필요를 하나하나 살피는 것을 보며, 내 벌집의 여왕과 마찬가지로 엘리자베스 여왕의 건강, 안녕 그리고 장수가 군체의 생존에 가장 중요하다는 것을 분명히 알 수 있었다. 영국 연방처럼, 벌 군체의 미래 역시 중심의 여왕으로부터 건강한 자손이 풍부하게 탄생하는 데 달려 있다. 이 점에서는 내 집 뒤편에 있는 벌통의 여왕이 엘리자베스 여왕을 확실하게 이겼다고 할 수 있다. 엘리자베스 여왕은 오직 네 명의 자식들 – 왕위 계승자와 예비자들 – 을 낳았지만, 나의 작은 여왕은 일생 동안 백만 개가 넘는 알을 낳을 것이다.

양봉에 대해 열심히 공부할 때, 가끔씩 여왕의 산란 패턴을 확인하는 것이 좋은 경험칙임을 배웠다. 역사를 살펴보면 영국의 왕족 여왕들도 때때로 비슷한 관찰의 대상이 되었음을 알 수 있다. 그러나 여왕 폐하의 벌집을 돌보는 벌치기로서 마을 밖으로 나가려면 그 전날까지 여왕 폐하 알현하기를 절대 빼먹어서는 안 된다는 아주 값비싼 교훈을 얻었다.

휴가를 떠나기 직전의 기분이 어떤지는 여러분도 잘 알고 있을 것이다. 떠나기 전까지 미친 듯이 집 안팎을 뛰어다니며 모든 것이 괜찮은지 점검한다. 혹시 당신이 나와 같은 부류의 사람이라면 모든 준비를 가기 전날 밤까지 미룰 것이다. 지난 5월 초 지니와 함께 밴쿠버에서 서스캐처원까지 3주간의 자전거 여행을 떠나려던 때가 그랬다. 내가 사는 수상가옥의 가스가 잠겨 있고 수도 연결이 꺼져 있고 모든 플러그가 뽑혀 있고 난방이 꺼진 것을 확인한 다음 벌들을 확인하러 갔다. 나쁜 생각이었다. 떠나기 직전에는 절대로 벌집을 점검하지 말자. 뭔가 잘못된 것을 발견한다 해도 할 수 있는 게 아무것도 없을 테니까.

　내가 벌집의 모든 꿀틀을 면밀히 조사했을 때 누가 집에 없었을지 맞출 세 번의 기회를 주겠다. 당신이 가장 먼저 생각해 낸 건, 아마 여왕벌일 테다. 아니면 이렇게 생각할 수도 있겠다. "이 데이브란 사람이 여왕을 발견하는 데 젬병이라고 하지 않았나? 그럼 여왕벌이 사라진 걸 어떻게 알았지?" 그랬다. 나는 여왕벌을 **정말** 못 찾는다. 그러나 여왕이 없는 벌집은 초보 양봉가들도 여왕의 부재를 알 수 있을 만큼 확실한 증상을 보인다.

　여왕이 군체를 떠나면 그녀의 페로몬 냄새가 함께 사라진다. 안심시키는 향이 사라지면서 리더가 없는 군체는 스트레스를 받게 된다. 여왕이 없어도 극소량의 페로몬은 남아 있기 때문에, 일벌들은 즉시 날개로 미친 듯이 부채질을 해서 남아 있는 필수적인 조절 화학 물질을 – 그게 무엇인지는 잘 모르지만 – 퍼뜨리기 시작한다. 따라서 여왕이 없는 벌집은 종종 여왕이 있는 벌집보다 더 크고 독특한 윙윙 소리를 낸다. 먼저 뚜껑을 열기 전에 벌집 소리를 듣고, 높아진 윙윙 소리를 듣는 것이 중요하다.

벌집에 여왕벌이 없음을 알 수 있는 다음 징후는 좀 더 파악하기 쉽다. 여왕이 없으면 새로운 알도 없다. 그래서 가로 18센티미터, 세로 50센티미터 크기의 꿀틀을 살피면서 수천 개의 작은 벌방을 아주 주의 깊게 들여다보고 알, 애벌레, 번데기 등의 흔적이 있는지 확인해야 한다. 여기서 너무 전문적으로 다루고 싶지는 않지만 이 책이 양봉에 관한 책이기는 하니, 여왕이 낳은 일벌이 될 수정란은 나온 지 3일이 지나면 세포에서 하얀 크림색 애벌레로 변한다는 정도는 일러두겠다. 7일 후에는 벌의 태아라고 할 수 있는 번데기가 되고, 21일 후에는 솜털이 보송보송하고 완전한 기능을 갖춘 작은 벌로 부화한다. 방금 공유한 것은 양봉의 기초 이론 중 하나다.

만약 당신이 알, 애벌레, 번데기 이 세 단계 중 어느 것도 발견할 수 없다면, 여왕이 그곳에서 사라진 지 21일은 되었다는 의미이다. 여행 전날 벌집을 들여다보면서 벌집에 맛있는 수상가옥 꿀이 가득한 벌방이 많다는 사실은 기뻤지만, 나머지 벌방에 알과 애벌레가 없다는 것을 알았다. 내 벌통에 있는 많은 건강한 벌들은 모두 그들에게 주어지지 않을 미래를 위해 집을 짓고 꿀을 모으고 있었다. 빅마마는 사라졌고 벌집은 죽을 운명이었다. 평균적인 일벌의 수명이 여름철에 6주밖에 되지 않는다는 것을 알고 있다면 이 점이 좀 더 심각하게 느껴질 것이다. 벌통에 있는 벌 중 대다수인 일벌은 수명이 매우 짧다. 그들은 짧은 수명이 다하기까지 계속 일한다. 그러나 여왕은 몇 년을 산다. 군체의 자손들을 지속적으로 보충하는 것이 그녀의 일이다.

휴가를 떠나기 전 일요일 밤, 나는 문제가 있다고 확신했다. 내가 아무것도 하지 않고 떠난다면 수천 마리의 벌들의 사망진단서에 서명하는 셈일까? 확실한 해결책은 새로운 여왕을 사와서 벌집에 넣는 것이었다. 하지만 일요일 밤 10시에 어디에서 여왕벌을 살 수 있겠는가? 나는 벌치기들의 최고의 정보 원천인 인터넷을 뒤졌다. 밴쿠버 지역의 몇몇 사람들이 여왕벌을 사육하지만 워낙 드문 데다 일요일 밤 늦은 시간에는 연락이 잘 안 된다는 것을 금세 깨달았다. 그래서 다음날 아침 일찍 부두의 경사로를 걸어 올라가 여행을 시작하며, 나는 다시는 그들을 볼 수 없을지도 모른다는 것을 알고 무거운 마음으로 소녀들에게 작별인사를 했다.

밴쿠버에서 서쪽 서스캐처원으로 가는 길에 있는 두 지역의 광활한 목축지를 지나며 우리는 다양한 작물들, 탁 트인 들판, 그리고 나무가 우거진 목초지 옆에 놓인 수십 개의 벌집을 지나쳤다. 지니, 미리엄, 렌처럼 열정적인 벌치기들과의 자전거 여행은 우리가 벌집을 발견할 때마다 멈추어 구경해야 한다는 뜻이다. 길이 외지고 지나다니는 사람도 거의 없어서 저 벌통 중 하나에서 여왕벌을 집어올까 하는 생각이 떠오르기도 했다. 하지만 서스캐처원 주 메이플크릭에 있는 감옥에 억울하게 갇히는 것은 새로운 취미를 시작하는, 아니 휴가를 마무리하는 좋은 방법이 아니라는 결론을 내렸다. 게다가 훔친 여왕을 밴쿠버로 가져갈 방법도 마땅치 않았고 자전거 짐받이도 가득 차 있었다. 페달을 밟으며 고향에 있는 벌집이 잘 있길 바랄 수밖에 없었다.

마침내 밴쿠버로 돌아왔을 때, 선착장 아래로 자전거를 끌고 내려간 다음 내가 제일 먼저 한 일은 뒷갑판으로 달려가 벌집을 확인한 것이었다. 나는 애타는 마음으로 허겁지겁 나의 하얀 양봉복을 입고 헤드 베일과 모자를 고정하는 지퍼를 닫으며 최악의 상황에 대비했다. 꿀벌의 수명 주기는 짧으므로 우리가 떠난 뒤로부터 수천 마리의 벌이 노환으로 죽었을 것은 알고 있었고, 왕위를 계승할 새로운 벌이 태어나지 않았을 것이라는 사실을 감안하면 벌집이 많이 다르게 보일 것이라고 생각했다. 아마 벌집 전체가 텅 비어 있지 않을까 예상했다.

그랬지만, 생각보다 충격적이지는 않았다. 말하자면 3주 전보다 벌이 30퍼센트 정도 줄어든 정도였다. 벌들은 약간 무기력해 보였지만, 벌집은 여전히 생기 있었고 떠나기 전보다 훨씬 더 많은 꿀이 저장돼 있었다.

벌집에 여왕이 없다는 세 번째 징후는 발견하기까지 몇 주가 걸린다. 각각의 꿀틀을 살피면서, 나는 단단하고 짙은 갈색 뚜껑이 덮여 있는 커다란 벌방 수백 개를 발견했다. 벌통에서 여왕벌이 사라지고 몇 주가 지나면, 짝짓기를 하지 않은 일벌들 중 일부가 무정란을 낳기 시작한다. 놀란 나머지 수벌로 부화하게 될 쓸모없는 알을 낳는 것이다. 건강한 벌통이라면 수벌 벌방이 조금만 존재하겠지만 내 벌집에는 넘쳐나고 있었고 비로소 새로운 여왕벌을 찾아야 함을 확인했다.

나는 양봉복을 벗어던지고 여왕벌을 기른다는 지역 양봉업자의 연락처를 찾으러 집 안으로 들어갔다. 그의 이름은 아놀드였다. 나는 그에게 전화를 걸어 "안녕하세요, 저는 데이브라고 하는데요. 여왕을 좀 사려고 합니다"라고 말하며 혼자 속으로 키득거렸다. 나에게는 웃기는 일이었는지 몰라도 그에게는 어엿한 사업이었다. 여왕벌 판매자인 그에게는 내가 2~3일 뒤에 데려올 수 있는 여왕벌이 있었다. 내가 그렇게 오래 기다릴 수 없다고 말하자, 그는 30분 안에 오면 한 마리를 50달러에 팔겠다고 동의했다. 가능한 한 빨리 알을 낳는 여신을 데려와서 벌집을 번성시키고 싶은 마음에 마을을 가로질러 아놀드가 기다리는 그의 집 앞 도로로 달려갔다. 내가 이 낯선 사람에게 꾸깃꾸깃한 20달러 두 장과 10달러 지폐를 건네자, 그는 조심스럽게 셔츠 주머니에 손을 넣어 빅(Bic) 라이터 크기의 작은 플라스틱 케이지를 꺼냈다. 이 장면은 마치 마약 거래처럼 느껴졌다. 마리화나를 사면서 딜러에게 이 봉지가 어디서 왔고 효능이 어떤지 물어보듯,

나는 그에게 이 여왕벌이 좋은 무리에서 짝을 맺었는지, 그리고 그가 직접 그녀를 길렀는지 물었다. 혹시 누군가가 길거리에서 우릴 지켜보다가 크라임 스토퍼스*에 신고한다 해도 이상하지 않을 것이다.

아놀드는 집으로 가는 길에 여왕벌을 바지 주머니에 넣고 가라고 조언했다. 여왕벌을 호송할 때 내 몸의 온기가 여왕의 안녕에 도움이 되기 때문이다. 커다란 침을 쏘는 곤충을 내 중요 부위에 너무 가까이 두는 것이 조금 불안했다. 작은 플라스틱 케이지의 뚜껑이 단단히 조여져 있는지 몇 번이나 확인했다. 아놀드에게 어떻게 여왕을 키웠는지 묻고 싶었지만 우리는 둘 다 조금 바빴고, 나는 서둘러 떠나며 내 벌집의 생식 문제에 해결책을 찾았길 바랐다.

다음으로는 누나의 집에 들렀다. 건강한 벌통에서 꿀틀 세 개를 가져오기 위해서였다. 내 바지 주머니에 따뜻하게 자리잡은 새 여왕벌이 알을 낳으면 아기벌들이 태어난 후 양육을 맡을 어린 간호벌(nurse bee)이 필요했다. 간호벌은 아기벌에게 먹이를 주고, 벌방을 청소하며, 그 이름이 암시하듯 그들의 일반적인 모든 욕구를 충족시킨다. 간호벌의 역할은 벌의 삶에서 젊은 시기에 겪는 첫 번째 직업 중 하나다. 벌들은 자라는 과정에서 여러 단계

* 캐나다의 범죄 예방 자선단체.

94

의 직업을 거치며, 최종 임무로는 야외에서 먹이를 구하는 일을 한다. 나의 고령화 벌집에 있는 벌들은 모두 나이든 채집벌이거나 식량만 축내는 수벌이었다. 거칠고 강인한 채집벌들은 젖병이나 꽃가루를 다루는 일은 하지 못할 것이다.

미리엄의 꿀틀 세 장과 함께 오는 어린 간호벌과 새끼 벌들은 내 여왕이 앞으로 낳을 알들에게 경쟁할 기회를 줄 것이다. 누나의 건강한 벌집에는 벌 알 내지 "새끼"라고 할 만한 것들이 수천 개 있었고, 수천 마리의 젊고 건강한 간호벌이 있었다. 나중에 알게 된 꿀틸인데, 꿀틀 섞어넣기는 양봉에서는 일반적인 관행이다. 그래서 건강한 벌집이 있는 가족이나 친구가 근처에 있는 게 **꿀이다**. 미리엄 집으로 차를 몰 때 내가 알고 있던 한 가지는 이것이었다. 내가 미리엄의 벌집에서 가져올 꿀틀을 아무리 따뜻하게 해야 한다고 해도 바지에 넣지는 않을 것이다. 다행히 트렁크에 "양봉 박스"라고 부르는 특별한 골판지 상자가 있었고, 그 안에 꿀틀을 넣어 운반할 예정이었다. 미리엄의 모든 꿀틀을 뒤져보고 간호벌과 무리가 적절히 섞여 있는 세 개를 찾기까지 약 한 시간이 걸렸다. 게다가 우연히라도 벌집에서 여왕을 훔쳐서 누명을 쓰지 않도록 각별히 조심해야 했다.

그 6월 오후 미리엄의 집을 나설 때 벌들은 내 마음속에, 내 트렁크에, 내 바지 안에 있었고, 나는 정신이 산란해졌다. 내 벌통이 있는 곳으로 돌아가는 동안 나는 무척 긴박감을 느꼈다. 노란색 신호등에 달리는 바람에 딱지까지 떼었다. 한 시간 한 시간이 지날 때마다 갑판 위 벌집에 사는 벌들은 노환으로 죽어가고 있었다. 나는 시간당 죽은 벌(dead bees per a hour, 줄여서 dbph)이라는 우울한 벌 약자를 새로이 생각해냈다. 그러는 동안, 새로운 여왕은 내 주머니 속에 들어앉아서 전혀 도움을 주지 않았다. 예전처럼 알을 낳는 일을 할 수 있도록 가능한 한 빨리 벌집으로 데려가야 했다. 게다가, 나는 벌과 알로 가득한 세 개의 새로운 꿀틀을 내 벌집에 집어넣어야 했다. 집에 오는 길에 나는 오래된 신문을 어디에 두었는지 생각했다. 여왕 이주의 다음 단계를 위해서는 신문지가 필요했다. 내가 하려던 것처럼 기존 벌집에 새로운 벌들을 대거 이주시킨다면, 그들은 본능에 따라 즉각적으로 낯선 여왕을 죽일 것이다. 그럴 때는 벌들이 정말이지 골칫거리가 될 수 있다.

솔직히 인정하자면, 내가 가장 좋아하는 꿀벌의 모습은 꿀벌 몇 마리가 꽃줄기 위에서 놀고 있을 때다. 느긋하고 화창한 여름날, 나는 벌이 꽃의 수술대 위를 기어다니며 꽃꿀을 찾아 꽃잎과 암술을 탐색하는 것을 20분 동안 바라보았다. 날아다니는 벌들이 몇 마리일 때는, 벌들이 식물을 맛보며 장난스럽게 상호작용하는 장면을 흥미롭게 볼 수 있다. 수가 적을 때는 귀엽고 보송보송하다.

하지만 벌집을 여는 순간, 벌들은 폭발한 화산의 용암처럼 넘쳐흐른다. 펄펄 뛰고 윙윙거리고 혼미하고 피에 굶주린, 꽤 솔직히 말하면 약간 역겨우면서 확실히 무서운 생물체다. 벌들은 여전히 흥미롭지만, 5만 마리가 덩어리져 있으면 매력, 귀여움, 순수함은 보이지 않는다. 벌은 어린 시절의 기억 속에 있는 곰돌이 푸와 만화에 나오는 바보 같은 벌레들을 떠올리게 한다. 하지만 실제 벌집 내부는 스티븐 킹 호러 소설에 가깝다. 오만 데서 서로 엉켜 기어다니는 걸 보면 소름이 끼친다. 아마 대부분의 사람이 한두 번 쏘이는 것은 괜찮다고 생각할 테지만, 만약 벌집에 있는 모든 벌들이 동시에 당신을 쏘려고 하면 당신을 죽일 수도 있다는 걸 깨닫고 난 뒤에는 훨씬 더 섬뜩해질 것이다. 게다가 벌들은, 집에 있던 기존의 벌들이나 새로 들어온 벌들이나 서로를 환영하는 법이 없다. 외부에서 온 여왕벌일지라도 자신들과 다른 냄새가 난다는 이유로 죽인다.

다시 신문으로 돌아가서, 꿀틀이 있는 벌집을 다른 벌통과 합치려면 길게 틈을 몇 개 낸 신문지를 기존 벌통의 맨 위층 상자에 놓는 것부터 해야 한다. 그런 다음 새 꿀틀이 들어 있는 벌통을 신문지 위에 놓는다. 원래는 벌통 사이에 장벽이 없어서 벌들이 자유롭게 다닐 수 있다. 하지만 이렇게 하면 신문지의 얇은 층이 두 상자를 나눠 놓으니 싸움이 없어진다. 하루에서 이틀 뒤면 동요하고 적대적인 벌들로 가득 찬 두 상자가 진정될 것이다. 그들은 서로의 냄새를 맡고 위층으로 이사온 새로운 이웃을 인식하고 익숙해진다. 그들의 냄새는 신문의 틈을 통해 두 상자를 오가고, 결국 벌들도 마찬가지로 그렇게 될 것이다.

하루 이틀이 지나면 신문지 양쪽에 있는 벌들은 종이를 갉아먹기 시작하고, 천천히 위아래로 이동한다. 서로의 냄새에 익숙해진 다음에는 종이를 지나 평화롭게 여행하는 멋진 일이 일어난다. 얇은 종이 한 장이 그렇게 놀라운 효과를 낼 수 있다니 정말 놀라운 일이다. 나는 어느 페이지를 사용할지 정하려고 〈밴쿠버 선〉 최신호를 훑어보았다. 별 상관이 없다는 것을 알았지만, 섹션 B에서 하나를 골랐다.

나와 함께 수상가옥의 뒤쪽 갑판에 있고, 각자의 상자에서 새로운 냄새가 나는 녀석들과 투쟁하는 두 부족의 벌들을 소개했다. 이 모습을 보면 우리의 반이민 정책은 정말 가혹하게 보인다. 그들의 공존과 미래는 겨우 종잇장처럼 얇은 데탕트에 의존해서 유지된다.

신문지를 제 위치에 살포시 놓고, 나는 이 미친 멜팅 팟 작업을 위한 두 번째 단계를 준비했다. 새로운 여왕은 이제 벌집에 합류해 자신의 무리들과 간호벌, 채집벌, 그리고 수벌들을 다스리는 정당한 자리를 차지할 준비가 되었다. 누나의 꿀틀에서 온 새로운 무리와 간호벌들이 있으니, 이 벌집과 새 여왕을 믹스 앤 매치하는 계획이 어설프지만 효과가 있을지도 모른다고 점점 낙관하고 있었다.

하지만 생각만큼 쉽지는 않았다. 내 벌집의 벌들이 낯선 냄새가 나는 새로운 여왕을 죽이려고 했듯이 미리엄의 간호벌들 역시 냄새가 익숙하지 않은 새로운 여왕을 쉽게 섬기지 않았다. 버킹엄 궁전에서 경험했던 여왕의 레몬 장미향은 나를 괴롭게 하거나 여왕 폐하를 해치고 싶은 마음이 들게 하지 않았지만, 기존 군체와 새로 들여온 세 꿀틀의 벌들은 새로운 여왕의 향기에 적응할 시간이 필요했다. 안 그러면 우리 여왕님의 서거를 맞을 수도 있다. 내가 말했듯이 양봉의 어떤 면은 공포 소설에서 나올 것만 같다. 새로운 여왕과 그녀의 독특한 냄새는 새로운 환경으로 조심조심 천천히 스며들어야만 했다. 그날 아침 아놀드는 여왕벌이 든 플라스틱 통을 건네주면서, 뚜껑을 열어 놓으면 솜사탕을 뭉쳐서 만든 마개를 일벌들이 갉아먹을 것이고, 여왕에 닿을 때까지 길을 내는 데는 이틀 정도 걸릴 것이라고 설명했다. 꿀벌이 달콤한 것을 얼마나 좋아하는지 떠올려보길 바란다. 이 플라스틱 방은 벌들이 솜사탕을 먹어 치우며 여왕에게 다가가는 동안 여왕의 냄새에 익숙해지고, 새 여왕을 죽이는 대신 여왕에게 평생 충성을 맹세하게끔 설계되었다. **솜사탕만큼이나 달콤한 이야기다**.

양봉에는 신나는 일이나 드라마 같은 순간도 있지만 오랜 시간 아무 일도 일어나지 않는 순간도 있다. 이런 모습은 야구와 무척 비슷하다. 새 여왕과 벌집 안의 새로운 무리가 신문지와 솜사탕을 뚫고 서로의 냄새에 익숙해지는 동안, 내가 할 수 있는 건 5~6일 정도를 기다린 다음 새로 낳은 알이 보이는지 다시 들여다보는 것뿐이었다. 벌집을 열고 이리저리 찔러보는 일을 참기가 힘들었지만, 그것은 일을 방해하고 우리 벌들을 화나게 할 뿐이다. 나의 부족한 인내심 때문이겠지만 새로운 여왕이 왕권을 "탈환"했는지 보기 위해 기다리는 닷새는 아주 천천히 지나갔다.

마침내 벌집을 열 때가 됐다. 좋은 소식은 신문지가 거의 완벽히 사라졌고, 그것을 먹어 치운 두 부족은 새로운 향기로 통일된 벌집으로 평화롭게 어우러졌다는 것 하나뿐이었다. 나쁜 소식은, 만약 그 신문이 여전히 남아 있었다면, 신문의 헤드라인은 다음과 같이 쓰여 있었을 것이다. "초보 양봉가, 여왕벌과 알 없는 벌집 때문에 과실치사로 기소당하다!" 무슨 일이 있었는지 묻지 말아 달라. 여왕이 숨어 있었을지도 모르고, 아마 벌들이 냄새를 맡지 못하고 그녀를 죽였을지도 모른다. 어쩌면 말벌이 들어가서 그녀를 죽였을지도. 혹시 내 바지 속에서 다친 걸까. 아니면 그냥 다른 곳으로 날아갔을지도 모른다. 30분 동안 할 수 있는 만큼 열심히 살폈지만 벌집 어디에서도 여왕도 새로운 알도 찾지 못했다. 지니와 나는, 비록 알을 낳은 흔적은 없었지만 새 여왕이 거기 있었지만 내가 못 봤을 가능성에 동의했고 숨어 있는 여왕벌이 나와서 늦게라도 산란을 할 수 있도록 1주일을 더 주고, 내 부족한 인내심을 쥐어 짜기로 했다.

내가 벌집 뚜껑을 다시 열기까지 기다린 7일은 엄청나게 길었다. 그때 내가 본 것은 다량의 꿀과 내가 빌려 온 꿀틀의 무리에서 나온 갓 부화한 벌 몇 마리뿐이었다. 여왕이 낳은 신선한 알이라곤 좁쌀만한 것 하나도 찾을 수가 없었다. 알이 부화하는 데 21일이 걸린다는 것을 알고 있었고, 그래서 그 안에 있는 아기 벌들은 내 여왕의 것이 아님을 알았다. 그녀는 죽었거나, 떠났거나, 불임이었겠지만, 어쨌든 한 가지만은 확실했다. 여왕벌은 알을 낳지 않았다. 사라진 여왕과 함께 내가 아놀드에게 준 50달러에 날개가 돋쳐 날아간 것 같았다. 모든 노력이 물거품이 되었다. 최대한 긍정적인 면을 찾아보자면, 나는 그때 양봉의 기본을 배우고 있었다.

내게 유예된 두 달의 시간 동안 새로운 알을 단 한 개도 볼 수 없었다. 내 벌집은 최후를 맞이하는 중이었고 피할 수 없는 멸망을 기다릴 뿐이었다. 나는 줄곧 양봉이 재미있다고 말해왔지만 재미는 임종을 지켜보는 절망으로 변했다. "처음에 성공하지 못하면 다시, 또 다시 시도하라"는 진부한 명언은 특히 나 같은 초보 벌치기들에게 어울린다. 나는 포기하지 않았다. 다행히 나에겐 "플랜 비"가 있었다. 나는 새로운 여왕벌을 구할 계획을 세웠다. 하지만 이번에는 진짜 제대로 된 공급자에게 가야만 했다. 아침에 구글에서 검색한 인근 교외 리치먼드에 있는 벌 용품점에 도착했고, 뒷골목에서 낯선 사람을 만나는 것보다 훨씬 더 합법적으로 느껴졌다.

벌 용품점 주인인 중후한 신사 밥은 전화로 하와이에서 새로 들여온 아주 좋은 여왕들을 한 마리에 45달러에 팔고 있다고 했다. 전 세계의 벌 공급업자들이 열대 지역에서 벌을 공급받는 것은 흔한 일이다. 그는 오후 5시까지 영업했고, 가격은 적당했고, 나는 언제나 훌라 댄스와 우쿨렐레 음악을 좋아했다. 밴에 올라타 브리티시컬럼비아 벌 용품점으로 달려갔다. 밥의 여왕벌 이동장은 아놀드의 플라스틱제와는 조금 달랐다. 나무로 돼 있었고 전면에 촘촘한 금속 메쉬 재질 창이 있었다. 게다가 여왕은 혼자가 아니었다. 추측컨대, 여왕이 거느리는 여섯 마리의 하와이 출신 수행원은 여왕에게 파인애플 꽃가루나 마카다미아 꽃꿀을 먹여주었을 것이다. 이제는 그녀를 벌집에 던져 넣으면 다음날부터 알을 낳을 만큼 간단한 일이 아니라는 것을 알았다. 여왕이 내 벌집에서 살아남는다고 해도 갓 태어난 간호벌들이 너무 적었다. 나는 준비를 더 단단히 해야했다. 그래서 새 여왕과 함께 "여왕과 함께할 무리"를 주문했다. 나는 마치 오래된 단골 식당에서처럼 크게 외쳤다. "이거 포장이요!"

이번에는 밥으로부터 벌은 없이, 벌방에 알이 들어

있는 꿀틀 하나만 샀다. 밥은 벌통에서 꿀틀을 꺼내서 부드러운 주방용 빗자루로 벌들을 살금살금 털어냈다. 미리엄에게서 받아온 꿀틀 세 개 분의 무리가 여전히 내 벌집에 있었기에 꿀틀을 하나만 사도 괜찮았다. 집으로 돌아오는 길은 거의 데자뷔 같았다. 이번에는 조금 더 조심스럽게 움직였다. 이동장에 있는 벌과, 트렁크에 있는 알이 가득 들어 있는 꿀틀을 벌집 상자라는 어둠 속으로 던져넣기 위해 데려가고 있었다. 그저 이들이 제때 부화하고 알을 낳기를 바랄 뿐이었다. 나는 우리 인간이 자연을 단순하게 보지만, 우리가 개입할 수록 문제를 복잡하게 만든다는 것을 다시금 깨달았다. 내가 바랐던 건 고작 꿀 몇 병뿐이었는데. 그렇다면 그냥 슈퍼마켓에 가는 게 훨씬 쉬웠을 텐데.

강으로 돌아와서 나는 새 꿀틀을 벌통에 장착했다. 알만 있고 벌은 없었기 때문에, 신문지 벽은 필요하지 않았다. 하지만 벌집 전체가 새로운 하와이 여왕과 수행원들의 트로피컬 태닝 로션 냄새에 익숙해져야 했기 때문에, 지난번에 한 것처럼 작은 목재 이동장을 꿀틀 두 개 사이에 놓고 이틀 동안 그대로 두었다. 이틀이 지났을 때, 나는 나무 상자 윗부분의 코르크 마개를 천천히 열어서 출구 쪽의 솜사탕이 드러나게 했다. 상자 뒷면에 스텐실로 써 놓은, 코나의 여왕이라는 검정 글씨를 보고 웃었다. 만약 내 계획대로 잘 풀린다면, 이제 그녀는 강의 여왕이 될 것이다. 그리고 내 바람대로 그녀가 여기 머물게 된다면, 하와이보다 꽤 많이 혹독한 이곳 캐나다의 겨울을 맞이할 것이다. 나는 다시 여왕이 들어 있는 이동장을 두 꿀틀 사이에 안전하게 밀어넣은 후, 벌집을 봉인하기 위해 뚜껑을 덮었고, 기다리는 게임이 시작되었다. **또.** 며칠이 지나 벌집으로 가서 살펴 보았다. 케이지가 비어 있었다. 시작이 좋았다.

비로소 새로운 여왕벌이 군체에 섞여들었다. 엘리자베스 1세가 자식을 낳기 위해 최선을 다하던 1500년대로 거슬러 올라간다면 셰익스피어는 이렇게 말했을 것이다. 낳느냐 마느냐, 그것이 문제로다. 대답까지는 일주일이 더 걸릴 것이다. 그 다음 주가 되어 내가 상자 뚜껑을 열었을 때 그곳에 있었다. 알, 영광스러운 알들이! 미끄럽고 축축한 광택이 나는 하얀 다이아몬드가 줄줄이 놓여 있었다. 모든 알들이 미래의 벌이라는 찬란한 잠재력을 품고 있었다.

알의 모습을 보고 나는 새 여왕이 하루에서 이틀 전쯤에 그들을 낳았음을 알게 됐다. 건강한 여왕이 내 벌집에서 하루에 수천 개의 알을 낳는 것을 확인하고 나니, 마침내 마음이 놓였다. 여왕도 없고 답도 없는 상황에서부터 내 벌집을 되살리기까지의 여정은 몇 달이 걸렸다. 하지만 이제 새 여왕이 할 일, 곧 앞으로 몇 년 동안 100만 개의 알 – 아주 작고, 하얀, 크림색의 완벽한 생명의 알갱이 – 을 낳을 수 있는 적절한 환경을 만들어 냈다는 데서 확실한 만족감을 느꼈다.

나의 벌집 앞에 서서, 육각형 벌방 뒤쪽으로 햇빛이 비출 수 있도록 꿀틀을 받쳐들었다. 하루에서 이틀이 지나면 알들이 살짝 움직이기 시작하고 이윽고 작은 벌레 같은 유충이 된다는 게 경이로웠다. 그 뒤로 유충은 벌방 안에서 꼬물거리며 자라나고, 꿀, 꽃가루, 로얄젤리 등 어린 간호벌이 먹여주는 모든 것을 먹고 먹고 또 먹는다. 꿀벌은 유충에서 벌로 자라면서 생명 유지를 위해 우리가 토스트에 바르고 차에 넣는 만큼의 꿀을 필요로 한다. 9일 후 그들은 원래 알 무게의 1,000배로 자랄 것이다. 그로부터 약 3일 후에는 일벌들이 벌방의 윗부분을 봉인한다. 그때 그 안에 들어 있는 생물은 번데기 단계로 들어간다. 그들은 완벽한 갈색과 노란색을 지닌 벌이 되는 21일 동안 먹거나 마시지 않는다.

여기까지 왔으면 여러분은 벌집을 나온 직후 그들에게 처음으로 주어진 일이 무엇인지 알게 될 것이다. 자신들이 나온 벌방을 청소하는 것이다. 그러고 나서, 며칠 후에 그들은 간호벌이 된다. 대자연의 섭리대로 생명의 순환은 계속된다. 나의 양봉 기술은 어설프고 부족했지만, 나는 새 여왕의 성공을 목격했다. 내 소중한 하와이 여왕 폐하의 꽁무니에서 매일매일 알이 흘러나오고, 알들이 보살핌을 받는 것을 확인했다. 우리 모두, 곧 여왕과 대자연과 간호벌과 나는 벌집을 살려냈다.

벌집에 있어 여왕이 얼마나 중요하고, 여왕이 얼마나 열심히 일하는지 알게 된 후 나는 여왕에게 빨간 펜으로 표시하는 모진 짓은 하지 않기로 했다. 대신 나의 작은 엘리자베스 여왕에게 열대 과일을 모티브로 만든 작은 티아라를 선물했다. 아주 작은 다이아몬드, 루비, 사파이어가 무수히 박혀 있는 이 티아라는 몸집은 작지만 그에 비할 수 없을 만큼 위엄 있고 많은 자손을 낳은 이 곤충에게 썩 잘 어울렸다.

6 응애는 못 말려

어느 날 집에 도착해 청소 도우미분이 손으로 쓴 쪽지를 발견했다. "주방세제가 떨어졌고 집에서 1,274,867,325,012마리의 개미가 나왔어요. 양봉 장비가 든 비닐 포대에 가득해요."

과연 그랬다. 지상에서 호시탐탐 노리고 있던 꿀벌의 적이 나의 선상가옥으로 침투한 것이다. 물론 이는 빈 꿀틀과 작은 도구들을 비닐봉지에 넣고 밀봉하지 않은 채 사용하지 않는 침실에 둔 내 잘못이다.

내 벌들과 나에게는 공통점이 있다. 모두가 우리의 누추한 숙소에 개미를 두고 싶지 않아 한다는 것이다. 개미들은 설탕이나 초콜릿 같은 단 것에 이끌려 내 수상가옥에 침투해서는 곧장 부엌 조리대와 꿀단지로 향한다. 예전에 집에 돌아왔을 때, 느슨하게 덮어 놓은 꿀단지 뚜껑에 붙어 있거나 곰 모양 플라스틱 꿀통 머리 위 끈적거리는 구멍에서 흘러나오는 꿀을 게걸스럽게 삼키고 있는 작고 검은 절지동물 대여섯 마리를 잡은 적이 있다.

야생에서 개미들은 꿀의 원천인 벌집을 향해 직진한다. 그러나 벌의 유일한 적이 개미만은 아니다. 벌들은 지상에서는 개미들에게, 하늘에서는 말벌을 비롯한 포식자들, 다른 벌집에서 온 벌, 그리고 공기중으로 전파되는 질병으로부터 위협을 받는다. 그중에서도 응애라 불리는 작은 기생충이 있다. 가엾은 꿀벌들이 이처럼 항상 적들을 막아내고, 미생물을 피하면서도 꿀을 만들 수 있다니 참 놀라운 일이다.

말벌과 벌은 닮았지만 고양이와 개가 다른 것만큼이나 완전히 다른 동물이다. 말벌은 고기를 먹는다. 지금은 여기까지만 말할테니 어떤 곤충과 함께 좋은 시간을 보내고 싶은지는 여러분이 스스로 결론지으시길. 말벌도 꿀을 먹지만, 스스로 꿀을 만들 수는 없다. 그래서 말벌은 개미처럼 꿀을 훔치려 벌집에 침입한다. 법적 용어로는 벌집무단침입이라고 한다.

개미 군단, 말벌 군단, 그리고 다른 무리의 벌들의 달콤한 꿀 저장소 공격에 대항해서 벌집은 무슨 일을 할 수 있을까? 음, 벌집 입구에는 버킹엄 궁전처럼 경비병이 배치돼 있다. 여러분은 벌이 태어나고 벌방을 청소한 직후, 그들이 첫번째로 간호벌의 임무를 맡는다는 것을 이미 알고 있다. 간호벌은 꽤 느긋하고 안전한 직업이다. 그들의 일은 모든 아기 벌들이 꿀을 충분히 섭취하고 있는지 확인하고 벌방을 문질러서 청소하며 기어 다니는 것뿐이다. 간호벌들은 2주 동안 그 일을 하면서 날기 위한 근육과 침샘을 발달시키고 벌집을 방어할 능력을 갖추게 된다. 그러고 나면 경비벌 지위로 승격된다. 평화로운 시기의 건강한 벌집에는 최대 100마리의 경비벌이 근무하는데, 위협이 발생했을 때는 수천 마리의 벌을 소집할 수 있다. 그들의 직무는 꽤 간단하다. 경비벌들은 벌집의 문 앞에 자리를 잡고 침입자의 냄새를 맡아서 검문한다. 벌집에 들어갈 때 여권이나 자격증은 필요하지 않다. 곤충이 내뿜는 페로몬으로 충분히 식별할 수 있기 때문이다.

　벌을 돌보는 우리는 목재 벌집 입구의 크기를 좁히는 것으로 경비벌을 도울 수 있다. 우리는 나들문이라는 특수한 목재 조각을 사용한다. 나들문은 일반적으로 길이 35센티미터, 높이 1.5센티미터 정도 크기로, 입구의 형태와 개수를 조절할 수 있다. 만약 벌통 주변에서 꽤 많은 수상한 녀석들이 서성거리는 모습을 봤다면 벌집 입구의 길이를 5~7센티미터까지 줄여서 경비벌을 더 효과적이고 위협적으로 활동하도록 만들 수 있다. 그것은 마치 나이트클럽의 문지기가 난동을 부리는 사람들을 막는 것과 같은 이치다. 폭 9미터의 미닫이 문보다 1미터의 작은 칸막이가 지키기 쉬운 것처럼 말이다. 경비벌은 클럽 문지기처럼 사나운 적들을 검문하고, 최후까지 망할 말벌, 개미 놈들과 싸울 것이다. 벌집 입구를 관찰할 기회가 있다면 꽤 흥미로운 광경을 볼 수 있을 것이다.

말벌이나 개미, 다른 군체의 벌들은 알아보기 쉽다. 다른 무리에서 온 도둑벌들은 크기와 색이 약간 다른 경우가 많고, 내 벌집에 있는 벌들보다 더 공격적인 행동을 보인다는 것을 알게 되었다. 이러한 침입자들은 벌집의 입구 크기를 조절해서 어느 정도 통제할 수 있지만, 진정한 대혼란을 야기하는 것들은 알아볼 수 없는 해충들이다. 사납고 강력하지만 현미경으로나 겨우 볼 수 있을 정도로 작은 꿀벌응애(varroa destructor mite)의 세계로 들어가 보자.

이름에 **파괴자**(destructor)라는 단어가 붙은 기생충은 벌집이 반기지 않는 손님이다. 이 작은 골칫거리 악당들은 전 세계 곳곳의 벌집을 위협한다. 하지만 흥미롭게도 꿀벌응애는 1970년대 초까지도 유럽에서 발견되지 않았고, 1987년이 되어서야 북아메리카에 유입되었다. 그이후로 이 대륙의 벌통은 놀라운 속도로 죽어 가거나 '붕괴'되고 있다. 많은 벌통을 서로 가까이 위치시키는 현대 양봉의 관행이 꿀벌응애가 번성할 최적의 조건을 제공하는 것일지도 모른다. 이 대규모 벌통은 단일 재배 작물의 수분을 위해 한꺼번에 트럭에 실려 여러 곳을 다니는데, 이 일이 꿀벌응애의 은밀한 침투를 돕는 셈이다. 오래 양봉을 해 온 벌치기와 대화를 나누다 보면 응애 감염으로 매년 더 많은 벌집이 죽어나간다는 이야기를 어렵지 않게 들을 수 있을 것이다.

상황은 점점 심각해진다. 작고 소름끼치는 이것은 피를 빨아먹는다. 엄밀히 말하면 벌은 피 대신 혈림프(hemolymph)라는 피와 비슷한 것을 가지고 있다. 이쯤이면 꿀벌응애는 말 그대로 꿀벌 그리고 벌집으로부터 생명을 빨아들이는 작은 뱀파이어라는 생각이 들 것이다.

꿀벌응애에 대한 책이나 연구 논문, 장문의 위키백과 문서 등이 있기는 하지만 곤충학 석사 학위가 없는 일반인에게는 이해하기 어렵고 따분한 면이 있다. 단순하게 설명하면 이렇다. 꿀벌응애는 굵게 간 흑후추 가루 만한 벌레다. 그들은 기발하고 교활한 기술로 경비벌을 지나 벌집으로 들어간다. 예를 들면, 임신한 암컷 꿀벌응애는 들판의 예쁜 꽃 사이를 돌아다니며 꿀을 채집하는 일에 집중하고 있는 순진한 일벌에게 달라붙는다. 그 일벌이 군체로 돌아갈 때, 냄새가 없는 꿀벌응애는 경비벌의 킁킁 검사를 무사히 통과하여 밀입국한다. 이 작은 무임승차 벌레가 들키지 않고 벌집으로 들어가는 방법이다. 그러고 나서 이 성가신 임산부 기생충은 죄 없는 벌의 등에서 뛰어내려 벌집을 돌아다니며 간호벌이 부화시킬 준비를 마친 벌 유충이 있는 벌방을 찾기 시작한다. 유충이 있는 벌방으로 기어들어온 이 작은 꿀벌응애는 이토록 사생활이 보장되고 독립된 환경이 무척 마음에 들 것이다. 유충의 단백질을 먹으며 완벽한 부화실에 자신의 미세한 알을 낳는 작업에 착수할 수 있기 때문이다.

꿀벌응애가 벌 유충의 안락한 방에 낳는 알은 보통 수컷 알 한 개와 암컷 알 여러 개다. 응애 알은 뚜껑이 닫힌 벌방에서 부화하고, 태어난 수컷 응애는 암컷 형제들과 짝짓기를 한다. 그 뒤에 이어질 이야기는 여러분이 예상하는 대로다. 꿀벌응애가 침투한 작은 벌방에는 이제 더욱 악랄한 작은 응애들로 가득 찬다. 이는 무척 큰 문제인데, 마지막에는 응애들이 벌집 전체를 점령할 수 있기 때문이다.

벌방에서 나온 갓 태어난 응애는 자유롭게 벌집 전체를 돌아다니고, 여기서 모든 혼란이 초래된다. 오랫동안 뱀파이어 영화를 봐 온 것이 양봉 지식 습득에 도움이 될 줄은 몰랐다. 이 기생충들은 일벌의 생명을 빨아먹으며 살아간다. 나는 실제로 내 꿀벌 한 마리를 고성능 돋보기에 올려 놓고 살피다가, 그 불쌍한 아이의 몸에서 응애 두 마리를 찾아냈다.

벌집에서의 삶은 매우 체계적이고, 벌들은 무척 할 일이 많다. 모든 벌들은 꽃가루를 분배하고, 청소하고, 새끼를 키우고,벌방을 꿀로 채우고, 입구를 지키는, 그야말로 수십 가지 일을 한다. 꿀벌응애가 에너지를 빨아들이기 전까지는, 말 그대로 꿀벌처럼 바쁘다. 치명적인 위험을 초래하는 사악한 거미줄이 벌 군체 전체를 순식간에 쓸어버릴 수도 있다. 강력한 응애를 근절할 몇 가지 방법이 있다. 벌집 입구에 십자가와 마늘 한 조각을 놓는 건 아니다. 가장 잘 알려진 두 가지 방법, 온건한 방법 하나와 무자비한 방법 하나를 소개하겠다.

아이싱 설탕은 분필 가루처럼 입자가 곱고 균일하다. 벌집을 유심히 살펴보고 응애에 감염된 벌들의 몸 전체에 아이싱 설탕을 흩뿌리면, 설탕 가루를 뒤집어쓴 벌들이 서로 다듬는 중에 응애가 떨어진다. 벌들이 작은 팔과 손을 사용해 서로를 부비고, 청소하고, 긁어주면 설탕과 함께 대부분의 꿀벌응애가 제거되는 것이다. 응애는 곧 벌통 아래 철망을 지나 벌통 바닥으로 떨어지고, 하얀 플라스틱 채집기판으로 옮겨져서 결국 굶어 죽는다. 꿀벌들이 서로 다듬어주는 시간이 끝나면 남은 설탕을 원하는 만큼 먹을 수 있다는 점에서 꿀벌들에게도 기쁜 일이다. 이 방법은 흥미롭고 안전하지만, 끔찍하고 무정한 기화법만큼 효과적이지는 않다.

옥살산은 펄프 표백과 녹 제거에 사용되는 독성 공업용 화학 물질이며 세탁 및 섬유 산업에서 두루 쓰인다. 대리석 조각상을 청소하고 석영 결정의 마그네슘과 철분을 제거하는 데도 사용된다. 소금 같은 하얀 옥살산염 가루는 극미량이라도 매우 뜨거운 온도로 가열하면 빠르게 독성 증기를 만들어 낸다. 어떤 이유에서인지 꿀벌들은 그 증기에 영향을 받지 않는다. 하지만 벌치기들은 들이마시지 않는 편이 좋다. 한번은 코로 냄새가 훅 들어온

적이 있는데, 꽤나 독했다. 응애는 이 연기에 노출되면 바로 죽는다. 이 과정을 꿀벌 기화법이라고 한다. 벌치기는 기화파와 비기화파 두 진영으로 나뉜다. 민감한 주제일 수 있겠지만, 안타까운 사실은 기화를 자주 하지 않는 벌치기들은 벌통이 죽어가는 것을 자주 보게 된다는 것이다.

지니의 양봉 동호회에는 새로운 기화 장치를 발명한 사람이 있었다. 그는 자신의 발명품을 전 세계에 팔고 있다. 그 장치는 트럼프 카드 한 벌 크기의 납작한 회색 주철판에 옥살산염을 담는 작은 주머니가 있고 그 옆에 가열 코일이 붙어 있는 구조이다. 여기서 주목, 이 기발한 장치는 자동차 배터리로 전원을 공급한다. 먼저 자동차 보닛을 열고 배터리를 꺼내 벌통 근처로 옮긴다. 그런 다음 기화기를 벌통 아래에 놓고 배터리의 양극 단자와 음극 단자에서 장치까지 전선을 연결한 다음 1분 동안 뜨거운 전류 아래에서 지글지글 끓게 두면 된다. 벌집에 점프스타터로 시동을 거는 셈이다. 죽음의 가스를 벌집 속에 가득 채운 다음 10분 동안 밀폐된 상태로 둔다. 그런 다음 숨을 참으면서 기화기를 제거한다. 응애를 퇴치하려면 몇 달에 한 번, 또는 적어도 필요할 때마다 이 절차를 반복해야 한다. 초보 벌치기를 위해 꿀팁을 드리자면, 배터리를 차에 다시 장착하는 것을 잊지 마시라!

몇 년 전, 미리엄이 나만큼이나 양봉 초심자였을 때

의 일이다. 미리엄은 응애에 감염된 벌들을 치료했다. 다음 날 별 생각 없이 수십 파운드의 꿀을 수확하고, 일주일 후 꿀을 통에 담아서 고마운 친구들에게 나누어 주었다. 그러다 어느 날 밤 침대에 누워 있다가 언젠가 읽었던, 응애 치료 후에는 벌집에서 꿀을 뽑기 전에 2주를 기다려야 한다는 경고를 기억했다. 미리엄은 두려움 속에서 길고 잠 못 이루는 밤을 보냈다. 다행히 친구들 대부분은 아직 꿀병을 열지 않았고, 그 항아리를 열어본 이들도 살아 있었다. 그들은 체질상 보통의 응애보다는 튼튼했을 것이다.

겉보기에 악의 없어 보이는 꿀벌은 많은 적을 두고 있다. 전세계적으로 벌 군체에 중대한 위협이 되는 강력한 응애 외에도, 포자, 곰팡이, 그리고 다양한 종류의 미생물들이 있는데, 만약 치료하지 않은 채로 방치한다면 벌집을 파괴할 것이다. 나는 이를 "못된 미세 질병(mean microscopic maladies)"이라고 부른다. 이 구역질 나는 병들은 노제마병(nosema), 백묵병(chalkbrood), 그리고 두려워 마지 않는 미국 부저병(American foulbrood) 등 여러분이 아마 전에 들어본 적도 없을 이름이 붙어 있다. 마찬가지로 이 병들을 구제하는 유독성 화학물질들도 존재한다.

이 중에서 가장 치명적인 것은 미국 부저병으로, 포자를 만들어내는 박테리아에 의해 발생한다. 북미의 약 2퍼센트의 벌집이 치료법이 없는 이 끔찍한 병에 걸리게 된다. 일단 감염되면 벌집의 나무 틀, 덮개 안, 바닥 판자를 모두 불태우고 그 다음에는 부저병 포자를 박멸하기 위해 벌통 내부를 토치로 지져야 한다. 박테리아가 가득 들어 있는 포자는 불이 아니면 막을 수 없는 골칫거리다. 미국 부저병은 여러분의 벌 군체 전체를 쓸어버릴 뿐 아니라 대부분의 장비까지 교체하게 만든다.

이 모든 다양한 곤충들, 기생충들, 미생물들을 생각하면서, 뭔가 아이러니하다는 생각이 들었다. 양봉을 취미로 하는 대부분의 사람들은 자연을 사랑하고 환경에 좋은 일을 하기 위해 이 일을 한다. 우리는 꿀벌을 사랑하고 꿀벌을 보호하기 위해 열심히 일한다. 하지만 말벌과 개미, 응애, 박테리아도 자연의 일부이지만, 우리는 이들을 없애기 위해 혼신의 힘을 다한다. 약간은 위선적으로 느껴졌다. 벌들을 돕기 위해 자연에 간섭하는 것이 우리가 생각하는 것만큼 좋은 일일까? 어쩌면 꿀벌이 번성하도록 화학 물질을 사용하면 응애의 개체수가 줄어들고, 이는 또 다른 문제를 일으켜서 말 그대로 우리를 향해 이빨을 드러낼 것이다. 절대 변하지 않는 한 가지는 인간의 본성이다. 벌들이 내 꿀단지를 가득 채워 주는 한, 난 그들의 뒤를 지켜줄 것이다. 응애들에게는 미안하지만 그들은 꿀만큼 가치 있는 것을 만들 방법을 찾지 못했다. 알았다면 나도 그들을 아껴주고 보호했을지 모르

겠다. 하지만 적어도 지금은, 내가 다음 생에 다시 태어
난다면 꿀벌응애가 아니라 꿀벌로 태어나기만을 바랄 뿐
이다.

7 쇼 미 더 허니

대부분의 양봉법 책들은 선의의 열성팬들이 쓰는데, 그 사람들은 자기들의 사랑의 노동에 너무 열정적이어서 항상 양봉의 바람직하지 않은 부분들을 쏙 빼 놓는다. 이쯤이면 여러분이 실제로 벌을 직접 키울 생각을 하고 있을 것 같은데, 그렇다면 알아야 할 몇 가지 실제적인 사항들이 있다. 당신은 계속해서 쏘일 것이고, 벌집을 운반할 때 엄청난 위험이 도사리고 있으며, 여행 다닐 기회가 없어질 것이고, 침입자와 기생충이 원치 않게 들이닥친다는 점은 이미 알고 있을 것이다. 그럼에도 아직도 직접 벌 키우기를 고려하고 있을지 모르겠다. 찬물 끼얹는 데이브가 되고 싶진 않지만 벌을 기르고 싶으면 지갑부터 꺼내라.

부디 오해는 마시길, 양봉은 좋은 취미다. 그래도 한 마디로 말하자면, 꿀은 돈이 되지 않는다. 꿀로 돈을 벌었다는 부자들을 얼마나 알고 있는가? 석유, 금, 주식, 부동산 부자는 있지만, 꿀 부자는 들어본 적이 없다. 내가 만나 본 취미 벌치기들은 대부분 투자 수익에 대한 기대가 낮거나 아예 없다. 그들은 차분하고 현실적인 태도로 이 일을 계속한다. 만약 여러분이 그들에게 그들의 취미를 설명해 달라고 요청한다면, 그들은 아마 그것이 흥미롭고 보람되고 이 별을 위한 일이라고 말할 것이다. 하지만 자칭 자본주의적 양봉가인 나로서는, 투자하고 수익을 얻는 것은 중요한 일이다. 쇼 미 더 허니!

수상가옥 꿀 45킬로그램을 수확하고 그 꿀로 상까지 받은 첫 해는 정말 행복했다. 그러나 그 과정에서 내가 한 일은 거의 없다시피 했고, 힘든 일은 미리엄과 렌이 다 했다. 전도유망한 출발 이후, 나는 내 노력을 보여줄 꿀이 거의 혹은 아예 없을 정도로 망했다. 조건이 완벽하다고 가정하면, 매년 친구들에게 나눠줄 30~40병과 추가로 서른 병 정도의 꿀을 더 생산해서 한 병에 15달러에 팔면 양봉에 드는 비용을 충당할 수 있겠다고 생각했다. 그 두 가지가 나의 소박한 목표였다. 하지만 초심자의 운으로 얻은 꿀을 제외하고 내 벌집을 직접 관리하며 수확한 양은, 음... 내 집의 뒤쪽 갑판을 수익 영역(profit-center)이라고 부를 순 없다고만 해 두겠다. 그것은 끈적끈적한 밑 빠진 독에 가까웠다.

첫 번째 목표인 선물용에 대해 더 자세히 알아보자. 가족, 친구, 동료들에게 꿀단지를 나눠주는 것보다 더 좋은 선물은 별로 없다. 우리 대부분은 가끔씩 있는 친구 집으로의 저녁 식사 초대에, 와인이나 꽃 한 병을 가지고 가는 것을 관례로 여긴다. 450그램짜리의 멋진 꿀 항아리는 언제나 와인 한 병이나 백합 한 단보다 환영받는 선물이다. 꿀은 어마어마하게 인기가 많다. 신선한 벌집에서 갓 따온 황금 시럽 항아리를 건넨 다음에는 진심 어린 감사와 칭찬밖에 받은 적이 없다.

나는 집들이 선물을 직접 만들어 본 경험이 많다. 내가 직접 만든 와인은 맛이 형편없었고, 나의 수제 맥주는 거품이 20센티미터 두께로 만들어져서 결국엔 마실 수 없게 됐다. 씨부터 뿌려서 길러 낸 양상추와 무로 만든 샐러드를 포틀럭 파티에 가져갔는데 푸석푸석하고 모양은 기괴하며 벌레 파먹은 작은 자국이 가득했다. 산에서 나는 버섯은 독성이 있을 수도 있어서 전채요리로는 뭔가 부적절했다. 이런 선물을 갖다 준다면 집주인이 앞으로는 당신을 다시 초대하지 않을 것이 거의 확실하다. 하지만 꿀은 맛이 없을래야 없을 수가 없다. 벌들은 실패하지 않는다. 꿀은 항상 달고 맛있다. 위생 면에서는 미국 보건복지부의 모든 기준을 뛰어넘는 수준이며, 절대 상하지 않는다. 사람들은 꿀의 가치를 높이 산다. 내가 첫해 수확량에서 친구들에게 나눠 준 크기의 꿀 한 병은 매장에서 15달러 이상에 팔린다.

벌집을 인수했을 때, 나는 비현실적이게도 남는 꿀을

팔아야겠다고 생각했다. 나는 어릴 때 갖고 있던 쿨에이드 판매대처럼 작고 귀여운 꿀 가판대를 길가에 차릴 상상까지 했다. 하지만 아아, 난 지금까지 꿀을 한 숟가락도 팔아보지 못했다. 게다가 떠올려 보니 쿨에이드 가판대로도 돈을 벌지 못했다.

창업 비용과 변변찮은 이윤에도 불구하고, 양봉은 여전히 보람 있는 취미이자 환경에도 좋은 일이다. 하지만, 새에게 먹이를 주는 일 역시 환경에 이롭고, 새 모이는 한 봉지에 12달러 정도면 살 수 있다. 본론으로 들어가자. 양봉을 시작하는 데는 약 1,000달러의 비용이 든다. 그건 벌집 하나일 때 이야기고, 벌집은 적어도 두 개는 사야 한다. 그러면 누나네 집에 가서 꿀틀을 훔쳐올 필요가 없으니까.

양봉을 시작하기 위해 구입해야 할 물품은 이렇다.

목재 벌통(150달러)

이것은 벌들이 사는 작은 초고층 아파트다. 아마도 3~5개의 벌통이 필요해질 것이다. 양봉 용품점에서는 조립되지 않은 제품을 팔고 있고, 조립은 쉽다. 하지만 **쉽다**는 말은 어디까지 상대적인 말이다. 누구에게 쉬운 일인가? 나는 8학년 때 체임버스 선생님의 목공 수업을 간신히 통과했고 전동 테이블 톱 근처에 가는 것을 허락 받지 못한 몇 안 되는 학생들 중 하나였다. 나는 발 받침대를 만드는 숙제를 끝내 해내지 못했다. 다행히 벌통 상자는 발 받침대보다는 만들기 쉽다. 연결부위가 짜맞춤 구조로 설계돼 있어서 서로 잘 들어맞는다. 가장자리를 잘 정렬한 뒤 두들겨서 맞추고 작은 못과 접착제를 사용해 고정하면 된다. 레고 블록을 조립하는 것보다 약간 더 높은 수준 정도의 기술이 필요하다. 벌통을 조립한 다음, 나는 중고품 가게에서 구한 페인트로 제멋대로 칠하는 것을 좋아한다. 전통적인 벌통에는 빛을 반사한다는 이유로 흰색이 많이 사용되지만 너무 지루하다. 내 벌통은 복숭아색, 오렌지색, 청록색이 칠해져 있고, 약간 유치한 벌 그림이 온통 그려져 있다. 내 벌들은 특별하고, 나는 그들이 특별하게 느끼길 원하기 때문이다. 그들은 캐나다 서부에서 가장 근사한 초고층 아파트에 살고 있다.

상자 안에 넣을 꿀틀(200달러)

벌 아파트를 칸으로 구분해 주는 벽이 있다. 벌통 하나마다 약 10개 정도의 꿀틀이 들어가므로 시작할 때 50개 정도가 필요하다. 싸구려 목재를 작은 못으로 고정해 만든 꿀틀의 가격은 개당 약 4달러 정도다. 이제 총 얼마가 필요한지 계산할 수 있을 것이다. 꿀틀에는 벌집의 토대가 되는 육각형 플라스틱 벌방 모양 수천 개가 약간 돌출되어 있는데 자세히 보면 꽤나 멋지다. 이 벌방의 기초는 벌들이 꿀을 저장하고 아기 벌을 기르는 데 필요한 밀랍 벌집을 만들 때 도움이 된다. 말하자면 이것은 벌집을 위한 설계도다. 자연에서 벌집은 나뭇가지와 속이 빈 통나무 안에 만들어지기 때문에 기이하고 제멋대로인 모양과 배열로 만들어진다. 벌치기들은 벌집을 통일하고 통제하고 표준화하기를 원한다. 우리가 설계한 대로 벌집을 키우기에 가장 좋은 방법은 벌들에게 평면도를 주고 벌집의 성장을 벌통의 네 벽 안에 가두는 것이다. 꿀틀과 벌집을 중고 용품점에서 구입하는 것은 금물이다. 중고 벌 용품은 미세한 포자와 질병에 감염되어 있을 가능성이 있으므로 구입하지 않는 것이 좋다.

양봉복(125달러)

양봉복은 흰색 아니면 흰색이다. 새 양봉복을 샀을 때 섬유용 페인트를 꺼내서 내 이름을 썼고, 첫 해에 엄청난 양의 꿀을 수확한 다음에는 너무 의기양양하고 자신만만한 나머지 크고 굵은 글씨로 바보 같은 문구를 적어서 입고 다녔다. "양봉의 전설, 신화가 된 남자." 아웃야드에 있던 모든 사람들이 나를 멍청이라고 생각했을 것이다. 깨끗한 새 양봉복에 그런 괴상한 문구를 적어 놓는 사람은 없다. 나는 그 덕분에 재미있었다. 양봉복은 모두 똑같아 보이기 때문에 적어도 당신의 이름을 써 놓는 것은 괜찮은 방법이다. 양봉복을 잘 입는 것이 왜 중요한지는 다음 장에서 자세히 알아볼 것이다. 내가 양봉복에 대해 배운 것은 등에 글씨를 쓰는 것보다 어떤 옷을 고르느냐에 더 많은 시간을 할애해야 한다는 것이다.

양봉 장갑(25달러)

두꺼운 가죽이 당신의 민감한 피부를 손끝부터 손목까지 감싸고 있으면 당신이 벌집에 손을 뻗을 수 있는 자신감이 생길 것이다. 이 견고한 장갑은 굵은 밧줄을 다룰 때도 유용하고, 정말 급할 때는 두 개를 겹쳐 껴서 스키 장갑 대신 사용할 수도 있다.

훈연기(50달러)

"벌집을 훈연한다"는 표현을 들어봤을 것이다. 기본적으로 벌집을 검사할 때, 벌들이 흥분해서 당신을 쏘지 않게 하도록 벌집에 연기를 주입할 방법이 필요하다. 신문지에 불을 붙여 들고 있는다거나, 벌집을 살펴보면서 담배를 피우는 나쁜 습관을 들일 수도 있다. 하지만 그 두 가지 모두 별로 좋지 않은 생각이다. 벌집 훈연기는 『오즈의 마법사』에 나오는 양철 나무꾼을 위해 도로시가 바구니에 가지고 다니는 기름통처럼 생긴 금속제 장치다. 바람을 일으키는 장치에 깡통이 부착되어 있는 구조다. 나무 부스러기나 삼베, 말린 솔방울 등 불에 타기 쉬운 재료를 아무거나 용기에 넣고 불을 붙이면 서서히 타면서 연기를 피운다.

연기가 벌들에게 어떤 영향을 미치는지는 두 가지로 설명할 수 있다. 첫 번째 설명은 과학적이다. 간단히 말하면, 연기의 화학적 성분이 벌집 점검 중 상처를 입은 벌이나 경비벌이 방출하는 경보 페로몬을 가려준다. 안타깝지만 벌을 돌볼 때 벌 몇 마리가 다치는 것은 피할 수 없는 일이다. 벌통의 뚜껑을 열거나, 꿀틀을 이리저리 옮기고, 얇은 금속 양봉 도구를 벌통에 찔러 넣을 때마다 벌이 다치고, 상처가 심할 경우 죽기도 한다. 나는 이런 사태를 막으려고 노력하지만, 그런 일은 일어나기 마련이고 부수적 피해라고 체념하고 만다.

나는 훈증의 효과에 대한 두 번째 설명을 더 좋아한다. 벌들은 연기 냄새를 맡으면 산불이 난다고 생각하고, 곧 벌집과 꿀 저장고가 파괴될 것이라는 두려움에 사로잡힌다. 연기가 먹이 충동을 자극하고 벌들은 모두 꿀 저장고로 가서 미친듯이 꿀을 퍼먹는다. 벌들이 꿀을 먹고 난 뒤에는 배가 부풀어오른 나머지 침을 쏘기 위해 배를 구부리기조차 어려워진다. 양봉계에서는 두 이론이 모두 타당하다고 받아들여진다. 어느 쪽이든 벌집에 가까이 갈 때는 연기를 준비하는 것이 좋다. 게다가, 연기를 피우면 절에 있는 것처럼 뭔가 도취되는 기분이 들면서 벌집 점검 작업을 더 영적이고 신비롭게 만든다. 다음에는 본격적으로 향을 피워 볼까 한다.

양봉에 관한 좋은 책 몇 권 (50달러)

양봉에 대한 책은 수두룩하게 널려 있다. 두 권을 추천한다. 킴 플로텀이라는 이름의 벌 열성팬이 쓴 『뒷마당 양봉가(*The Backyard Beekeeper*): 자신의 뜰과 정원에서 벌을 키우는 절대 초보자를 위한 안내서』와 다이애나 삼마타로와 알폰스 아비타빌레가 쓴 『양봉가 핸드북(*The Beekeeper's Handbook*)』이다. 만약 당신이 세 명의 양봉가에게 여러분의 벌집에 대해 같은 질문을 한다면, 세 가지의 다른 답을 얻게 될 것이다. 하지만, 이 두 권만 있어도 대부분의 기본을 알게 될 것이다.

벌 (200달러)

꿀벌을 기르려면 먼저 꿀벌이 있어야 한다. 여기서부터 이상하다. 내 벌집으로 이주한 하와이 여왕을 기억하는가? 난 아직도 이해를 못하겠다. 우리 지역에서 자란 여왕들은 뭐가 문제일까? 왜 내 여왕벌이 그 먼 하와이에서 에어 캐나다 항공편에 실려 와야만 했을까?

벌 용품점에서 벌들이 모두 구비되어 있는 벌통을 구입하면 누크(핵 군체의 줄임말)라는 길고 둥근 종이 통을 준다. 그 안에는 여왕벌과 수천 마리의 일벌이 들어 있다. 누크 하나를 사서 통의 한쪽 끝을 뽑아 열고 빈 벌통에 벌떼를 부어 넣으면 여왕벌을 비롯한 모든 벌들이 벌통과 꿀틀 안으로 쏟아져 나온다. 이것으로 그들의 이

사가 끝난다. 그렇지만 설명처럼 간단한 일은 아니다. 누크는 그 이름에서 알 수 있듯이 군체의 핵심 요소들이고, 여왕벌이 생식 기관을 최대한 가동하고, 간호벌이 그들의 임무를 제대로 수행한다면 성장하고 번성할 것이다. 하지만 누크는 보통 – 다른 곳도 아닌 – 뉴질랜드에서 온다! 지금까지 나는 벌이라는 생물이 빛, 공기 오염, 벌집 위치, 전파, 온도, 그리고 환경의 미묘한 변화에 얼마나 민감한지를 배워왔다. 어떻게 이 불쌍한 동물들을 지구 반대편으로 보내면서 적응하길 기대할 수 있는지 이해할 수 없다. 하지만 그들은 적응해 내는 것 같다. 열일중인 하와이에서 온 우리 여왕님을 생각하면 외국벌을 차별하는 짓은 할 수 없다.

꿀병과 라벨(100달러)

여기에 대해서는 두 가지 간단한 조언을 줄 수 있다. 작은 꿀병을 구입해서 많은 사람에게 조금씩 꿀을 나눠 주라는 것이다. 당신이 다음 수확을 얻을 때까지 얼마나 걸릴지는 알 수 없다. 두 번째 팁은 라벨에 창의력을 발휘하라는 것이다. 당신의 꿀에 귀여운 이름과 디자인이 붙으면 매력이 더해진다.

기타(150달러 ~ 무한대)

벌을 친다는 신성한 목적을 위해 쓸 수 있는 피 같은

돈의 액수에는 한계가 없다. 우리 벌치기들은 보통 양봉 툴이라고 부르는 악명 높은 도구 없이는 살 수 없다. 캔 따개보다 약간 더 큰 이 도구는 꿀틀을 옮기고, 밀랍을 자르고, 상자를 분리할 때 사용한다. 항상 들고 다니다가도 내 독서용 돋보기만큼이나 아무데나 놓기 십상이다. 벌방 뚜껑을 벗기기 위한 비포크, 양봉용 각종 합성모 브러시, 미니 양봉 입구 공급기와 같이 놓으면 부엌 서랍에서 흔히 볼 수 있는 주방 도구 세트와 구분이 안되는 이 간소한 도구들은 온라인에서 세트로 약 35달러에 구할 수 있다. 꿀벌에게 먹이를 줄 설탕과 질병을 막고 응애를 죽이는 화학약품 구입에 100달러가 더 든다. 여러분이 양봉을 시작하면, 다른 취미들과 마찬가지로, 작은 다리에서 꽃가루를 털어내기 위해 벌집 입구에 놓을 발 매트 같은, 장비병을 자극하는 액세서리들과 편리한 도구들이 끝이 없다는 사실을 알게 될 것이다. 진심이다. 성가신 설치류들이 접근하지 못하게 하기 위해 벌집 입구에 꼭 맞는 작은 금속 문인 마우스 가드에 돈을 쓸 수도 있다. 마우스 가드를 내가 사는 수상가옥에도 설치할 수 있으면 좋으련만.

재료비를 모두 합산하고 양봉 투자 수익률을 계산해 보니 놀랍고 충격적인 결과가 나왔다. 45킬로그램의 수확을 거둔 첫 해에는 전문가 누나, 매형, 여자친구가 거의 모든 것을 도와 주었다. 그들의 손길 없이 혼자서 꿀을 기른 1년 동안 나는 다섯 병 분량인 22킬로그램을 수확했다. 꿀병 한 개당 200달러 정도 든 것이다.

문득 저녁 식사에 나를 초대하는 친구들이 집주인을 위한 선물로 꿀 한 병과 빳빳한 10달러 지폐 20장 중에 무엇을 더 좋아할지 궁금해졌다.

쇼 미 더 허니!

8 베일의 안과 밖

양봉에서는 패션보다 기능이 중요하다. 양봉복을 입고 서 섹시하거나 매력적이거나 권위 있는 사람으로 보이기란 불가능하다. 비록 여러분이 벌을 치는 동안 격렬한 운동을 하게 될 것이고 그로 인해 심혈관 기능이 강화되긴 하겠지만, 양봉복을 입고 있는 동안에는 약간이라도 스포티하거나 건강해 보일 것이라는 기대는 하지 마시라. 완벽한 착장을 한 벌치기는 완벽하게 얼간이처럼 보인다. 나의 엑스라지 사이즈 양봉복을 입고 있을 때는, 마치 우주 비행사와 광대, 필스베리 도우보이를 합쳐 놓은 존재가 된 듯한 기분이다. 하지만 안전이 먼저다. 튼튼하고 제대로 만들어진 금속 지퍼로 헤드 베일을 제대로 잠그고, 두꺼운 가죽 양봉 장갑을 팔꿈치까지 높이 감싸고, 패브릭 밴드로 손목과 발목을 적절히 조이는 고급 양봉복을 착용했다면 여러분은 벌들로부터 성공적으로 분리될 수 있다.

그렇지만 양봉복에는 아직 네 개의 진입 경로, 곧 손목과 발목에 입구가 두 개씩 있다. 대부분의 양봉복에는 손목과 발목 소맷동에 벌들을 막기 위해 특별히 고안된 벨크로 고정 장치와 신축성 있는 시보리가 달려 있다. 이 정도의 보호 기능으로 만족하지 못한다면, 옛날 방식으로 두꺼운 회색 덕트 테이프로 팔다리를 감싸 이중 보호 방편을 취하면 매우 효과적이다. 나는 덕트 테이프가 양봉의 필수품이라고 배웠다. 밝은 면과 어두운 면을 모두 지니고 있으며, 우주를 한데 묶을 만한 힘을 가지고 있으니, 현대 생활의 필수품이라고 할 수 있겠다.

다섯 번째 진입 경로는 바로 목 지퍼다. 최초의 지퍼는 1893년 세계 박람회에서 선보였지만, 1913년 고정 장치 산업의 진취적인 선구자 기디언 선드백이 시제품에 약간의 수정을 가할 때까지는 인기를 얻지 못했다. 이후 지퍼는 가방에서부터 운동복까지 다양한 현대의 편리한 물건들을 보호하고 고정하고 잠그는 데 도움을 주었다. 그러나 우리는 대체로 지퍼에 큰 관심이 없다. 지퍼가 좀 잘못됐다고 해서 공황이나 통증, 편집증이 생기는 경우는 거의 없다. 일상생활에서 지퍼의 결함 혹은 사고로 발생하는 최악의 결과는 추운 날 재킷이 약간 열리는 정도다. 부분적으로 열린 지퍼는 우리를 당황스럽게 만들 수는 있겠으나, 양봉의 세계만큼 지퍼 고장이 위험하고 두려운 곳은 없다.

개인적으로는, 양봉복을 고를 때 **가장** 중요한 세부 요소는 바로 지퍼다. 무엇보다 좋은 밀폐형 헤드 베일을 튼튼한 금속 지퍼로 고정할 수 있는 옷이어야 한다. 약간 지루한 주제이기는 하지만 이 장의 많은 부분에서 30센티미터 지퍼의 효용을 다룰 것이기 때문에, 지퍼의 위치를 정확하게 이해하는 것은 매우 중요하다. 먼저 티셔츠 맨 위쪽의 둥근 목 부분을 떠올린 다음, 그곳이 지퍼의 한 쪽이라고 상상해 보라. 이 지퍼는 사람 머리 만한 크기의 종이 가방 모양 모자에 달린 지퍼의 다른 쪽과 맞물린다. 이 종이 가방이 마치 방충망의 그물처럼 망사로 된 보호 베일이다. 우리의 얼굴(눈, 코, 입, 장밋빛 뺨)과 곧 성나고 불안해질 벌들 사이에 유일하게 놓인 것이 바로 망사 헤드 베일이다. 그림이 그려지는가?

이 옷차림을 보강하기 위해서는 양봉복 속에는 두꺼운 청바지와 후드티 같은 제대로 된 옷을 입어야 한다. 그리고 발을 잊어서는 안 된다! 언젠가 벌집을 돌볼 때 발가락이 트인 샌들을 신었던 나처럼 해서는 절대 안 된다. 독기 서린 든 커다란 침에 내 엄지발가락을 제대로 쏘였던 기억이 그런 짓을 다시 해서는 안 된다는 점을 계속 상기시킨다. 모직 양말과 발목 부츠로 마무리하는 것도 필수다. 베일 아래 야구모자를 쓰면 더 바보 같아 보이긴 하겠지만 얼굴이 쏘이는 것을 막아줄 것이다. 하지만 이렇게 촌스러운 옷차림으로 단단히 예방한다고 해서, 실제로 벌침으로부터 완전히 안전할까?

그렇지 않다. 나는 몇 번 정도 의상이 제대로 기능하지 않는 경험을 했고, 따라서 이건 전문가로서 말하는 것이다. 벌들은 네 번이나 내 양봉복을 뚫었고 심지어 막혀 있는 헤드 베일 안으로 몰래 들어왔다. 이 끔찍한 불법 침입을 경험한 다음부터 벌들이 좀비처럼 보이기 시작했다. 벌, 곰, 사람이 뚫을 수 없는 옷이나 울타리 같은 것은 없다. 항상 작은 구멍과 조그만 틈을 찾아낸다. 나는 아무리 잘 보호하고 막아 놓은 벌집이라도 악에 받친 말벌, 개미, 쥐들이 접근하는 것을 보아 왔다. 그리고 언젠가는 우리가 아웃야드에 올라갔을 때 곰이 전기 울타리를 망가뜨려 놓을 거라고 확신한다. 인간의 경우, 은행 강도나 박물관 절도, 그리고 강제 침입 등 기발한 방법으로 들어가지 말아야 할 곳에 들어가는 증거 사례가 셀 수 없이 많다.

벌들은 생각하는 능력과 의사소통할 수 있는 능력을 가지고 있기 때문에, 나는 그들이 오늘날의 보호복 제조업자들을 능가하는 방법을 오래 전에 알아냈다고 믿는다. 과학자들은 벌들이 수백만 년 동안 존재해 왔다고 말한다. 나는 고생물학 책에서 버마의 광산에서 발굴한 반투명한 호박 조각에 박힌 채 발견된 벌 사진을 본 적도 있다. 호박 덩어리의 탄소 연대를 측정한 결과 호박은 1억 년 전에 만들어진 것이었다. 그렇다면 지구상에 그렇게 오랫동안 존재한 곤충이 해결해 온 문제는 싸구려 지퍼를 뚫는 것보다 어렵다는 뜻일 테다. 빙하시대에서 살아남기에 비하면 벌집에 몰래 들어가는 것 정도는 식은 죽 먹기이다.

당신의 양봉복의 성능을 시험할 장소가 있다. 바로 아웃야드다. 그곳에서는 수십만 마리의 벌이 당신의 옷 속으로 침투할 방법을 알아내려는 모의를 하며 사방팔방에서 당신을 향해 다가오고 있다. 벌의 불법 침입이 성공했던 모든 경우, 맹세코 나는 지퍼를 제대로 잠궜고 지니가 한 번 더 확인해 주기까지 했다. 하지만 20~30분 정도 열심히 벌을 돌보다 보니 지퍼 가운데가 약간 벌어졌다. 물론 문제는 그 옷에 싸구려 플라스틱 지퍼가 사용되었기 때문이었다. 지퍼가 목 뒤에서 열리면, 그것은 벌들에게 환영 인사를 전하는 작은 구멍이 된다. 고장난 지퍼 구멍을 볼 수 없었던 나는 그 위험을 전혀 알지 못했고, 그것은 결국 나를 재앙과 고통의 나락으로 빠지게 했다. 이건 모든 벌치기들에게 최악의 악몽이다. 믿을 수 없지만 내가 겪은 통증과 극심한 괴로움은 고작 이가 서너 개 빠진 지퍼 때문이었다.

벌이 보호 베일 안쪽에 들어오는 것만큼 무서운 것은 거의 없다. 일단 벌이 그 비좁은 캔버스천 공간을 통해 들어와서 당신의 얼굴 위를 기어 다니기 시작하면 그걸 꺼낼 기회는 없다는 사실을 알아두길 바란다. 아웃야드에는 다른 벌들이 너무 많이 돌아다니고 있기 때문에 쉽게 베일 지퍼를 열고 벌을 제거할 수는 없다. 그렇다면 손으로 침입자를 후려쳐야 하는데, 빗나갈수록 얼굴만 만신창이가 될 것이다. 벌은 베일과 피부 사이 3센티미터 정도의 공간 안에 갇혀 있는 동안 점점 더 흥분해서 계속해서 윙윙거리며 돌아다닐 것이다. 그러는 내내 귀에 윙윙대는 소음이 울리는데, 내부 공간의 소리를 증폭시켜서 소리가 열 배는 커진다.

"내 차 보닛 안에 벌이 있다"는 것을 깨닫는 그 중요한 순간은 무섭고 충격적이다. 생각해 보라. 아웃야드에 있을 때 공기는 수십만 마리의 날아다니는 벌들로 가득하고, 당신의 시스루 망사 베일 바깥에는 언제나 열 내지 스무 마리의 벌이 기어다니고 있을 것이다. 그들은 당신의 눈알, 콧구멍, 그리고 입술로부터 손가락 한 마디만큼 떨어져 있다. 그들의 여섯 개의 다리는 여러분을 향하고 있고, 그들의 자그마한 배는 차단막에 비비고 있다. 하지만 보호망 반대편에 안전하게 있기 때문에 걱정할 필요는 없다. 항상 그곳에 있기는 하지만 위협적이지는 않다. 그 다음, 여러분이 벌의 반대면을 포착하는 순간, 곧 벌의 "등"을 보고 있다고 상상해 보자. 다른 동물들과 같은 그물망 위를 기어가고 있지만, 그것의 "날개"는 당신을 향하고 있다. 이제 깨닫게 될 것이다. 아, 안에 있구나.

지니와 내가 아웃야드에 갔던 어느 날, 자기 벌집을

관리하러 온 주디라는 친절한 숙녀께서 갑자기 멈춰서서 나를 유심히 쳐다보며 말했다. "데이브, 움직이지 마세요. 뭔가 잘못됐어요. 당황하지 마세요, 제 생각에 베일 안쪽에서 벌이 날아다니는 것 같아요."

차라리 주디가 내 이마에 권총을 들이댔다면 더 좋았을 텐데. 그녀가 헐렁한 헤드 베일을 재빠르게 잡아챈 뒤 장갑을 낀 손가락으로 그물망 안의 벌을 짓눌러 죽였을 때 나는 불안에 휩싸였고 호흡이 거칠어졌다. 나는 간신히 최악의 침 – 얼굴에 쏘이는 것 – 을 모면했다.

벌이 다시 한 번 지퍼 사이로 몰래 침투해 얼굴과 너무 가까워졌을 때, 나는 극심한 공포에 빠져 손으로 얼굴을 계속해서 때리면서 미친 듯이 뛰었다. 벌이 나를 쏘기 전에 죽었으니 결과적으로 운이 참 좋았다.

그 다음 아웃야드에 방문했을 때, 나는 양봉복의 헤드 베일을 정말 신중하게 쓰고 지퍼를 단단히 잠갔다. 그러고 나서 추가적인 예방책으로 나는 지퍼에 덕트 테이프를 붙였다. 이 추가적인 안전 조치에도 불구하고, 벌 한 마리가 내 방어선을 뚫고 안으로 들어왔다. 나는 이 벌을 보진 못했지만, 들었다. 그것이 내 귀로 곧바로 날아들었기 때문이다. 그 벌은 실제로 내 귓속으로 기어들어갔다. 나는 또다시 공황에 빠졌다. 다시, 나는 지옥에서 도망치듯 달렸고, 바보처럼 양손과 팔로 내 귀를 마구 후려쳤다. 얼마나 세게 때렸는지 고막이 터질 뻔했다. 이 벌이 날 잡기 전에 내가 잡아서 다행이지. 귀를 힘껏 스무 번 연속으로 때리다 보니 벌은 뭉개졌다. 지옥 같은 벌집 순찰을 끝내고 지니에게 내 옷 뒷부분을 확인해달라고 부탁했다. 싸구려 플라스틱 지퍼가 또 열린 것이었다. 명백히 내 귓속나라 거주자가 되려는 의지가 강했던 이 벌은 어떻게든 테이프를 지나 지퍼의 열린 부분을 통해 들어왔다. 내 귀에서 뭘 하려고 했는지 알 도리가 없긴 하지만. 아마 그녀는 내 귀를 작은 육각형 벌방으로, 귀지(ear wax)를 밀랍(bee wax)으로 착각했을 것이다.

일련의 사고가 있은 후, 이제는 책임을 물어야 할 차례가 되었다. 그 조잡한 양봉복을 구입한 용품점에 항의했더니, 그들은 그것을 튼튼한 금속 지퍼가 달린 새 양봉복으로 교환해 주었다. 안면 폭행을 당하던 시절은 지나갔고, 나는 안심하고 아웃야드로 돌아갈 수 있었다. 나는 새 지퍼를 시험삼아 확 잡아당겨 봤지만 찢어지지 않았다. 나는 무적이었다.

지금 생각해 보면 아웃야드에서 새 양봉복을 입고 있었던 나에게 벌어진 네 번째 얼굴 공격은 가장 무섭고 비참한 사건이었다. 그날은 그 해 여름 중에서도 가장 더운 날이었다. 아직까지도 그날 내가 양봉을 거의 포기하려고 했던 기억이 난다.

양봉복을 입고 있을 때는 청바지와 두꺼운 티셔츠를 입는다. 더운 날에 이 옷들을 모두 입고 무거운 벌통을 옮기다 보면 마치 오븐 안에 있는 것처럼 느껴진다. 이마에서 흘러내리는 완두콩 만한 땀방울의 무게는 아마도 꿀벌과 거의 비슷할 것이다. 생각해 보니 크기도 거의 비슷하다. 오븐을 180도까지 높이면 중력이 땀방울을 이마와 뺨 아래로 끌어당긴다. 그 운명적인 날, 나는 따뜻한 땀방울이 꿀벌이 기어가는 것과 거의 같은 속도로 내 얼굴을 천천히 흘러내리는 것을 느꼈다. 땀인지 벌인지, 심지어 벌 여러 마리가 내 턱과 입술, 코에 기어다니는 것인지 분간할 수 없었다. 벌들이 얼굴에 기어다니는 걸 세 번이나 겪었는데 항상 이런 느낌이었다. 알프레드 히치콕이 살아 있었다면, 나는 그에게 이 책의 각본을 보내고 그의 고전 영화 〈새(The Birds)〉의 후속작으로 제안했을 것이다. 그 공포 영화 제목은 〈벌(The Bee)〉이 될 것이고, 일관성 없이 전율하는 공포에 기인한 피해망상에 잠식된 상태가 된 내가 비오듯 땀을 흘리는 장면으로 시작할 것이다. 카메라는 찌는 듯한 뜨거운 벌통 근처에서 망사 뒤 창백한 얼굴의 나를 빙 둘러가며 파노라마로 찍다가, 거대한 벌이 자신의 육중하고 면도날처럼 날카로운 침을 나의 보드라운 살에 처박을 때쯤, 내가 공포에 질려 소리를 지르기 직전에 줌을 당겨 내 번쩍이는 뺨이 불안에 씰룩거리는 장면을 촬영했을 것이다. 이 장면은 으스스한 솔로 바이올린 사운드트랙과 함께 흑백과 슬로 모션으로 구성되었을 것이다.

아웃야드에서 일어나는 재앙에 가까운 스릴러의 내용은 그날 오후에 일어난 실화였다. 좀 전까지 비가 왔고 너무 더웠기 때문에 벌들은 매우 공격적이고 화가 나 있었다. 수트를 입은 지 5분도 되지 않아 손목을 쏘였다. 명중! 어떤 작은 자살 특공대원이 내 왼손 바로 아래 있는 면 캔버스 천을 뚫고 뾰족한 엉덩이 침을 꽂는 데 성공했다. 통증에 정신이 팔려 잠시 숨을 고르기 위해 벌통 근처에서 걸어 나왔다. 성난 벌떼가 구름처럼 나를 따라왔다. 내 안에 첫 침을 꽂은 벌이 죽어가면서 방출한 페로몬이 수천 마리의 다른 벌들에게 나를 쫓아가서 공격하라고 알렸다. 이런 경우 페로몬은 조난 신호와 같다. 그들은 "소녀들이여, 위험한 존재가 있다. 덩치가 크고 못생긴 흰 옷을 입은 괴물 포식자를 공격하라"라고 신호한다. 내 양봉복은 곧 천을 뚫는 수백 마리의 미쳐 날뛰는 벌들로 뒤덮였다. 인간 다트보드가 된 지 1분 뒤에 지니 쪽으로 물러났는데 지니는 내 옷에 박힌 침 개수를 보고 눈을 비볐다. 100개는 넘어 보였다. 양봉복이 없었다면 난 아마 죽었을 거다.

하지만 이게 끝이 아니었다. 적어도 나에게는. 몇 분 후, 나는 벌집을 돌보는 지니를 도우러 돌아왔는데 그때 일이 터졌다. 얼굴 정면을 정통으로 맞은 것이다. 안에 들어와서 쏜 것은 아니었다. 새 지퍼는 제대로 작동했다. 시스루 망사 위를 기어 다니던 수십 마리의 벌들 중 하나가 일으킨 사건이었다. 벌을 칠 때는 망사 베일이 얼굴에 닿지 않게 하는 것이 중요하기 때문에, 베일 안에 야구 모자를 써야 한다. 모자 챙이 망사가 얼굴에 닿지 않도록 잡아 주기 때문이다. 나는 시애틀 매리너스의 옛날 로고가 박힌 모자를 갖고 있는데, 하필 집에 있는 차 안에 있었다. 맞다. 나는 벌칙으로 바보 모자*를 써도 마땅하다. 하지만 또 다른 형태의 벌칙이 곧바로 내려졌다. 망사가 내 얼굴에 닿자 원자력 파워 독침으로 무장한 벌 한 마리가 보호망을 뚫고 내 턱을 쏜 것이다. 피부 아래에서 독이 퍼지면서 볼이 순식간에 부어올랐다. 마치 오른쪽 뺨 안에 테니스공을 숨기고 있는 사람처럼 보였다.

　방금 전에 나를 공격한 벌에서 나온 긴급구조 페로몬이 더 많이 방출되면서 수천 마리의 새로운 벌들이 나를 공격하기 위해 몰렸고, 그 결과 수백 개의 침이 내 옷에 더 심어지는 악순환이 계속됐다. 벌들이 떼를 지어 내게 덤벼들었고 내 옷에 박힌 침 하나하나가 나를 죽이러 오라고 울리는 경보가 됐다. 패배자가 된 기분이었다. 왜 이런 일은 늘 내게만 일어나는 거지? 지니와 누나는 가끔씩만 쏘이는데. 그때 나는 인간 바늘꽂이였다.

　5분도 안 돼서 두 방이나 쏘인 관계로 좀 쉬어야 했다. 나는 울타리가 쳐진 아웃야드를 벗어나 지니의 트럭

---

*　dunce cap: 예전에 학습 부진아 등에게 씌우던 원추형의 종이 모자.

옆에 있는 바닥에 앉으러 갔다. 대기는 습하고 뜨거웠고, 나는 흙먼지 속에 앉아 있는데 수천 마리의 새 친구이자 원수들도 내 주위에 우글대고 있었다. 새로 교환한 양봉복 영수증을 보관하고 있었는지 갑자기 궁금해졌다. 그때 그 끔찍한 신경질적인 편집증이 다시 내 의식 속으로 들어왔다. 내 얼굴을 천천히 기어다니는 느낌이 땀방울이었던가 벌이었던가? 나는 내 뺨을 몇 대 때렸고 소름끼치는 느낌이 멈췄다. 눈을 감고 심호흡을 하고 긴장을 풀려고 노력했다. 하지만 감각이 돌아왔다. 이번에는 아랫입술에, 그 다음에는 윗입술에.

그러다 섬뜩한 생각이 엄습했다. 땀은 아래에서 위로 흐를 수 없다. 나는 여섯 개의 작은 다리가 내 콧구멍 가장자리를 기어올라 내 코를 다리 삼아 내 왼쪽 눈을 향해 천천히 올라가는 것을 느꼈다. 나는 번개처럼 자리에서 일어나 지니에게 소리를 질렀고, 트럭과 아웃야드, 집중된 벌떼로부터 최대한 빨리 뛰기 시작했다. 뛰어가는 동안 벌은 내 관자놀이에 있었다가, 눈꺼풀로 갔다가 이마에 정착했다. 나는 손으로 내 얼굴을 가차없이 후려쳤다. 더 이상 달릴 수 없을 정도로 지친 나머지 나는 무릎을 꿇고 숨을 돌렸다. 아직 주변에 벌이 너무 많아 보호장구를 벗을 수 없었지만 아무리 주먹을 세게 휘둘러도 베일 속에 있는 벌을 죽일 수는 없었다. 그 벌이 내 얼굴 전체를 계속 기어다녔다. 그러다 벌의 움직임이 느껴지지 않았다. 윙윙거리는 소리도 더 이상 나지 않았다. 내가 벌을 잡은 건가? 아니면 이게 다 나의 상상이었나? 뇌의 장난이었을까? 후진 지퍼 때문에 겪은 좋지 않은 경험들로 인해 너무 피해망상에 빠져 있어서 제정신을 잃기 시작했나? 곧 토할 것도 같았는데, 양봉복을 입고 토하는 것보다 더 나쁜 게 있을까?

내가 공포에 질려 도망치는 동안 아웃야드에 도착하는 사람은 누구나 꽤 우스운 광경을 봤을 것이다. 찰스 슐츠의 연재만화 "피너츠"의 팬들은 픽펜(Pig-Pen)이라는 인물을 기억할 것이다. 픽펜은 어디를 가든 항상 흙먼지구름에 둘러싸여 있었다. 나에게는 벌떼 구름이 있었다. 내가 아무리 빨리 뛰어도 나를 따라잡은 걸 보면 우사인 볼트 품종의 벌이었던 것 같다.

지니가 벌통이 있는 곳에서부터 100미터를 달려 내려와 도착한 바로 그때, 베일 구석을 올려다봤는데 커다란 벌 날개 두 개가 내 쪽을 향하고 있었다. 내 얼굴에 또 쏘일까 봐 겁이 났다. 앞서 두 번 쏘인 충격이 가시지 않은 상태였다. 운 좋게도, 지니가 재빠르게 베일에 손을 뻗어 벌이 있는 부분을 구겨서 죽였다. 나는 꿇었던 무릎을 일으켜서 울퉁불퉁한 흙길을 따라 더 멀리 내달렸다. 나는 이제 내 머리를 감싸고 있는 벌이 수백 마리가 아니라 몇십 마리뿐임을 확인하고, 미친듯이 지퍼를 풀어 폐소공포와 과열을 유발하는 베일을 머리에서 떼어냈다.

나는 마음을 가라앉히기 위해 신선한 산 공기를 최대한 들이마시려고 했다. 의기소침해진 나는 땅바닥에 앉아 숨을 고르며 빨라진 심박수가 느려지기를 바랐다. 나는 왼쪽 장갑을 벗고 맨손으로 뺨과 입술을 만져 봤다. 욱신 거림과 부기가 느껴졌다. 벌치기는 패배했다!

베일을 너무 빨리 풀었기 때문에 마지막 벌이 어떻게 들어왔는지 알 도리가 없었다. 지퍼가 제대로 잠겨 있었 는지 확인하지 않고 헤드기어를 너무 빨리 뜯어냈다. 지 퍼 구멍이었을까 팔 다리 구멍이었을까. 무슨 상관인가. 벌은 이제 죽었고 나에겐 더 중요한 걱정거리가 있었다. 예를 들면 턱에 쏘인 독이 목까지 퍼지는 것이었다. 벌집 으로 돌아가길 거부하며 내 주위를 맴돌고 있는 스물 네 마리의 벌들은 말할 것도 없다.

그날은 여기까지만 하기로 결정했다. 지니는 혼자서 트럭 뒤에 틀 몇 개를 다 싣고 나서 여전히 양봉 장비를 완전히 갖춘 채 운전석에 올라탔다. 나도 차에 타려고 조 수석 문을 열었을 때 지니가 말했다. "들어오지 마. 아직 당신 주변에 벌들이 너무 많아!" 지니 말이 맞았다. 난 그 들을 맨손으로 따돌릴 수는 없었다. 그래서 트럭 뒤쪽으 로 가서 빈 상자들과 끈적끈적한 달콤한 냄새가 나는 꿀 틀, 그리고 다양한 양봉 장비들을 가지고 그 안으로 기어 들어갔다. 트럭 짐칸의 딱딱한 철제 바닥에 앉아 있는 동 안, 나는 이제 자몽만큼 커진 턱에 정신이 팔려서 짐칸의 끝내주는 승차감을 거의 느끼지 못했다. 우리는 고통의 아웃야드를 빨리 벗어날 수도, 벌 없는 청정 구역으로 빨리 돌아갈 수도 없었다. 지니가 천천히 속도를 내는데도 여전히 열 마리가 넘는 벌이 내 주위를 맴돌고 있었다. 좀더 상태가 좋은 도로에 들어서고 지니가 시속 30킬로미터로 가속할 수 있게 되고 나서야 우리는 고집스러운 마지막 벌을 떨쳐낼 수 있었다. 나는 그들을 우리가 만들어 낸 먼지 속에 남겨둘 수 있어 더할 나위 없이 행복했다. 지니는 몇 마일 더 내려간 다음에야 나를 조수석에 태웠고 70~80킬로미터를 더 달려 돌아온 지니의 집에서 마침내 나는 쉴 수 있었다.

나는 양봉복을 벗고 지퍼를 꼼꼼히 살폈다. 지퍼를 세 번 눌렀다 폈는데 그때마다 지퍼 이빨은 완벽한 정확성을 보이며 제자리에 들어맞았다. 도대체 저 벌은 어떻게 들어온 거였을까?

나는 햇빛이 비치는 옷감을 검사하기 위해 양봉복을 머리 위로 들었다. 어딘가에 작은 구멍이 있었던 걸까? 옷을 들어 올리자 지니가 죽인 벌이 베일에서 나와 바닥으로 떨어졌다. 죽은 시체는 다리를 위로 뻗은 채 등을 대고 착지했다. 여섯 개의 움직이지 않는 다리에 사후 경직이 시작되었고, 침은 온전히 갖고 있었다. 아이러니하게도 내 양봉복을 용감하고 영웅적으로 뚫고 들어갔는데 내 얼굴에 치명적인 침을 쏠 기회가 없었다. 거의 다 왔는데.

벌이 등을 대고 누워 있는 상태에서, 나는 벌의 신체 부위가 이룬 대칭과 배에 있는 노란색과 갈색의 아름다움을 관찰했다. 그리고 조심스럽게 뒤집어 날개를 내려다보았다. 그러자 숨이 가빠지고 뒷목의 털이 곤두섰고, 다리의 힘이 풀렸다. 벌의 날개가 나를 향하고 있는 것만으로도 나는 충격을 받았다. 한 쌍의 날개가 자신을 향하고 있는 무시무시한 광경을 포착하고, 내가 쓴 베일 안쪽에 벌이 기어다니는 것을 알았을 때 기다리고 있는 극심한 고통과 굴욕감을 알고 나서 특정한 종류의 PTSD, 즉 꽃가루 매개자(pollinator-traumatic) 스트레스 장애가 발생했다. 이걸 보는 것만으로 지옥 같았다. 양쪽에서 벌을 관찰해 본 다음부터는 나는 벌들의 배가 내 망사 베일 밖에서 기어가는 모습을 보는 것을 선호하게 되었다.

9 말벌, 매시 포테이토, 매직 스크린

9월 어느 날, 나는 양봉복을 입고 벌집 도구와 덕트 테이프를 챙겨 들고 벌집을 살피러 갔다. 슬픈 광경이 나를 맞이했다. 입구에 벌 100마리의 사체가 놓여 있었던 것이다. 벌통을 열어 보니 벌 사체가 야구공 크기만큼 쌓여 있었다. 설상가상으로 꿀틀을 뽑아 봤더니 수십 마리의 말벌이 내 눈 앞에서 내 꿀을 훔치고 있었다.

내가 벌집의 여왕을 두 번씩이나 교체했고 몇 번의 시행착오 끝에 여왕이 마침내 알을 낳기 시작했다는 이야기를 기억하는가? 나는 새로운 벌 무리를 보며 두근거렸고 다시금 희망에 부풀었지만, 몇 개월은 양봉의 세계에서는 엄청난 일이 일어날 수 있는 시간이다. 두 번째 여왕은 결국 "속 빈 강정"으로 밝혀졌고, 번식학 과목에서 간신히 낙제를 면했다. 하와이에서 온 새로운 여왕이 거기서 뭘 하고 있었는지 모르겠지만, 그녀는 내 벌집에 마중물을 대고 유지할 만큼의 알을 새로 낳지 않았다. 새 여왕이 왕좌에 앉은 지 두 달이 지났을 때쯤엔, 확인할 때마다 벌의 개체 수와 부화 중인 알, 꿀의 양이 점점 줄어들고 대신 응애와 질병은 늘어갔다. 여왕이 애초에 불임이었기 때문에 수상 경력이 있는 수상가옥 꿀을 만들어냈던 나의 믿음직한 벌집은 계속 내리막길을 걷고 있었다. 그 빈자리를 말벌이 차지했다.

말벌은 매우 감각적이고 영리해서 실제로 병든 벌집이 내뿜는 허약함, 질병, 스트레스의 징후를 감지할 수 있다. 인간은 맡을 수 없지만 결코 숨길 수도 없는 이 냄새를 감지한 말벌은 벌집으로 진입을 시도한다. 일단 경비벌을 제압하면 벌집 바깥에 페로몬으로 표시한 뒤 수백 마리의 지원군을 데려오러 떠난다. 만약 벌통이 건강하고 튼튼한 냄새를 내뿜으면, 말벌들은 벌통 아래의 주위를 돌며 가끔씩 죽어 있는 벌들을 먹어치운다. 벌집에 제발 오지 말았으면 하는 부류의 손님이다.

말벌의 공격은 맹렬하다. 아프고 병든 벌들로 이루어진 내 벌집은 그들을 막을 준비가 되어 있지 않았다. 한때 믿음직하고 건강했던 경비벌들은 이제 무기력했고 그들의 전투복은 효력을 다했으며, 무자비하게 침략해오는 말벌들을 막을 수 없었다. 상대가 되지 않았다. 나는 실제로 말벌이 벌집 입구로 날아들어 경비벌을 물어 죽이고 진군해 오는 장면을 지켜보았다. 다친 벌과 죽은 벌, 잘려 나간 벌들의 신체 부위가 벌통 입구에 널브러져 있었다. 벌들이 격렬하게 저항했음은 단번에 알 수 있었다. 그들의 보송보송한 털을 잃기 때문이다. 보통 다리도 한두 개씩 잃는다.

벌집 입구의 크기를 줄이는 것조차 더 이상 도움이 되지 않았다. 말벌들은 무자비하게 들이닥쳤다. 일단 벌집에 침입한 그들은 정기적으로 돌아와 점점 더 많은 꿀과 아기벌을 그들의 둥지로 훔쳐가 자신들의 애벌레에게 먹였다. 그 둥지에서 매일 수백 마리의 말벌이 내 벌집을 무너뜨리려고 출동했다. 이 야만적인 폭도들이 내 벌들을 날이 갈수록 점점 더 많이 먹어치웠다.

이 모든 일이 진행되는 동안, 나의 쓸모없는 코나 여왕벌은 아마도 벌집 어딘가에서 하와이 가수 돈 호의 음악에 맞춰 훌라 춤을 추고 있었을 것이다. 그녀가 알을 충분히 낳지 않았기 때문에 우리에겐 공격에 맞서고 벌집의 활기찬 삶의 순환을 지속하게 해 줄 건강한 어린 벌들이 충분하지 않았다. 게으른 여왕의 낮은 출산율과 말벌에 의한 높은 도살률 사이에서, 내 벌통 두 개에 있는 벌의 수는 건강할 때의 4분의 1 정도만이 남아 있었다. 안타깝게도 남은 벌들에겐 이전과 같은 생기도 활력도 없었다. 정말 문제가 되었던 것은 벌집의 생존을 위해 최대한 힘과 개체수를 비축해야 할 겨울이 코앞으로 다가왔다는 점이었다. 벌집을 구할 마지막 기회였다. 말벌들을 막아야 했다.

중화기를 꺼낼 때가 됐다. 무슨 일이 있어도 그 빌어먹을 약탈자 말벌들이 내 불쌍한 벌들을 갈취하고 죽이도록 둘 수는 없었다. 약해진 벌들과 나는 꿀이 있을까 말까 한 정도로 남아 있는 우리의 노쇠한 벌집일지언정 코앞에서 빼앗기지 않으려고 정말 열심히 일했다. 어떤 상황에서도 내 집을 활보하는 망나니 파괴자 말벌 집단이 내 허약하고 무방비 상태인 벌집의 오합지졸 주민들을 약탈하는 것을 허락하지 않을 테다. 내가 감시하는 동안은 안 된다. 모든 책임은 내가 진다. 내 벌들을 보호하기 위해 나는 세 개의 대량살상무기로 무장한 채 선상가옥 벌통 옆에 무너지기 직전의 검은 라탄 의자를 놓고 앉아 있었다.

내가 사용한 첫 번째 대량살상무기는 테니스 라켓 모양의 플라스틱 전기 파리채였는데, 그날 아침 AA 배터리를 새로 갈아 끼워서 살상 효율이 최고였다. 플라스틱 라켓의 전선에 말벌이 조금이라도 닿으면 침입자로 추정되는 이는 즉시 감전사했다. 이 기구를 발명한 사람이 누군지는 모르지만 천국의 문 앞에서 같은 질문을 던지는 100조 마리의 튀겨진 벌레들의 질문에 대답을 줘야 할 것이다. "무슨 일이 있었던 거죠?" 죽음의 라켓을 조작하고 실행하는 데는 기술이나 경험이 거의 필요하지 않다. 참 쉽다. 날아오는 말벌과 접촉하려면 마법 지팡이 마냥 라켓을 공중에서 앞뒤로 흔들기만 하면 된다. 라켓의 전기가 흐르는 은색 전선에 아주 살짝 닿기만 해도 건강한 말벌은 순식간에 바삭바삭한 유기물이 된다. 라켓의 '죽음의 표면'은 면적이 넉넉해서 성공의 기회를 높이고, 가끔씩 제대로 명중하면 터지는 소리까지 들을 수 있다. 어찌 됐든 그다지 즐겨 하는 일은 아니지만, 누군가는 양봉의 세계에 꽃과 무지개만 있는 건 아니라고 말해야 한다.

상식적인 나의 매형 렌은 말벌 퇴치 도구로 가정용 청소기를 추천했다. 진공청소기 호스의 끝 부분은 흡입 반경이 놀랄 정도로 넓다. 노란색 플라스틱 파리채와 마찬가지로 토네이도급 흡입력을 가진 진공청소기를 말벌 옆에 갖다 대기만 하면 말벌은 캔자스 외딴 시골집으로 돌아간다.

잔인한 침입자로부터 벌집을 보호하기 위해, 양봉복을 입고 뒷갑판에 앉은 나에게는 두 개의 현대식 노동력 절감형 해충 방제 장치가 있었다. 왼손에는 전기 파리채를, 오른손에는 코드를 꽂고 최대 출력으로 올려 놓은 진공청소기 노즐을 들고 있었다는 말이다. 전기는 정말 훌륭하지 않은가? 나는 말벌을 빨아들이는 진공청소기 방식이 더 맘에 들었다. 죽은 벌레가 발 밑으로 떨어지지 않고, 타닥, 팍, 탁하는 파열음과, 불쾌한 냄새가 없어서 더 깔끔했다. 하지만 마음 한편으론 말벌들이 일방통행인 청소기 관을 타고 강력한 흡입 모터에 의해 먼지 통으로 운반된 다음에는 어떻게 됐을지 궁금했다. 거기서 살아남을 수 있을까? 거기서 **번식**이라도 하면? 진공청소기의 먼지 통 안에는 먼지와 각종 쓰레기, 그리고 음식물 찌꺼기가 가득할 것이다. 어쩌면 아이러니하게도 말벌을 그들이 꿈꾸던 지상낙원으로 보내준 걸지도 모른다. 진공청소기를 벽장에 넣고 나면 밀봉된 먼지 통은 어둡고 조용하며 음식 부스러기로 가득할 것이다. 말벌들이 딱 좋아하는 환경이다. 그날 아침에 빨아들인 30~40마리의 말벌들이 내 청소기 깊숙한 곳에 왕국을 세우고 열 배로 번식해서 한밤중에 집안으로 나올 수도 있을까? 오 마이 갓, 그건 악몽이다.

그런 이유로 나는 한바탕 살생을 저지른 후에 만능 덕트 테이프를 꺼내서 유일한 탈출구인 진공청소기 노즐을 막았다. 그리고 다음날엔 청소기 먼지 봉투를 비웠다. 요즘 나오는 일회용 먼지 봉투에는 지름 5센티미터 정도의 구멍밖에 없어서 내부를 볼 수 없었다. 손전등을 들고 그 구멍에 눈을 들이댔다가 말벌들이 최후의 복수를 위해 내 각막 한 조각을 뜯어가게 둘 생각은 없었다. 아까 빨려 들어갔던 말벌들이 어떻게 됐을지 누가 알겠는가? 어쩐지 해피엔딩은 아닐 것 같다는 생각이 들었고 그래서 죽었든지 말았든지 쓰레기통에 버렸다.

그날 아침에 내가 사용한 마지막 도구는 구식이지만 간편하고 두꺼운 양봉용 장갑이었다. 손과 손가락을 덮고 있는 가죽 덕분에 말벌을 짓이기는 동안 말벌에게 물리지 않았다.

말벌이 날아다니는지 기어다니는지에 따라 세 가지 처치 방법 중 어떤 것을 사용할지 순간순간 빠르게 결정해야 했다. 공중에서 날아다니는 말벌은 전기파리채로 막는 것이 가장 효과적이었다. 경비벌을 피해 침입하려고 벌집 정문에 착륙한 소란스러운 말벌은 즉시 청소기 낙원으로 보내줘야 했다. 벌집 뚜껑의 평평한 금속 표면을 돌아다니는 말벌은 손을 뻗어 짓이기는 게 가장 쉬운 방법이다. 한 시간 동안 진행된 첫 번째 말벌 퇴치 연구 후 알게 된 과학적인 결론은 말벌은 벼락같이 내리 닥치는 무거운 장갑을 낀 손에 꿀벌보다 느리게 반응한다는 것이다. 벌은 두 개의 큰 눈과 세 개의 작은 눈을 가지고 있는데, 머리 전체에 약 6,000개의 렌즈가 퍼져 있어 어느 방향에서든 빠르게 다가오는 공격을 감지할 수 있다. 말벌의 눈에는 렌즈가 4,000개밖에 없기 때문에 주변 시야가 더 좁다. 나는 곤충학자나 안과 전문의가 아닌 벌치기이기 때문에 자세히는 모른다. 내가 아는 건 한 시간 동안 거기 앉아서 말벌 17마리를 청소기로 빨아들이고, 11마리는 파리채로, 21마리는 찌그러뜨려 총 49마리를 죽였다는 거다.

한여름에는 말벌 둥지에 평균 약 5,000마리의 말벌들이 서식한다. 눈치챘는가? 말벌은 둥지에 살고 꿀벌은 벌집에 산다. 어느 쪽인지 기억하기 어렵다면 나처럼 '해충(pest)-둥지(nest)'라고 운율을 맞춰 기억하면 된다. 말벌의 집을 뭐라고 부르든 내가 그날 아침에 죽인 말벌의 수가 말벌 둥지 하나에 사는 개체 수의 1퍼센트도 안 된다는 건 계산해 보면 쉽게 알 수 있다. 우리 소녀들에게 가해지는 위협을 무력화하려면 최소 100시간 또는 4일 정도는 꼬박 그 자리에 앉아 있어야 할 것 같았다.

꿀벌과 달리 말벌은 겨울을 나지 못한다. 강인한 여왕 말벌만이 다음 해를 보기 위해 살아남는다. 늦가을이 되면 말벌 전체가 죽고 여왕벌만 도망쳐서 바위나 나무의 작은 틈을 찾아 숨어 들어가서 5~6개월 동안 동면한다. 여왕벌은 봄이 되면 깨어나 잡동사니를 그러모아 완전히 새로운 둥지를 짓는다. 그래서 벌집을 몇 달만 더 지켜 낸다면 말벌 문제는 저절로 사라질 거라고 생각했다.

보호복을 입고 갑판에 앉아 말벌을 죽이려다 종종 꿀벌을 죽이는 경우가 있었다. 진공청소기의 흡입 반경이 고르지 않다거나 전기 파리채의 전기가 흐르는 부분이 너무 넓다는 탓으로 돌리곤 했다. 내 무거운 가죽 장갑이 실수로 엉뚱한 곤충을 누른 적도 한두 번 있다. 실수로 내 벌을 죽였다는 엄청난 죄책감, 갈등, 후회가 밀려올 거라 생각할 수도 있겠지만 그렇진 않았다. 나는 상황을 이렇게 보았다. 말벌은 일단 경비벌을 지나 벌집 안으로 들어가면 광란의 살육 기계가 된다. 나는 꿀벌과 그를 공격하는 말벌 사이의 싸움을 여러 번 목격했다. 항상 말벌이 이겼다. 불쌍한 소녀들은 말벌보다 작고, 최후의 방어 수단인 침을 한 번 쏠 뿐이다. 말벌은 쏘고 물기를 몇 번이고 할 수 있어서 싸움에서 우세하다. 꿀벌과 마찬가지로 말벌도 독침을 가지고 있다. 꿀벌은 침이 희생자에게 박혀서 한 번만 찌를 수 있지만, 말벌의 영구 침은 그대로 남아서 독을 재장전하여 계속해서 쏠 수 있다. 말벌은 또한 날카로운 이빨과 아랫턱을 가지고 있어 먹잇감의 일부를 잡고 물어뜯어 둥지로 가져간다. 말벌 한 마리가 벌집에 침입하면 20~30마리의 벌을 쉽게 죽일 수 있다는 글을 어디선가 읽은 적이 있다. 현실적이고 양심적인 벌집 관리인인 내가 만약 실수로 엉뚱한 벌을 진공청소기로 빨아들였다면, 그것은 더 큰 이익을 위한 것이었다. 태워지거나 찌그러지거나 먼지봉투에 끌려 들어간 말벌 한 마리당 20~30마리의 꿀벌이 몇 주 더 살 수 있으니까 말이다. 꿀벌 몇 마리가 같이 희생되긴 했지만 결국 나는 해야 할 일을 한 것이다. 그들을 보살피기 위해 한 것이지 좋아서 한 게 아니란 말이다.

나쁜 놈들만 죽이기 위해 꿀벌과 말벌을 구분하려고 정말 많은 노력을 기울였다. 그날 아침, 나는 매우 주의 깊게 관찰하고 완전히 집중해야 했다. 말벌은 꿀벌보다 약간 크고 조금 더 매끈하며 더 밝은 노란색이다. 그래서 노란색 재킷(yellow jacket)이라고도 불리며, 대조적인 검은 줄무늬가 수수한 투톤을 이루는 꿀벌보다 더 두드러져 보인다. 하지만 말벌과 꿀벌을 구별하는 좀 더 뚜렷한 증거는 말벌의 비행 방식이라서, 전기 파리채로는 공중에 떠 있는 말벌을 노리기 때문에 비행 중인 말벌을 즉시 식별하는 것이 중요했다. 정확도를 높이기 위해 양봉복 베일 안에 2.5배로 확대해 주는 돋보기안경을 쓰고 있어야 했다. 훈련받지 않은 살'충'마의 눈에는 벌집 주변을 정신없이 날아다니며 모두 뒤섞여 있는 수백 마리의 꿀벌과 말벌들이 그냥 곤충떼로만 보인다. 나처럼 비전문적인 사형집행인에게는 아군과 적군을 빠르게 구분하는 방법이 필요했다. 하지만 양봉복의 망사 베일과 항상 더러운 돋보기안경으로는 벌의 크기, 모양, 색깔을 명확하게 확인하기 어려웠다. 바로 그때 비행 패턴의 중요성이 부각된다.

벌집에 접근하는 두 곤충의 비행 패턴을 주의 깊게 연구해 보면 꿀벌이 더 질서정연하게 원을 그리며 목적지로 향하는 경향이 있으며 말벌처럼 주저하지 않는다는 것을 알 수 있다. 말벌은 완전히 다른 방식으로 윙윙거리며 돌아다닌다. 말벌은 날아갈 때 앞뒤를 훑어보며 다닌다. 말벌의 비행 패턴을 항공 교통 관제 컴퓨터로 판독하면 마치 어린이가 매직 스크린에 그리는 짙은 회색의 직선들처럼 보일 것이다. 또 말벌은 꿀벌보다 더 공격적이고 빠르게 날아서 파리채로 잡기가 조금 더 어렵기는 하지만 거의 항상 군인처럼 정확하게 완벽한 직각으로 회전한다.

일곱 살 때 말벌의 존재를 알게 되었다. 그것들을 처

음 본 그 순간부터 싫었다. 여름이면 우리 가족은 가끔 테라스에서 저녁 식사를 하곤 했는데, 특히 할머니가 뉴욕에서 방문하셨을 때 그랬다. 석양을 등지고 미리엄과 엄마, 할머니, 그리고 내가 삐걱거리는 낡은 나무 식탁에 둘러앉아 구운 닭고기와 매시 포테이토를 맛있게 먹을 준비를 하자마자, 난데없이 말벌 한 마리가 나타나 우리의 멋진 저녁 식사를 망쳤다. 말벌을 처음 본 순간 미리엄은 비명을 질렀고, 할머니는 기절할 뻔했으며, 엄마는 집안으로 뛰어들어가 신문지를 말아쥐고 말벌을 때려잡으려고 했는데, 나는 뭘 했는지 기억이 나지 않는다. 할머니가 사주신 귀여운 붉은색 캐나다 기마경찰 옷을 입고 코를 후비면서 상황을 조용히 관찰하고 50년 후에 날개 달린 침입자에 대해 글을 쓰게 될지도 모른다고 생각했으려나.

그리고 정말로 50년이 흘러, 나는 한 손에는 진공 노즐을, 다른 한 손에는 플라스틱 전기 파리채를 들고 양봉복을 입은 채 베일 안에는 돋보기 안경을 쓰고 홀로 뒤쪽 갑판에 앉아 있다. 말벌의 비행 패턴처럼 지그재그로 내 머릿속을 지나가는 흐릿하고 사소한 어린 시절의 이야기를 글로 쓰는 걸 상상하며 많은 시간을 보냈다. 테라스에서의 순수하고 평온했던 여름 저녁 식사를 떠올릴 때마다 말벌이 날아와 우리의 식사를 모두 망쳤던 모습을 그려보곤 했다. 11번가와 크라운가 모퉁이에 있었던 흰색과 초록색의 낡은 우리집엔 뒷마당 벚나무에 초롱불 같은 말벌 둥지가 몇 년 동안 매달려 있었다. 나는 말벌의 불규칙한 움직임, 즉 날카로운 직각 회전과 착륙하기 전의 부산스럽게 탐색하는 움직임이 생생하게 기억났다. 끔찍했던 윙윙거리는 소리도 기억났다. 마지막으로 가장 역겨운 장면이 떠올랐다. 말벌이 식탁에 오기 전에 우리 집 저편 세퍼드의 큰 똥 덩어리 위에 내려앉았을 가능성이 있다는 점이다. 그리고 개똥을 뒤집어쓴 그 말벌이 이제는 우리의 맛있는 닭고기 위로 기어 다니고 있었다. 내가 말벌을 못 견디는 건 너무 당연하지 않은가? 그날 아침 내 벌들을 지키고 앉아 있는 동안, 말벌을 최대한 많이 죽여야겠다는 결심이 더욱 굳어졌다. 한 마리라도 더 죽여야 했다.

갑자기 몽상에 빠져 있을 때가 아니라는 걸 깨달았다. 그날 아침 시내에서 중요한 약속이 있었다. 기분이 좋지 않았지만 연약한 꿀벌 왕국이 몇 시간 동안 스스로를 지키도록 내버려두고 가야만 했다. 벌들이 외롭게 끝없는 말벌의 공격을 맞닥뜨리는 모습을 생각하며 시내로 차를 몰았다. 슬픈 생각에서 벗어나기 위해 라디오 뉴스를 최대 볼륨으로 틀었다. 내가 말벌을 막아주지 않으면 말벌들이 경비벌을 힘으로 제압하고 그 과정에서 많은 벌들이 죽게 될 것이다. 말벌들은 벌집 안으로 밀고 들어와 꿀틀 위를 돌아다니면서 봉인된 꿀과 갓 태어난 무고한 아기 벌들에 대한 살육을 한바탕 펼칠 것이다. 자연은 정말 지독하게 잔인하다. 동족상잔, 더 정확하게는 동벌상잔의 세계다. 말벌은 꿀벌보다 저질 생명체이며, 더 사악한 생명체다. 이 두 곤충은 공통점이 많지만, 꿀벌은 수백만 년 전에 채식주의자가 되었고, 그 결과 더 온순하고 친절한 종으로 변모했다. 꿀벌을 또 의인화하긴 했지만, 내가 느끼기에 그렇다는 것이다.

두 곤충을 비교해 보자. 동물은 단백질이 필요하고 꿀벌은 예쁜 꽃의 꽃가루에서 단백질을 얻는다. 말벌은 가족들의 저녁식사에 불쑥 나타나거나 내 벌들을 잡아먹어서 단백질을 얻는다. 꿀벌은 밀랍으로 자신들이 필요한 모양을 만들어서 구조가 복잡한 산란실과 창고, 작은 거주 공간으로 이뤄진 우아한 성을 짓는다. 말벌은 풀과 나무껍질을 모아서 그것을 씹고 끈적끈적한 침과 섞어 걸쭉한 섬유질로 만든 다음, 조잡하고 조악한 종이 둥지를 만든다. 말벌은 겨울에 둥지를 버리기 때문에 벌집처럼 잘 지을 필요가 없다. 말벌의 둥지는 대충 설계한 흉측한 임시 주거지에 불과하다. 꿀벌은 꽃에서 꽃으로 부드럽게 날아다닌다. 달콤한 토끼풀, 엉겅퀴, 자주개자리, 민들레에서 꽃꿀과 꽃가루를 즐겁게 채집하는 모습은 한 편의 시와 같다. 말벌은 갑자기 개똥으로 돌진한다. 꿀벌은 전 세계의 꽃과 식물이 자라는 데 도움을 주는 중요한 수분 매개자이다. 말벌도 수분 매개자이며 정원의 많은 해충을 잡아먹는다는 증거가 있긴 하다. 하지만, 말벌이 꿀벌을 잡아먹는 모습을 본 다음부터는, 내일이라도 지구상에서 말벌이 사라졌으면 좋겠다는 생각을 한다. **말벌**이라는 단어는 군함과 전투기에 그려져 있는 반면, **꿀벌**이라는 단어는 어린이용 책에 사랑스럽게 사용된다는 점도 주목할 만하다.

난 이 말벌들을 박멸해야 했다. 그날 오후 차를 타고 집에 돌아오다가 동네 잡화점에 들러 살충제 코너로 직행했다. 말벌 덫 세 개를 20달러도 안 되는 가격에 구입했는데, 두 개는 '물만 넣으면 되는' 종류였고, 세 번째 것은 말벌에게 감옥행 편도 티켓을 쥐여주기 위해 먹다 남은 음식 찌꺼기로 뭔가를 맛있게 만들어 유인하는 종류였다.

집에 돌아와서 미리 조제된 두 개의 덫의 설명서에 나온 대로 봉투의 파란색 표시선까지 정확하게 물을 채웠다. 말벌 미끼를 준비할 때의 나는 평소와 달리 아주 세세한 부분까지 신경을 쓰기 위해 최선을 다했다. 물기가 많은 혼합물은 악당을 유인할 만큼 강력하지 않을 수도 있고, 미리 혼합한 액상 미끼의 냄새가 너무 진하면 말벌에게 뭔가 수상하다는 생각이 들게 할 수도 있다. 미끼를 적당히 섞었을 때, 나는 얼른 양봉복을 입고 양손에 죽음의 덫을 든 채 벌집으로 향했다. 이번에는 해충 방제 회사의 도움을 받는 사형 집행인이 되어 돌아왔다. 나는 노란색 도시락 가방 크기의 플라스틱 덫 두 개를 벌집의 왼쪽과 오른쪽에 같은 간격으로 조심스럽게 걸어 놓았다.

160

잠시 서 있었더니 말벌들이 순식간에 까만 당구공만 하게 덫을 뒤덮었다. 덫을 걸고 몇 초 후 말벌의 비행 경로가 들쭉날쭉 사방을 횡단하며 확실하게 바뀌기 시작했고, 더 이상 벌집에 집중하지 않고 플라스틱 덫으로 곧장 향했다. 일단 덫에 착륙하면 20~30초 동안 냄새를 맡고, 찔러보고, 주변을 서성이다가 유혹적인 냄새를 따라 덫 아래에 있는 액체 속으로 홀린 듯 들어갔다. 문제는 그곳으로 가려면 자신도 모르는 사이에 교묘한 일방통행식 덫문을 통과해야 한다는 것이다. 말벌들이 이미 죽어가고 있다는 사실에 만족하면서 나는 더 많은 말벌을 죽음으로 인도할 미끼를 고르기 위해 안으로 들어갔다.

원통형 덫에 사용할 미끼로 가장 먼저 떠오른 것은 역시 매시 포테이토였다. 어린 시절 여름 베란다에서의 경험으로 감자가 말벌을 유인하는 데 효과적이라는 것을 알고 있었다. 뭐, 닭 날개를 추가로 넣을 수도 있다. 하지만 곰곰이 생각해 보니 감자나 버터도 없는데 매시 포테이토를 만드는 건 비현실적이라는 결론을 내렸다. 그렇다고 말벌 덫에 개똥을 넣어야겠다는 생각은 들지 않았다.

적절한 미끼를 선택하는 것은 중요한 결정이었지만 서두를 필요는 없었다. 내가 완벽한 곤충식을 고심하는 동안, 벌집 근처에 있던 말벌 몇 마리가 이미 두 개의 큰 미끼 웅덩이에서 익사하고 있었기 때문에 긴장을 풀고 선택에 집중할 수 있었다. 두 개의 덫이 이미 말벌들을 잡고 있었고 덕분에 나의 벌들에게 시간을 좀 더 벌어줄 수 있었다.

지난 여름에 말벌을 제거한 렌이 보냈던 이메일을 읽어봤다. 그는 썩은 정어리를 미끼로 사용했는데 나쁘지 않은 생각이었다. 덫 포장에 적힌 설명서에는 탄산음료와 음식 찌꺼기를 함께 넣으라고 적혀 있었다. 음식물 찌꺼기가 없었기 때문에 참치 흰살 통조림을 뜯어 덫의 원통에 긁어 넣었다. 탄산음료도 마시지 않아서 레드 와인을 사용했다. 냉장고에 오래된 블루치즈 조각이 있길래 와인과 잘 어울릴 것 같아서 혼합물에 추가했다. 마지막으로 바나나 껍질도 넣어서 말벌들의 마지막 만찬을 위한 식탁을 차렸다. 말벌들은 정말 좋아했고 저녁을 먹으러 와서 도통 돌아갈 생각을 하지 않았다.

세 개의 덫은 성공적이었다. 수백 마리의 말벌을 죽음으로 인도했다. 세 개의 덫 모두 말벌 사체로 가득 차 있었는데, 좀 더 자세히 살펴보다가 덫에 걸린 꿀벌이 한 마리도 없다는 사실에 놀랐다. 벌은 바나나 껍질, 냄새나는 치즈, 참치가 아니라 꿀과 꽃가루에 끌린다. 앞서도 말했지만 꿀벌은 말벌보다 훌륭하다.

덫에 걸려 죽은 말벌 수백 마리와 내가 죽인 50마리 정도가 있었지만 여전히 5,000마리의 강력한 군대와의 전쟁에서는 지고 있었다. 하지만 내게는 비장의 카드가 하나 더 있었다.

바로 벌집 전체를 완전히 폐쇄하는 것이다. 건물이 심각한 위협에 처했을 때, 건물 전체를 폐쇄한다는 뉴스를 CNN 같은 데서 들어봤을 것이다. 말벌은 분명 심각한 위협이었다. 경비벌을 뚫고 취약한 벌집에 접근해 살육을 저지르는 말벌의 능력은 현대 사회의 충격적인 테러 사건들을 떠올리게 한다. 그래서 어느 날 밤 나는 벌통 전체를 폐쇄했다. 최신 양봉 이론에 따르면 벌통에 아무것도 드나들지 못하도록 벌통을 봉쇄하면 시간을 벌 수 있고, 제대로만 하면 말벌을 제거할 수도 있다. 벌집 봉쇄를 준비하면서 CNN에서 앤더슨 쿠퍼를 보내 이 소식을 취재할지 궁금해졌다.

　　벌집 봉쇄는 이렇게 하면 된다. 밤이 되면 이론적으로 모든 벌은 벌집으로, 말벌은 둥지로 돌아간다. 우리처럼 꿀벌과 말벌도 하루 주기 리듬을 가지고 있어서 잠은 자기 집에서 잔다. 밤이 깊어지면, 자러 가기 전에 두 개의 벌집 입구를 발포고무 조각으로 막아서 벌집을 완전히 봉쇄한다. 나는 수영장에서 쓰는 알록달록한 스티로폼 봉을 좀 잘라다 썼다.

　　어둠 속에서 소녀들이 모두 안전하게 집에 있을 때 큰 파란색 조각을 입구에 밀어 넣고 덕트 테이프를 붙여 막았다. 이제 다음날 아침 말벌이 들어올 수 있는 방법은 없다. 하지만 벌들이 밖에 나가서 먹이를 구할 수 없는데 어떻게 생존할까? 바로 그때 문에 설탕물이 담긴 커다란 병을 넣어준다. 꿀벌에게 먹이를 줄 설탕물 병과 수분을 공급할 맹물이 담긴 병, 이 두 가지 생존 키트를 남겨두면 된다. 그런 다음 3일 동안 벌집을 막아두고 그 기간 동안 벌집에 들어갈 수 없다는 사실을 알게 된 말벌이 벌집에 흥미를 잃기를 바라면 된다. 잘하면 다른 약한 벌집을 찾아서 공격하러 갈 것이다. 그리고 갇혀 있는 동안 벌들이 살아남기를 바랄 뿐이다.

말로는 그럴싸하게 들리지만, 계획이 틀어진 이유는 다름아닌 내 잘못 때문이었다. 소녀들에게 생존 키트를 주고 두 곳의 입구를 막았는데, 막 잠에 들려고 할 때 불안한 느낌이 들었다. 말벌이 다시 오기 전, 아직 어두컴컴한 이른 아침에 벌집을 다시 확인해야겠다고 생각하면서 알람을 새벽 4시에 맞춰 놓았다. 하지만 알람이 울리자 잠결에 알람을 끄고 두 시간을 더 잤다. 일어났을 때는 날이 이미 밝았지만 어쨌든 벌집을 확인하기로 했다. 벌집의 정문 입구를 열고는, 수십 마리의 소녀들이 황홀하게 슬로우 모션으로 비행하는 모습을 조용히 관찰했다. 원을 그리며 평온하게 자유를 향해 날아오르는 모습을 보고 있자니 저절로 미소가 지어졌다.

그러다 벌집을 들여다봤는데, 벌집 안에 여섯 마리의 말벌이 있는 것을 발견하고 깜짝 놀랐다. 꿀을 훔치는 대신 벌을 죽이고 설탕물을 훔치고 있었다. 다시 한번 확인해야겠다는 내 직감은 옳았다. 하지만 가죽 장갑으로 말벌을 잡으려고 하는 동안 정신이 산만해진 나는 뚜껑을 몇 분간 열어두었고 그 열린 구멍으로 더 많은 말벌이 날아들었다. 다음 순간, 수십 마리의 말벌이 벌집으로 들어왔고 제거할 수 없게 됐음을 알았다. 새로 들어온 말벌을 죽이는 동안 더 많은 말벌들이 들어왔다. 그리고 뚜껑을 덮었을 때는, 이미 수십 마리의 새로운 말벌이 들어와 있었기 때문에 벌집을 폐쇄해야겠다는 생각조차 들지 않았다. 6시간의 벌집 봉쇄는 쓸모없는 짓이 되었고 나는 다시 양봉용 베일을 벗고 양봉 바보 모자를 썼다.

안타깝게도 나의 벌집과 말벌의 싸움에서 말벌이 승리했다. 벌집이 심각하게 약화될 정도로 많은 꿀벌이 죽어서 과연 여름이 끝날 때까지 살아남을 수 있을지 의문이 들 정도였다. 설상가상으로 전투적인 응애도 다시 기승을 부렸다. 벌집 안에서는 백묵병이라고 부르는 질병도 발견됐는데, 꿀벌의 유충을 죽여서 작은 분필 조각처럼 보이게 만드는 포자형성균이 작은 벌방들에 가득 차 있었다. 백묵병으로 벌집 전체가 죽는 경우는 많지 않지만, 벌집을 약화시키고 꿀 생산량을 감소시킬 수 있다. 옛날 제2차 세계대전 당시의 전투처럼, 벌집은 기습을 당하고 있었다. 소녀들과 나는 피비린내나는 전투에서 번번이 패배하고 있었다. 그래도 전쟁에서는 이길 수 있을까? 나는 도서관에서 윈스턴 처칠의 전기를 꺼내서 그의 명언 몇 개를 외웠다. "성공이란 열정을 잃지 않고 실패를 거듭할 수 있는 능력 그 자체다."라는 말이 가장 마음에 들었다.

나는 말벌을 통제하는 데 실패했고, 봉쇄도 완전히 망쳐버렸다. 나중에 알았지만 벌집 **바닥**에 있는 세 번째 입구를 막는 것을 잊어버렸기 때문이었다. 적어도 배운 것이 있었다. 내가 하는 모든 일은 어렸을 때처럼 처음 해 보는 일이었다. 입구를 막고, 독약을 만들고, 침입자를 전기로 감전시키고, 이상한 흰색 옷을 입는 것. 이 모든 것은 소년 시절의 환상 속 모험 같지만, 어른인 내게도 모두 생소한 일이었다.

나는 어린 시절로 돌아갔다. 만약 전기 파리채가 그때 발명되어 어머니가 나에게 저녁식사를 방어하는 임무를 맡겼다면 야외에서의 저녁 식사가 얼마나 즐거웠을까? 아니면 말벌이 처음 나타났을 때 어머니가 안으로 들어가 진공청소기를 가지고 돌아왔다면 어땠을까? 말벌의 공격으로부터 가족을 구하는 것은 일곱 살짜리 아이에게 얼마나 스릴 넘치는 일이었을까. 스위스 출신인 어머니는 독일어로 "말벌은 죽었다"고 당당히 외쳤을 것이다. 나는 할머니가 말벌 없는 저녁 식사를 즐기며 나의 진공청소기 기술을 칭찬하는 모습을 상상했다. 하지만 지금 생각해 보면 강력한 진공청소기는 칠순 노인이 다루기에는 다소 무리였을 테고, 아마 나는 말벌을 죽인답시고 실수로 매시 포테이토에 청소기를 꽂았을지도 모르겠다.

10 슈가슈가

말벌의 침입과 맹렬한 공격으로 벌집은 상처를 입었다. 소녀들은 스트레스를 받고, 지쳤고, 아프다. 재충전하고 에너지를 회복할 필요가 있었다. 그리고 기운을 북돋는 데는 옛부터 백설탕만큼 좋은 것이 없다.

북아메리카 사람들은 1년에 약 60킬로그램 정도의 설탕을 먹는다. 이 음흉하고, 건강에 해로우며, 중독성이 있는 달콤한 물질은 대부분의 가공 식품에 숨어 있다. 만약 설탕이 그렇게까지 나쁘지 않다면 우리는 따뜻한 커피에 설탕을 몇 스푼 더 넣고 음식에도 더 뿌렸을 것이다. 우연히도 '벌집 주*'에 살면서 유타 의과대학에서 진행하는 당뇨병과 심혈관 질환에 대한 연구를 진행하는 내 친구 데이브 사이먼스 교수는 설탕을 "죽음의 백색물질"이라고 불렀다. 내가 꿀이 설탕의 훌륭한 대안이라는 주장을

---

* 유타 주의 별명. 유타 주의 심벌과 많은 건물 등에서 벌집 모양을 찾아볼 수 있다.

하려고 이런다고 생각할 수도 있다. 음, 그럴지도. 하지만 그런 얘길 하기 전에 내가 양봉을 시작했을 때 충격 받았던 일을 하나 얘기하려고 한다. 벌치기들은 우리 모두가 마트에서 사는 것과 똑같은 하얀 과립 결정을 자기 벌들에게 먹인다. 그렇다! 벌들은 인간처럼 가공된 백설탕을 먹으며 먹는 양도 엄청나다. 나 같은 벌치기들 덕분에 취미용 벌통 하나가 매년 평균 23킬로그램가량의 백설탕을 먹어치운다. 벌과 사람의 몸무게 비율을 고려하면 이 땅의 벌들은 일반적으로 그 해롭다는 설탕을 우리보다 훨씬 더 많이 먹는다.

대부분의 사람들과 마찬가지로 벌치기들은 백설탕이 나쁘다는 걸 안다. 그래서 가능한 한 꿀을 먹는다. 하지만 설탕의 해로운 영향을 알면서도, 벌에게는 산더미 같은 설탕을 먹인다. 열심히 일한 것에 보상으로 벌들에게 가끔 작은 사탕이나 과자를 준다는 것은 알고 있었다. 하지만, 경험 많은 양봉가가 처음으로 내 차 트렁크에 들어갈 수 없을 만큼 큰 설탕 포대를 하나 사라고 했을 때, 그리고 그게 내 벌집에 있는 작은 정크푸드 중독자들을 위한 거라는 걸 알았을 땐 정말 놀랐다. 그건 마치 매일 저녁 도넛가게에 데려가면서 건강하고 날씬하기를 기대하는 것처럼 이해불가한 일이었다.

문제는 북쪽 지방의 겨울이 벌들에게 혹독하다는 것이다. 길고 추운 몇 달 동안, 벌들은 살기 위해 몸을 떨어서 많은 양의 에너지를 태운다. 벌이 봄까지 살아남을 수 있으려면, 특히 캐나다의 얼어붙는 강 하구에 위치한 바람 부는 집 뒤쪽 갑판에서 살아남으려면 살을 찌워야 한다. 벌의 유일한 야생 먹이인 꽃꿀은 겨울에는 절대 구할 수 없다. 인간과 마찬가지로 벌들도 겨울의 대부분을 실내에서 보내지만, 벌에게는 인간처럼 음식으로 가득 찬 냉장고가 없다. 벌은 긴 시간을 견딜 수 있도록 여분의 칼로리를 가을에 설탕으로 먹여둔다.

일반적인 믿음과는 달리, 벌들은 겨울잠을 자지 않는다. 이 점이 왜 중요한지 이해하기 위해 작은 과학 지식을 알려드리고자 한다. 동물학에서 조류나 곰 같은 포유류는 흡열 혹은 온혈동물로 분류된다. 이건 그들이 음식을 소화시킴으로 에너지를 발생시켜서 체온을 내부적으로 유지한다는 의미이다. 반면에, 물고기, 파충류, 그리고 대부분의 곤충은 변온 혹은 냉혈동물이다. 이 생물들은 생리구조상 내부에서 열을 생산하도록 되어 있지 않아서 열을 얻으려면 주변 환경에 의존해야 한다.

따라서 그들은 외부 온도 변화에 매우 민감하다. 추운 날에 바위 위에서 햇빛을 쬐는 도마뱀이나 여름 밤 차도 한가운데 앉아 있는 두꺼비를 보게 되는 이유다. 그들은 외부에서 열을 끌어온다. 변온동물이 밤에 느릿느릿 움직이는 이유는 보통 저녁 기온이 더 시원하기 때문이다. 벌집은 밤에 옮기는 게 제일 좋다는 사실을 기억하는가? 소녀들은 밤에는 집에 있을 뿐만 아니라, 빠르게 움직이지도 않는다.

몸 안에서 열을 만들어내지 못하는 외온성 동물인 벌들은 추운 날씨의 벌집 안에서는 외부로부터 열을 얻을 수 없기 때문에, 열을 만들어낼 다른 방법이 필요하다. 추위가 시작되면 벌들은 추위로부터 스스로를 보호할 수 있도록 촘촘하게 무리를 짜서 벌집의 안쪽 방에 모일 것이다. 군체의 중심에 있는 벌들은 (비행하기 직전과 같은 방식으로) 비행 근육을 떨어서 마찰열을 일으키기 위해 소중하게 저장해 둔 포도당을 사용한다. 마찰로 인해 윙윙거리는 벌무리 중앙의 온도가 섭씨 33도까지 상승하고 소녀들은 이 열기를 감사한 마음으로 흡수한다. 물론 이 라이브 벌 사우나의 중심에는 여왕 폐하가 있다. 군체의 바깥쪽에 있는 벌들은 공간 전체를 단열하는 기능을 하며, 모든 벌들이 가진 솜털인 "벌털(bee hair)"또는 자두털(plumose hair)이 단열을 강화한다. 벌들에게 왜 일정한 양의 에너지원이 필요한지 쉽게 알 수 있다. 이렇게 무리짓고, 떨고, 꼬물거려야 하기 때문이다.

벌들은 보통 늦여름에 꿀의 형태로 이 에너지원을 만든다. 다람쥐처럼 추운 날씨에 대비하기 위해 음식을 저장해 두는 거다. 벌들은 1년 내내 벌집에서 삶을 유지하기 위해 자신들이 만드는 꿀이 필요하다. 벌들도 우리처럼 에너지를 위해 자신들이 저장해둔 걸 먹는다. 미안하게도, 그들도 아마 그 맛을 좋아할 거다. 우선순위 중 첫 번째로, 벌들은 새로 낳은 알에 영양을 공급하기 위해 아주 적은 양의 꿀을 육각형의 밀랍 벌방에 뿌린다. 우리처럼 벌도 자신의 아이들을 우선시한다. 나머지 꿀도 육각형 밀랍 벌방에 저장되어 있으며, 열심히 일하는 나머지 벌들이 11월, 12월, 1월, 2월, 3월 내내 먹을 수 있다. 벌집은 어린이집과 식품 창고 역할을 겸하고 있다. 벌들이 여름에 저장할 수 있는 꿀의 양이 곧 그들의 생명줄이다. 크리스마스 즈음에 많은 꿀을 갖고 있다면 다음해 부활절까지 살아남을 수 있다.

벌치기들은 벌이 작은 방에서 꿀을 충분히 빨고 있는지 자세히 보기 위해, 그리고 이기적이게도 그 꿀을 훔치려고 봄과 여름에 벌집을 관찰한다. 우리는 곰돌이 푸의 실사판인 셈이다. 하지만 벌치기들은 곰돌이 푸보다 한 수 더 뜬다. 그들은 벌이 겨울을 대비해 꿀을 저장한다는 것을 이용해서 필요 이상으로 꿀을 많이 생산하도록 속인다. 감시한 결과 모든 것이 정상이라면, 그리고 왕국에 꿀이 충분하다는 걸 확인하면 우리는 벌집의 꼭대기에 빈 꿀틀로 가득한 나무 상자를 올려 둔다. 벌들은 꽃꿀을 모으는 것에 집중하느라 바빠서 정신없이 새 꿀틀에 꿀을 채워넣는다. 마치 사람들이 창고형 마트에서 쇼핑할 때와 비슷하다. 집에 널찍한 식료품 저장고가 있다는 것을 알면 점점 더 많은 음식을 쟁여 놓는 것처럼 말이다.

벌은 식료품 저장고를 위층으로 확장하는 경향이 있다. 마치 인간이 하늘로 올라가는 것만이 유일한 길인 듯 아파트를 지어올리는 것처럼 말이다.

그래서, 슬프게도 모든 벌들이 꽃가루를 모으기 위해 열심히 노력해서 더 많은 꿀을 생산해 봤자 전혀 의미가 없다. 때가 되면 우리 벌치기들이 그 꿀을 **훔쳐**가 버리니까. 이건 미끼 놓고 바꿔치기라는 오래된 수법이다. 꿀을 더 많이 만들게끔 미끼를 던진 다음, 접근 가능하고 안전하지 않은 곳에 저장하게 한 뒤, 벌의 눈 앞에서 꿀을 훔쳐 낸다. 동료 벌치기들이 그것이 신성한 일인 것처럼 포장하면 가끔 좀 불쾌하다. 오해하지는 마시라. 양봉엔 많은 장점이 있다. 자연이 주는 훌륭한 학습 경험이고 환경에도 이로우며 맛은 말할 것도 없다. 그러나 이 칭찬 받아 마땅한 취미의 추악한 진실은 벌들이 가장 필요할 때 그들의 겨울나기용 식량을 약탈하고 그 자리에 7달러짜리 정제 백설탕을 넣는다는 점이다. 점심 도시락을 열었는데 설탕밖에 없다고 생각해 보라! 이것이 나쁜 짓임을 인정하기 때문에, 나는 여기서 벌치기가 된 게 조금 민망하다고 고백하는 것이다.

운 좋게 황금의 묘약을 충분히 얻어낸 벌치기들은 반드시 스스로 이렇게 질문해야 한다. "벌들이 겨울을 날 만큼의 꿀을 남겨뒀는가?" 뻔뻔스럽게 식품 저장고를 약탈한 뒤에는, 대부분의 경우 차갑고도 잔인하게도 **아니**

라는 답이 온다. 가족과 친구들에게 줄 수많은 벌통을 수확하고 심지어 팔 것도 만들었지만 벌에게는 텅텅 빈 저장고만 남는다. 날씨가 추워지고 들판의 꽃꿀도 더는 흐르지 않기에 벌들은 달려나가 더 구해올 수도 없다.

꿀을 빼돌린 벌치기들에게는 대형 마트의 조미료 코너가 유용하다. 과자가 진열된 곳에서 좌회전한 다음 밀가루와 핫케이크 가루 옆을 지나면 9킬로짜리 대형 설탕 포대를 찾을 수 있다. 가을이면 마트의 설탕 코너에서 벌치기들을 볼 수 있는데 자신의 **모든** 벌집에 줄 대형 설탕 포대를 대여섯 개씩 담느라 카트끼리 부딪히고 난리다. 무거운 설탕 여섯 포대를 쓰러질 듯한 카트에 올려 놓고 카트와 바퀴가 무게를 못 이겨 휘지는 않았나 살펴본다.

나는 벌에게 설탕물을 먹이는 것이 옳지 않다고 생각한다. 백설탕이 들어간 걸쭉하고 끈적끈적한 설탕 혼합물은 어떤 생명체에게도 좋을 리가 없다. 특히나 어린 벌에게라니. 아이들이 설탕을 너무 많이 섭취하면 무슨 일이 일어나는지 생각해 보라. 그들은 안절부절못하고 에너지가 넘쳐서 미친 듯이 뛰어다닌다. 생각해 보니, 설탕을 먹은 아이들은 딱 벌처럼 행동한다.

부모들이 아이에게 설탕을 많이 먹이지 않으려고 하는 것처럼 벌에게도 당분이 있는 자연 식품인 사과나 바나나를 먹인다면 덜 교활하게 느껴질 것 같다. 벌에게 정제 설탕을 직접 먹이는 것은 범죄 같다. 그럼에도 굶어 죽는 것보다는 낫다. 들은 바로는 설탕물을 주지 않는 순수주의 취미 벌치기들이 있는데 그들의 벌은 겨울을 나지 못한다고 한다. 그래서 나는 마음의 소리를 거부하고 몰상식한 듯하지만 설탕물 급식을 시행했다. 하지만 내가 뭘 알겠는가? 난 뉴비 벌치기고, 반려동물을 잘 키운 적도 없다.

아주 짧은 기간 동안, 러스티라는 이름의 수컷 고양이와 함께 살았다. 내가 살던 선상가옥에 쥐가 있다고 누군가 선물해 준 길냥이였다. 나는 동물을 사랑하지만 고양이 집사로는 적합하지 않았던 것이, 나는 혼자 사는데다가 한 달의 절반은 출장으로 집밖에 나가 있었기 때문이다. 결국 러스티는 나를 떠났다. 어느 날 그냥 일어나서 사라져버렸다. 내 생각엔 아마 그토록 갈망했던 위대한 자연 어딘가에서 생을 마감했을 것이다. 내가 데리고 있는 동안, 나는 러스티에게 가장 좋은 것만 먹였다. 러스티가 거대하고 비열한 쥐를 사냥할 때, 나는 마트의 모든 고양이 사료 라벨을 주의깊게 읽고 그를 가장 건강하게 해줄 브랜드를 골랐다. 러스티는 작은 깡통 하나에 2.99달러나 하는 고급 간식인 리틀 프리스키를 좋아했다. 러스티가 잘 먹고 있다는 것을 알면 기분이 좋았다. 벌들에게 설탕물을 먹일 때마다 그 반대의 감정을 느낀다. 쥐와 싸운 러스티처럼 벌들도 말벌과 싸우기 위해 강해져야 하는데, 꿀벌을 위한 프리미엄 브랜드의 "건강한" 백

설탕 같은 건 마트에 없었다.

세 명의 벌치기에게 벌 관련 질문을 한다면, 어떤 질문을 하든 세 가지 다른 답을 듣게 될 거다. 아니나 다를까, 설탕물의 효과에 대해서도 의견이 분분하다. 설탕물에 대한 논쟁은 달콤쌉싸름하다. 벌에게 설탕물을 먹이는 건 매우 일반적인 관행이지만, 얼마전 양봉클럽 모임에 갔다가 고농도의 설탕물이 꿀벌의 면역 체계와 질병에 맞서 싸울 능력을 손상시킬 수 있다는 주장을 들었다. 내 친구 사이먼스 박사의 말에 따르면, 설탕은 확실히 인간의 면역 체계를 어지럽힌다. 또 겨울 동안 백설탕을 급여한 벌집과 설탕을 먹이지 않은 벌집의 산성도 균형이 다르다는 얘기도 들었다. 처음으로 그 생각이 났던 건 벌들을 위한 겨울 식사를 준비하느라 부엌을 설탕물 병입 공장으로 만들었을 때였다.

말벌과 달리 벌은 고체 음식을 좋아하지 않는다. 단단한 설탕 알갱이는 작은 벌을 질식시켜 죽게 할 수도 있기 때문에 설탕을 액체 형태로 바꾸는 예술이자 화학은 벌을 기르려면 필요한 기술 중 하나다. 걸쭉하고 끈적한 설탕과 물의 혼합물을 만드는 첫 번째 단계는 설탕과 물을 2:1로 섞는 것이다. 혼합물을 불 위에 놓고 데울 때, 물을 거의 끓는 점까지 데우되, 끓지는 않게 하는 게 중요하다고 배웠다. 설탕물을 가열할 수 있는 최고 온도는 최종 점도와 관련이 있다. 설탕을 캐러멜화하는 것이 아니라 녹이는 거라서 끓기 직전에 불을 끄는 것이 관건이다. 나는 설탕물을 만드는 것을 좋아하지 않는다. 왜냐하면 소녀들에게 먹이기 위해 사용하는 유리병에 설탕물을 부을 때 꼭 약간씩 흘려서 싱크대와 바닥이 찐득해지기 때문이다. 그러면 개미가 꼬이고 청소하는 분들이 잔소리를 하신다. 게다가 나는 혼합물이 끓기 전에 정확히 불을 끄기 위해 불 앞에 서 있어야 하는 그 긴장감이 싫다. 5초 차이로 놓치면 한 통을 전부 망치는 거다. 나는 3리터의 물이 끓어오르는 정확한 순간을 기다리기는커녕 계란 프라이를 하는 순간조차 산만해지는 인간이다.

설탕물이 병뚜껑에 뚫어 놓은 작은 구멍으로 흘러나와야 하기 때문에 점도가 중요하다. 벌에게 먹이를 주기 위해 설탕물이 담긴 병을 벌통 위에 뒤집어서 놓아둔다. 그리고 "와서 먹어!" 하고 소리친다. 그런 다음 큰 병이 비워질 때까지 하루나 이틀 동안 놔둔다. 이론적으로 아기가 병을 빨듯이 벌들은 벌집 꼭대기로 올라와 병뚜껑의 작은 구멍에서 달콤한 시럽을 빨아먹는다. 이론적으로는 말이다.

처음 설탕물을 만들었을 때는 벌들에게 빨리 먹이를 주고 싶어서 혼합물이 식을 시간을 주지 않았다. 그래서 방금 만든 설탕물을 담은 병을 벌집에 가져다 놓았다. 다음날 아침 확인하러 갔더니, 십여 마리의 벌들이 병 옆에 죽은 채 누워 있었고, 주둥이가 데어 있었다. 북미 지역에서 새해 전날 밤 여기저기서 나눠주는 종이 코끼리 나팔을 알고 있을 것이다. 입으로 불면 15~20센티미터로 펼쳐지고 뿌 소리가 나는 것 말이다. 벌의 민감하고 얇은 주둥이는 그 종이 코끼리나팔 같은 구조로 되어 있다. 벌이 휴식을 취할 때, 주둥이는 안으로 움츠러들고 먹이를 먹거나 마실 때는 대롱처럼 길게 펼쳐서 빨대처럼 사용한다. 벌에게 뜨거운 설탕물을 먹이면 "새해 복 많이 받으세요"라고 말할 새도 없이 작은 삼각형 꼭지점에 놓인 주둥이가 불에 데어 버릴 것이다. 소녀들과 나는 냉장고 안에서 설탕물을 식혀야 한다는 걸 톡톡히 배웠다. 마치 어릴 때 엄마가 맛있는 젤리를 만들 때는 기다려야 한다는 걸 배울 때 만큼의 인내심을 요하는 일이었다.

설탕물을 '거의' 끓이고 식히는 방법을 마스터해도 여전히 문제가 있다. 종종 설탕이 병뚜껑의 작은 구멍을 막아서 흐르질 않았다. 구멍을 더 크게 뚫었더니 벌집 바닥에 설탕물 수영장이 생겼고 벌들이 게걸스럽게 먹다가 뜻하지 않게 수영장에 빠져 버렸다. 벌의 날개와 다리에 들러붙은 설탕은 하얗게 굳어 딱딱한 겉면을 만들었다. 다음날 벌집 안에서는 설탕 코팅된 미이라 벌들이 발견되었다. 흠, 꿀 생산은 망했으니 이 새로운 아이템을 마케팅해 볼까도 싶지만. 농담은 관두고, 나의 엉성하고 부주의한 벌 먹이주기 기술과 그로 인해 일어난 대학살은 당혹스러웠다. 그래도 소녀들은 달콤함 속에서 행복하게 죽었다.

설탕물을 불 위에서 내리기 직전에 온도를 측정하고, 설탕과 물을 적절히 혼합해 점도를 얻고, 병뚜껑에 완벽한 크기의 구멍을 만들기까지 몇 달간 시행착오를 거쳤다. 설탕물 제조에는 딱 두 가지 재료만 들어가고 기억하기도 쉬웠지만, 그렇게 간단한 일도 나는 여전히 망치곤 했다. 하지만 누군가 말했듯이, 실수는 결국 배움의 과정이다.

계속 학습하고 실수 기록을 갱신하기 위해, 다른 먹이 주기 기술과 벌들을 위한 요리를 시도해 봤다. 그중 '퐁당'이라는 별미는 여러 캔디 제품의 재료이기도 하며, 케이크에 입히는 아이싱으로도 사용된다. 벌들이 매일 단 음식을 먹고 싶어하는 욕구를 만족시키기 위해 벌집 안에 거대한 사탕을 두는 거다. 양봉법 책 중 하나에서 나온 간단한 요리법을 보고 따라했는데 시작은 좋았다. 하지만 나는 삶도 양봉도, 어떤 것도 결코 간단하지 않다는 걸 배웠다.

항상 티스푼과 테이블스푼을 헷갈리곤 하는 나에게는 레몬주스의 정확한 용량을 지정해 주는 것이 정말 중요하다. 왜냐하면 내가 만든 첫 번째 퐁당이 굳질 않았기 때문이다. 그 퐁당은 배수구 아래로 사라졌다. 그건 정말 내 잘못이 아니다. 누구든지간에 완전히 다른 용량의 스푼 두 가지를 똑같은 'ㅌ'으로 시작하게 이름을 짓는 건

퐁당

재료: 물 400ml, 레몬즙 6ts, 설탕 250ml

물과 레몬즙을 냄비에 넣고 약한 불 위에 올린다. 천천히 설탕을 추가하며 자주 저어서 잘 녹인다. 설탕이 완전히 녹으면 모든 재료를 중불에서 110도로 데운 후, 혼합물을 불에서 내려 90도까지 식힌다. 화상을 입지 않도록 고무장갑을 낀 뒤 믹서나 손으로 빵 반죽 정도로 부드러워질 때까지 혼합물을 섞는다. 약간 기름칠을 한 틀에 퐁당을 넣는다. 금속 소재의 파이 틀이 적당하다.

너무 생각없는 짓이다. 왜 큰 스푼과 작은 스푼이라고 하지 않았냐고!

두 번째 시도에서는 티스푼이 더 작은 스푼이라는 걸 기억해 냈다. 그 사소한 차이만으로도 조짐이 좋았다. 나는 천원샵에서 산 아홉 개의 은박 파이 접시 중 하나에 끈적거리는 액체를 부었다. 20분이 지나도 혼합물이 굳지 않아서 냉장고에 넣었다. 그런데 냉장고에서 한 시간이 지나도 굳지 않아서, 밤새 상온의 조리대 위에 놓아두기로 했다.

나는 아침에 일어나 침실에서 부엌이 있는 1층으로 내려가는 사다리를 거의 기어서 내려갔지만, 내 눈앞의 퐁당은 아직 굳지 않았다. 망설이며 표면을 만져봤지만 여름에 파리를 잡으려고 걸어 두는 파리끈끈이처럼 매우 끈적거렸다. 끓는 설탕물처럼 또 다른 "죽음의 식사"를 만들어 낸 걸까? 퐁당은 너무 끈적거려서 만약 소녀들 중 하나가 그것을 만지면 영원히 거기에 붙어 있을 것만 같았다. 나는 겨울날 철봉 기둥을 핥아보는 무모한 아이들처럼 몇 마리의 벌들이 꼼짝 못하고 퐁당 주위에 붙어 있는 모습을 상상하고는 얼어붙었다. 아무리 나라도 소녀들에게 못 먹을 퐁당을 대접할 만큼 멍청하지는 않았다. 언제쯤 굳을까 싶어 며칠 더 두고 보았지만 결국 사흘 후에 내다 버렸다.

나의 비법서에는 '벌차'라는 이름의 레시피도 있다. 이 레시피는 내가 선상가옥에서 열린 저녁 파티에서 친구들을 위해 준비했던 어떤 요리보다도 훨씬 더 복잡했다. 설탕이 아니라 꿀을 이용한 레시피라는 걸 보고 웃음이 나왔다. 됐고. 내가 관리한 이후로, 나의 벌집은 꿀을 거의 혹은 전혀 생산하지 못했고, 벌들은 꿀을 하나도 돌려받지 못했다. 그걸로도 부족한지, 이 레시피는 수도꼭지에서 나오는 좋은 오래된 물이 아니라 신선한 샘물을 사용할 것을 강력하게 제안한다.

나는 프레이저 강을 샘물이라고 해도 되는지 확신이 서지 않았고 결국 바보 같은 벌차 아이디어를 포기하기로 했다. 그건 너무 미친 소리였다. 나에게는 괜찮은 수

벌차

재료: 샘물 3컵, 카모마일 $\frac{1}{2}$ 티스푼, 에키네시아 (국화과 식물) $\frac{1}{2}$ 티스푼, 페퍼민트 $\frac{1}{2}$ 티스푼, 쐐기풀 $\frac{1}{2}$ 티스푼, 톱풀 $\frac{1}{2}$ 티스푼, 허숍 $\frac{1}{4}$ 티스푼, 레몬밤 $\frac{1}{4}$ 티스푼, 세이지 $\frac{1}{4}$ 티스푼, 타임 $\frac{1}{4}$ 티스푼, 운향 한꼬집, 차가운 수돗물 3컵, 꿀 한 컵

샘물 3컵을 냄비에 넣고 끓인다. 불을 끄고 허브를 모두 넣은 뒤 10분 정도 둔 후 체나 면보로 거른다. 찬물 3컵을 넣고 미지근해질 때까지 둔다. 진짜 꿀 한 컵을 넣고 잘 젓는다.

돗물이, 왜 벌들에게는 별로란 말인가? 나는 레시피를 보고 크게 비웃으며, 내가 잘못 만드는 게 아니라 그냥 그 차가 나랑 맞지 않는다고 생각했다.

이게 무슨 말 같지도 않은 레시피인가. 버켄스탁 샌들은 70년대에 잃어버렸고 히피 티셔츠는 이제 맞지도 않는다. 이 벌 음료 맛집을 차리기에 적당한 옷이 없어서 못 만든다고 생각하자.

사실 혼자 살아도 나 먹자고 요리하는 걸 정말 싫어하는데 하물며 5만 마리의 벌을 위해서라니. 생각할수록 그냥 마트에서 여섯 개들이 콜라를 사서 뚜껑을 딴 후 벌집에 뒤집어서 쏟아붓는 것이 쉽다는 생각이 들었다. 하

지만 그건 신성한 벌에 대한 모독일 것이다.

벌이든 사람이든 설탕을 줄이고 꿀을 더 많이 섭취하면 삶의 질이 높아진다. 꿀을 먹으면 몸무게를 줄이는 데 도움이 되고 체지방과 대사 증후군 위험성을 줄여 준다고 한다. 꿀은 운동을 위한 훌륭한 에너지원이고 숙면에도 도움이 된다. 일상생활에서 꿀을 섭취하면 이외에도 수십 가지 이상으로 건강에 좋다. 여러 면에서 꿀은 완벽한 식품이다.

아마 이 책을 읽기 전까지 벌의 계절식에 대해 생각해 볼 일은 없었을 것이다. 하지만 이제는 정제 설탕과 양봉의 관계에 대해 이해하게 됐고 당신이 섭취하는 꿀에 조금은 민감해졌을 것 같다. 만약 동네의 소규모 생산자에게 꿀을 사고 있다면 안심해도 좋다. 벌들이 꿀을 생산하지 **않는** 시기인 긴 겨울이 끝나면 벌은 설탕을 소화하고 다시 밖으로 나가서 여름의 꿀로 변하게 될 봄의 꽃꿀을 모은다. 취미로 벌을 치는 사람에게 구입한 꿀은 아마도 수천 가지 식물과 꽃에서 얻어낸 꽃꿀의 정수만을 모아 만든 완벽한 자연식일 것이다.

벌집에 설탕을 먹이는 것이 비록 자연의 순리에 좀 어긋나긴 해도 겨울을 나는 임시방편인 것은 맞다. 다만 대형 슈퍼마켓 체인에서 파는 공산품 꿀은 생각만큼 좋지 않을 수 있다는 건 알아두자. 수천 개의 벌집을 가진 상업적인 대규모 꿀 생산업체들은 생산 속도를 높이려고 봄과 여름에도 수십 리터의 설탕물을 들판에 뿌린다. 이런 상업적 벌집에서 살아가는 벌에게는 꽃꿀이 잘 흐르는지, 얼마나 많은 식물이 꽃을 피웠는지는 중요하지 않다. 드라이브스루 설탕 편의점이 24시간 주 7일 열려 있기 때문이다. 캐나다 서부의 설탕 생산업체 중 로저스라는 회사가 가장 큰데, 취미 벌치기들끼리는 벌에게 너무 많은 설탕물을 먹이면 결국 로저스 꿀을 생산하는 거나 다름없다는 농담을 하곤 한다.

대규모 상업적 꿀 생산은 더 심각하다. 부자연스러운 백설탕을 먹였든 아니든, 거대한 양봉장에서 생산된 꿀은 종종 양을 늘리기 위해 물이나 맛이 덜하지만 저렴한 성분을 섞은 짬뽕이 되곤 한다. 시판 중인 꿀 제품 중에 어떤 것들은 실제로 꿀맛 액상과당이나 조청일 때도 있어서 라벨을 주의 깊게 읽어야 한다. 만약 병에 적힌 단어가 5~6음절짜리이거나, "고과당(High-fructose)"이란 말이 보이면, 그건 패스하자. 우리는 일반적인 북미산 가공 식품을 먹는 것만으로도 과도하고 건강에 좋지 않은 양의 설탕을 섭취한다. 그러니 꿀을 살 때는, 제대로 사기 위해 고르고 또 골라라. 이건 '꿀'팁이다!

대부분의 지역이나 변두리에서는 주말에 직거래 장터를 연다. 이런 장터는 주로 동네의 흥미롭고 역사적 의미가 있는 장소나 주민회관의 주차장에서 열린다. 일반적인 서양 꿀벌의 숫자가 줄어들어서 과학자들이 그 원인을 규명하기 위해 애쓰고 있지만 이 벌은 북미 여기저기에 서식하며 양봉도 점점 인기를 얻고 있어서 어느 정도는 야생벌의 감소를 상쇄하고 있다. 그래서 이런 장터마다 접이식 테이블에 100퍼센트 천연 꿀 항아리를 피라미드처럼 말끔하게 쌓아 놓고 앉아 있는 동네 벌치기를 쉽게 만날 수 있을 것이다. 황금 꽃꿀이 담긴 항아리는 슈퍼에서 사는 것보다 조금 비싸긴 하겠지만 동네 벌치기가 잘 가꾼 벌집에서 나온 엄청나게 건강한 결과물을 정직하게 판매하려고 애쓴다는 점을 알아주길 바란다.

옛날 코카콜라 광고 카피를 좀 써 먹어야겠다. 동네 벌꿀 맛있다 맛있으면 또 먹어.

11 지혜를 모아서

브리티시컬럼비아 꿀 생산자 협회의 연례 총회, 컨퍼런스, 박람회가 모두 열리는 거창한 주말이었다. 시속 100킬로미터의 강풍과 빗방울을 동반한 바람이 불었고 내 선상가옥은 내려가는 변기 물 위에 떠 있는 코르크 마개처럼 요동쳤다. 강둑의 나무들이 물살에 쓰러지고, 폭풍우가 쓰레기통과 파란색 재활용품 수거함을 뒤엎었다. 벌 동호회 회원들이 오랫동안 학수고대한 이틀간의 행사를 위해 모인 호텔의 전기마저 끊어 놓았다. 정말 참혹했다. 광활한 태평양은 브리티시컬럼비아 해안에서 수백 마일 떨어진 곳에서 고기압과 저기압의 주머니 속의 기후 전쟁을 벌인 다음 극도로 빠르고 변덕스러운 서풍을 일으킬 수 있다. 이 강풍은 내가 수상가옥을 정박시켜 놓은 아무 장애물 없이 탁 트인 강 하구에서 맹위를 떨친 뒤 근처 대도시인 밴쿠버를 향해 굉음을 내며 몰려갔다. 몸무게가 약 10분의 1 그램밖에 안 되는 벌이 어떻게 이런 강풍을 뚫을 수 있는지는 모르겠지만, 차갑고 거센 폭풍 때문에 꿀벌 한 마리가 나의 하얀 폭스바겐 캠핑카 밴 안으로 피신했다. 그 10월 아침에 꿀벌 컨벤션으로 몰고 가야 하는 바로 그 차로.

벌들이 내 양봉복을 공격할 때처럼, 스턴트맨이나 할 수 있는 화려한 동작으로 이 소녀는 차의 선루프에서 작은 틈을 발견했을 것이다. 어쩌면 배기구를 통해, 엔진실로, 그리고 에어컨 송풍구를 통해 마침내 객실이라는 안락하고 안전한 곳으로 이동하여 캠핑카라는 동굴만큼 넓은 금속제 꿀틀에 잠입했을 수도 있다. 내가 아는 것은 컨퍼런스 전날 밤에는 차 안에 벌이 없었고, 창문은 끝까지 닫혀 있었고 모든 문이 안전하게 잠겨 있었다는 것이다. 이 벌이 어떻게 차 안으로 들어왔는지는 알 방법이 없다. 하지만 그 처량하고 궂은 날 아침, 지니와 함께 커피를 꽉 채운 텀블러와 노트북 컴퓨터, 14킬로그램짜리 지니의 반려견 트레스까지 모두 챙긴 뒤, 위태롭게 요동치는 부두 경사로를 지나 내 차로 이동하고 나서, 잿빛 대시보드 위에서 미동도 없이 누워 있는 벌을 발견한 나는 충격을 받았다. 웃음이 터졌다. 얼마나 아이러니한 일인가? 전에는 내 차에 벌이 들어온 적이 없었는데, 지금 우리가 지역에서 열리는 벌 컨퍼런스에 가는 이 아침에, 운전석이 보이는 곳에 벌 한 마리가 죽은 채로 누워 있다니. 시내로 자동차를 오래 타고 가야 하니 지니가 잠시 트레스를 실외

배변시키는 사이 나는 30초 정도 시체를 검사하는 시간을 가졌다. 지니가 돌아와서 개와 함께 조수석에 앉았을 때, 나는 벌 사체를 가리켰다. "아, 잠깐." 지니가 말했다. "안 죽었을지도 몰라. 히터 틀고 어떻게 되나 보자."

엔진이 돌면서 따뜻해지는 차 안에 앉아 내비게이션을 만지작거리며 호텔의 좌표를 찾다가 나는 내비게이션이 고장났다는 걸 알았다. 이런. 드디어 차 안의 온도가 쾌적한 수준이 되었을 때, 우리는 25킬로미터 남짓 떨어진 밴쿠버 근처의 호텔로 출발했다. 교외 도로를 따라 얼마쯤 내려가서 고속도로에 진입할 무렵 차 안의 온도는 아까보다 5도나 올라갔는데, 이때 우리는 약해진 벌의 몸에 다시 피가 돌기 시작했다는 것을 알아차렸다. 벌이 처음으로 살짝 움직이는 순간, 돌봄 천재 지니가 벌을 완전히 되살리기 위한 중요한 다음 단계로 뛰어들었다.

누구나 그렇듯이, 우리는 항상 각자의 차에 비상용 꿀단지를 가지고 다닌다. 카페에서 우리만의 감미료를 사용하고 싶을 때를 위한 필수품이다. 비상용 꿀단지는 빈혈기 있는 떠돌이 벌레들에게 기운을 불어넣을 때도 유용하다. 내 꿀단지는 조수석 문짝 수납 공간의 지도 몇 개와 낡은 플라스틱 성에 제거기 사이에 숨겨져 있었다. "당 떨어진다"는 말을 하기도 전에, 지니는 꿀단지를 꺼내서 뚜껑을 열고 검지에 꿀을 살짝 묻혀서 우리의 얼어붙은 난민 곤충 바로 앞 대시보드에 발랐다. 마법 같은 효과가 나타났다. 무기력했던 벌은 달콤한 냄새를 맡고는 자신의 작고 병든 몸을 천천히 앞으로 움직였다. 내가 운전하는 동안, 지니는 벌이 자신의 주둥이를 펼쳐서 꿀 속으로 말아 넣고 우리가 자신의 벌집에서 훔쳐 낸 황금색의 생명 유지 시럽으로 허약해진 몸을 추스르는 장면을 지켜봤다. 지니는 그 꿀벌의 필요를 정확히 알고 있었다. 몇 킬로미터 더 간 후 벌이 되살아났기 때문이다. 그쯤에는 차 안이 너무 더워서 나는 땀을 흘릴 지경이었다. 나는 불평했지만 지니는 꿀벌이 완전히 회복될 때까지 히터를 틀어 놓아야 한다고 했다.

굵은 비가 세차게 내리는 주말 교통 상황에도 나는 능숙하게 우리의 이동식 사우나를 몰았다. 앞 유리의 와이퍼는 2배속 스타카토를 두드렸고 대시보드 위의 작은 벌이 나를 응원했지만, 우리는 점점 예상 시간보다 늦어지는 듯했다. 뜻밖의 여행을 함께한 벌이 살아 있어서 기쁘긴 했지만, 나는 여전히 이 녀석이 애초에 어떻게 들어왔을지 머리를 짜내고 있었고, 좀더 주요하게는 '**왜** 그곳에 존재했는가'라는 철학적인 질문을 계속하고 있었다. 나는 모든 일은 이유가 있어서 일어난다고 굳게 믿는 사람이다. 애는 벌집에 남은 벌들이 보낸 전령이었을까? 내가 새로운 양봉 기술을 배우고 벌들의 생존에 무엇이 필요한지 더 깊이 이해해야 할 때라는 것을 말하고 있을지도 모른다. 나의 확실한 배움을 위해 컨퍼런스까지 데려가려고 한 걸까?

　나의 벌집은 분명히 어설펐고 미래는 암울했다. 벌집을 살필 때마다 벌집 입구 주변에서 윙윙거리는 벌은 점점 줄어들었다. 말벌 무리가 벌집을 공격했고, 바닥에는 수백 마리의 죽은 응애가, 문간에는 수십 마리의 죽은 벌이 있었다. 먹이를 주고 지켜주려다가 실수로 죽인 수많은 벌들은 말할 것도 없다. 곧 무언가를 하지 않으면 한때는 상도 받았던 이 벌집, 두 해 전 열린 같은 벌 컨퍼런스에서 맛있는 꿀 2위에 선정됐던 이 벌집은 세 개의 빈 나무 상자만 있는 유령 마을이 될 것이다.

　벌집의 끔찍한 상태 때문에 나는 여름 내내 난처하고 염려했다. 인당 참가비가 300달러인 가을 양봉 컨퍼런스가 내가 뭔가를 시작하고 벌집의 전환점을 만드는 계기가 되기를 바랐다. 나는 내가 쓸모없는 벌치기라는 사실을 직시하고 죄책감을 느꼈다. 대시보드 위의 작은 벌이 내 처참한 벌집 안에서 살았다면 훨씬 더 심한 일들을 견뎌야 했을 것을 생각하니 기분이 좋지 않았다.

　매일 그의 수백 명의 자매들이 나의 무능함 때문에 죽어갔다. 노랗고 검은 줄무늬 망토를 입은 저승사자 말벌들이 주기적으로 무력한 왕국을 순찰하며, 자매들을 무자비하게 갈기갈기 찢고, 쇠톱 같은 아래턱으로 머리부터 다리까지 먹어치웠다. 대시보드 위의 벌의 삶은 B급 공포 영화 같았다. 게다가 그가 매일 아침 눈 뜨는 곳은 찬장마저 텅 빈 더러운 아파트였다. 집에는 응애와 벌의 사체 조각이 가득했고, 습한 시기가 되면 나타나 벌집 안을 갈색 오물로 뒤덮는 꿀벌 노제마병 같은 점액성 질병들이 벌집을 덮쳤다. 더구나 내가 그 여름에 벌집으로 데려온 두 마리의 여왕벌 중 누구도 벌집의 주인이 되지 못했다. 첫 번째 여왕벌은 허술한 슬럼가 같은 벌집에서 도망친 것 같고, 두 번째 여왕벌은 몸이 약하고 불규칙하게 알을 낳았다. 양봉가로서 부족한 점을 모두 솔직히 고백하면, 나는 그 여름이 끝날 무렵과 가을 동안 자전거 여행을 자주 떠났고, 규칙적으로 응애를 구제하지도 않았고 심지어 먹이도 제대로 주지 않았다. 젠장, 여태껏 먹이를 줄 때는 설탕과 물의 비율을 정확히 맞추지 못한다. 이러한 유감스러운 상황과 벌치기로서 태만한 나의 행적에 비추어 볼 때, 컨퍼런스는 정말 최적의 때에 열렸다. 대시보드 위의 벌은 나를 양봉 지식의 위대하고 자비로운 원천으로 안전하게 데려가기 위해 하늘에서 보낸 여행자의 수호신, 곤충계의 성 크리스토퍼 같았다.

쏟아지는 빗속의 리치먼드를 지나, 예정보다 20분 늦었지만, 마침내 호텔 근처에 도착했다. 믿을 만한 내비게이션 없이, 다음에 어떤 길을 택해야 할지 확신할 수 없었다. 웨스트민스터 고속도로 서쪽으로 향하다가, 곧 우회전해야 하는 지점이라는 걸 알았을 때 나는 지니에게 말했다.

"이 작은 벌이 살아나고 있으니까, 우리가 어디로 가야 하는지 알고 있지 않을까. 내가 어디로 가야 하는지… 호텔 방향으로 와글댄스를 출 수 있지 않을까." 그렇게 말하고 나서 몇 블록 지나, 그 작은 벌은 기적적으로 자신의 몸통을 오른쪽으로 90도 틀었다. 농담이 아니다. 그는 2번 도로 바로 앞에서 결정적인 "우회전" 제스처를 보냈는데, 바로 컨퍼런스장 쪽으로 우회전해야 하는 지점이었다. '신성한 곤충의 개입'의 순간이다.

나는 왜 항상 양봉에 관해서는 한발 늦고 부족한 걸까? 부끄럽게도 9시 30분이 조금 지나 호텔에 도착했다. 이미 200명 이상의 양봉가들이 첫 번째 전체 회의에 편안하게 자리를 잡은 상태였는데 지구 온난화가 벌 무리에 어떤 영향을 미치는지에 대해 수준 높은 파워 포인트 발표가 진행되고 있었다. 지니와 나는 아이들처럼 몸을 숙여 살금살금 회의장 안으로 들어가 뒤쪽 두 개의 좌석으로 미끄러지듯 앉았다.

기후 변화와 벌에 관한 한, 어떤 발표도 행복한 뉴스거리는 아니라는 걸 경험으로 알고 있을 것이다. 45분짜리 프레젠테이션의 마지막 부분만 듣고 내용을 게다가 파악하기란 무척 어렵지만 적당히 이렇게 정리해 보겠다. 기온 상승은 꿀벌이 식물과 꽃을 수분시키는 민감한 시기에 지장을 주고 있다. 식물들은 이제 꿀벌이 수분할 기회를 갖기 전에, 성장기의 더 이른 시기에 꽃을 피운다. 수십만 년 전, 대자연이 수분-개화 계획을 모두 꼼꼼히 세워뒀는데, 지구 온난화가 이 섬세한 순서에 영향을 미치고 있다. 좋지 않은 일이다. 벌은 수분을 필요로 하는 식물들과 함께 곧 사라질 수도 있다.

넓은 연회장에 구름처럼 모인 양봉가들에게 시선을 빼앗긴 채 기후 변화 발표의 마지막 부분을 들었다. 많은 남자들이 수염을 길렀고 비료 회사의 화려한 로고가 새겨진 야구 모자를 쓰고 있었다. 10시 30분 휴식 시간에 커피를 마시려고 줄서서 기다리면서, 내 앞에 있는 근면한 벌치기들의 손 ─ 온갖 굳은살과 작은 흉터들로 뒤덮여 있고 손톱은 당당하게 갈라진 진짜 벌치기들의 손을 응시하지 않을 수 없었다. 그들의 투박한 손가락 마디마디에 기록된 관절염의 흔적은 수년간 낡은 소형 트럭의 짐칸에 무거운 벌통을 쌓아올린 중노동의 대가였다.

나는 바로 앞의 산적처럼 생긴 남자에게 말을 걸었다. "실례합니다. 그냥 궁금해서 그러는데, 혹시 벌집을 몇 개나 치시나요?" 벌치기스러운 한담이다. 그는 상업 양봉가였고 컨퍼런스에 참석하려고 멀리 앨버타에서 왔으며, 벌통은 8,000개라고 했다. 만약 아기 엉덩이처럼 보드라운 나의 깨끗하고 잘 다듬어진 연분홍빛 손을 눈치챘다면, 그는 대꾸도 하지 않았을 것이다. 그는 기계적으로 내게 벌통이 몇 개 있는지 되물었다. 나는 간신히 살아 있는 벌집 하나를 떠올리며 완전히 당황해서는, 쉬운 길을 택하기로 하고 "그냥 초보잡니다"라고 얼버무렸다. 나는 계속 말을 걸었지만, 산적이 무시하는 듯 관심을 보이지 않길래 그날 아침 우리를 학회로 안내한 귀여운 꿀벌에 대해서는 말하지 않는 게 낫겠다고 생각했다. 커피를 가지고 뒤쪽 내 자리로 돌아오면서, 나는 약간 소외감을 느꼈다.

다음은 버섯에 대한 한 시간짜리 발표였다. 벌을 연구하는 사람은 곤충학자(entomologists)이고, 버섯을 연구하는 사람은 균학자(mycologists)다. 두 이름 모두 가로세로 낱말 퍼즐에 나올 만한 단어라는 생각이 들었다. 나처럼 벌통 하나를 보전하지 못하고 양봉 컨퍼런스에 30분이나 늦게 나타나는 사람은 굼벵이라고 부른다.

어찌된 일인지 컨벤션의 주최자들은 세계 최고의 미생물학자 중 한 명을 초청 연사로 섭외했다. 알다시피 응애는 벌집에 큰 피해를 줄 수 있다. 음, 엄청나게 비상한 두뇌로 셀 수 없이 많은 학위를 따고 30년 동안 대학에서 버섯을 연구해 온 폴이라는 이름의 이 미국인은 자신이 응애 퇴치에 관한 핵심 비밀을 해독했다고 판단한다. 버섯이 과연 내 벌집의 문제들을 해결할 수 있을까?

발표를 시작하면서 폴은 어느 날 숲을 거닐다가 우연히 자신의 이론을 떠올렸다고 설명했다. 그는 썩은 나무둥치의 움푹 패인 곳에 자라난 어떤 종류의 버섯 주위를 맴도는 꿀벌 몇 마리를 관찰하기 위해 걸음을 멈췄다. 그의 초기 단계 연구에 따르면, 그는 결핵, 천연두, 조류독감 등을 포함한 질병 그리고 바이러스와 싸우는 데 도움이 되는 희귀한 균종을 그 오래된 숲의 나무 둥치에서 발견했다고 한다. 그날 숲을 산책하면서 그는 꿀벌도 썩은 나무에서 나는 버섯으로부터 비슷한 도움을 받을 수 있을지 궁금해졌다. 폴은 실험실로 돌아와서 현미경을 꺼냈고 이 특별한 버섯을 만난 벌들이 자신의 벌집으로 돌아갈 때 미세한 버섯 포자를 가져간다는 사실을 알아냈다. 이 포자가 벌집 안의 응애를 죽이는 것이다! 말할 필요도 없이 그는 그 주말에 가장 핫한 기조 연설자였다. 그날 저녁, 그는 균학자들의 컨퍼런스에서 또 한 번 강의를 했는데 자리가 없을 정도였다. 그는 벌 컨퍼런스에 딱 어울리는 사람이었고 응애와 곰팡이의 세계에서 버섯을 만나는 순회공연을 하고 돌아온 진정한 락스타같다고 생각했다.

폴의 발표가 너무 '연구적'이고 학문적으로 흘러갈 때는 졸아떨어지기도 했지만, 시작할 때 그가 버섯으로 만든 얼빠진 갈색 모자를 꺼내 자신의 머리 위에 얹는 부분은 재밌었다. 그리고 그가 이 중요한 버섯을 기반으로 한 발견이 어떻게 우리의 벌집을 강력한 응애로부터 구할 수 있는지 설명하는 행복한 결말도 좋았다. 하지만 나는 이 마법의 버섯들을 벌집 근처의 썩은 통나무에 심어야 하는지는 잘 모르겠는데, 아마 그 부분을 설명할 때 잠이 들었던 것 같다. 강연이 거의 끝나갈 무렵, 그는 응애 퇴치 버섯 발견 특허를 양봉계 전체에 무료로 기부하겠다고 말했고 열렬한 박수를 한 번 더 받았다. 그리고 나서 그는 바보 같은 버섯 모자를 하나 더 꺼내서 학회 주최측인 제프에게 선물했다. 제프가 모자를 쓰자, 폴은 모자의 재료인 가죽 느낌 나는 버섯은 매우 희귀하며 루마니아의 아주 외딴 지역의 한 마을에서만 발견된다고 설명했다. 그날 오후 남자 화장실에서 제프를 마주쳤는데, 그는 여전히 모자를 쓰고 있었다. 허락을 구하고 만져 보니 촉촉하고 부드러운 낡은 가죽처럼 느껴졌다.

그날 다른 강연 중에는 나의 벌집 구하기 퀘스트에 그다지 유용하지 않은 벌꿀술 만들기 세미나가 있었다. 또 다른 1시간짜리 발표는 '곰울타리'라는 나 같은 초보자도 최소한 제목은 이해할 수 있는 것이었지만, 그 다음 시간 발표는 '생식세포질 동결보존'이었다. 나는 그 세미나를 건너뛰면서 나의 개인적인 양봉 위기, 그러니까 죽어가는 내 벌집에 적용할 만한 강의가 없는 것 같다는 걱정을 했다. 프로그램의 주제 목록을 꼼꼼히 읽어보았을 때, 나는 당연히 선상가옥에서 벌 기르기에 대한 강의는 없다는 것을 깨달았다.

알록달록하고 두꺼운 종이로 된 32쪽짜리 프로그램북은 광고와 발표자 사진으로 가득차 있었는데, 이틀간의 컨퍼런스에서 진행되는 발표에 대한 설명은 매끈한 소책자의 가운데를 차지하고 있었다. 컨퍼런스에는 주제 강연과 소규모 워크숍, 부스 전시회가 작게 준비되어 있었다. 책자의 앞쪽 대여섯 페이지에는 중요 공직자들과 징치인들의 환영 메시지가 흩뿌려져 있었는데, 벌 산업을 책임지는 지방 정부의 최고위 관리는 그다지 정치적으로 중요하지 않아서인지 그 대열에 참여하지 않았다. 대신 브리티시컬럼비아주의 농림부 장관이 1858년에 이 지역 최초의 꿀벌이 배를 타고 빅토리아 항구에 도착했다는 내용이 담긴 문서를 공개했고, 이어 우리 주의 농업에서 양봉이 수행하는 중요한 역할에 대해 설명했다. 리치먼드 시장의 환영 메모도 있었는데, 다른 사람들 것만큼 흥미롭지는 않았다. 시장을 대신하여 인사말을 쓰는 보좌관이나 홍보 담당자가 리치먼드에 첫 벌이 정착했을 때를 찾는 데 관심이 없었던 것 같다. 연방정부 차원에서는 캐나다 보건부에서 대리인을 보냄으로써 3단계 정부의 참여를 완성했다.

나는 믿을 수 없을 정도로 건조한 국가 농약 준수 프로그램에 대한 발표에 참석했다. 내가 배운 것이라고는 만약 내가 등록된 양봉가이고, 어떤 농부가 내 벌통 근처에 있는 밭에 농약을 뿌리고 있다면, 올라가서 무슨 농약을 사용하고 있는지 물어볼 수 있지만, 그 농부가 나에게 말할 의무는 없다는 것이다. 지니는 발표 도중에 개를 산책시키러 나갔는데, 지니가 돌아왔을 때 나는 우리 꿀벌이 아직도 대시보드 위에 있는지 물었다. 그 벌은 확실히 완전히 회복되었고 창문 밖으로 도망쳤다고 했다. 어떻게 들어왔는지는 전혀 몰랐지만 적어도 어떻게 나갔는지는 알게 됐다.

점심 식사 직전에 한 노신사가 대회에 참가하기 전 무엇을 해야 하는지 조언해 주었다. 그는 1940년대부터 캐나다 서부 농산물 컨퍼런스의 꿀 대회를 심사해 왔다. 내 꿀이 그 첫 여름에 상을 탔기 때문에 귀를 쫑긋 세웠지만, 그 기준이 얼마나 까다롭고 엄격한지는 전혀 몰랐다. 이 노인이 실제로 내 꿀을 심사했는지 궁금했다. 꿀의 밀도와 수분을 수치적으로 측정하고 정의할 수 있다는 것을 아는 것도 흥미로웠다. 나는 메모를 하고 수분이 너무 많은 꿀은 자동으로 모든 대회에서 실격한다고 적었다. 수분 함량은 굴절계라고 불리는 작은 휴대용 기구로 측정한다. 벌들이 모으는 꽃꿀의 약 70퍼센트가 수분이지만 최종 산물인 꿀의 수분은 18.6퍼센트 이하다. 그건 양봉가들 사이의 보편적인 규칙이니 왜 정의하는 척도가 18.5나 18.7이 아닌지 나에게 묻지는 말아달라. 만약 꿀의 수분 함량이 그 마법의 18.6을 초과한다면, 싱크대에 쏟아 버리는 게 낫다. 다행히 수분이 많으니 쉽게 흘러 나올 것이다.

운 나쁘게도 물기 많은 벌꿀이 한 통 나왔다면, 누구를 탓해야 할까? 당연히 벌들이다. 그냥 모든 일에 벌을 탓해라. 꿀을 생산하는 과정에서 벌들은 꽃꿀을 "건조" 시키는데, 하나의 방법은 날개로 부채질해서 벌집 주위에 공기 흐름을 만들어 물기가 마르게 하는 것이다. 수분 함량이 18.6퍼센트 이상이라는 것은 벌들이 충분히 빨리 또는 충분히 오랫동안 부채질을 하지 않았을 가능성이 높다, 즉, 일을 제대로 안 했다는 것이다. 아니면, 내 벌집처럼, 정말로 노동력이나 에너지와 힘이 부족해서 중요한 수분 수준을 달성하지 못했을 수도 있다. 수분 함량에 대한 토론이 진행되는 동안 지니는 몸을 숙여 내게 굴절계를 사야겠다고 속삭였고 크리스마스 선물로 나도 갖고 싶은지 물었다.

노련한 노신사는 또한 심사 과정에서 꿀단지의 지문 같은 다른 이유로도 감점된다며, 병입 과정 내내 흰 면장갑을 낄 것을 제안했다. 심사위원들은 또 꿀에 기포가 보이는 걸 좋아하지 않는데, 기포를 제거하는 방법은 오직 한 가지뿐이다. 의료용 주사바늘을 가져와 그 끝으로 사악한 거품을 하나하나 찾아서 꿀단지 밖으로 빨아내는 것이다. 중요한 꿀 대회 전날 저녁에 집에 앉아서 한 손에는 확대경을 들고 다른 한 손에는 주사기를 들고 꿀에서 작은 거품을 빨아내는 것보다 더 기괴한 장면이 있을까? 비록 재미있고 특이했지만, 꿀단지에서 거품을 제거하라는 그 심사위원의 정보가 강 뒤편에 있는 내 벌들을 구해 주지는 않을 것 같았다. 나는 늘 그렇듯 두려움과 걱정으로 고통스러워졌다.

점심 식사 후, 학회 참석자들은 대회에 참가한 열두 개의 꿀병을 시식하고 투표할 수 있었다. 나는 다양한 맛, 질감, 색깔에 감탄했다. 나는 달콤한 시럽을 혀 위에 30~40초 놓아둔 채, 각각의 이쑤시개에 묻힌 꿀방울을 눈을 감고 천천히 음미하면서 어떤 종류의 꽃과 식물이 맛의 구성에 기여하는지 분간하려고 애를 썼다. 지니와 나는 각 샘플의 장점에 대해 논의했고 정말로 즐기면서 비교하는 시간을 보냈다. 꿀을 시식할 때마다 꿀단지에 작은 기포가 있나 없나 매의 눈으로 살폈다. 우리는 단 하나의 거품도 찾지 못했는데, 컨퍼런스에 참석한 동료들이 무엇을 하며 전날 밤을 새웠을지 짐작이 갔다.

컨퍼런스는 흥미로웠지만, 실제로 내 벌들을 건강하게 잘 유지하기 위한 양봉 기술을 발전시키지는 못했다. 아마도 내가 한 주제에 대해 이틀 동안 집약적인 정보를 얻어 갈 만큼 지적 능력이나 과학적 배경, 그리고 집중력이 부족했던 것도 이유 중 하나일 것이다. 내 마음은 벌이 꽃에서 꽃으로 윙윙거리듯 방황했다. 나보다 집중을 더 잘했던 지니는 강의에서 더 많은 것을 얻었다. 최종적으로 중요한 질문을 해 보자. 초보 벌치기로서 내 벌 무리의 삶의 질을 나아지게 할 충분한 실용적인 정보를 얻었는가? 그렇지 않았다. 버섯남의 강의를 졸지 말고 좀더 주의 깊게 들을 걸. 컨퍼런스의 규모 또한 내가 초보적인 질문을 하기 어렵게 만들었다. 수천 개의 벌집을 치는 노련한 전문 양봉가들에게 나는 위축됐고, 몇몇 주제들은 너무 진보적이었다. 나는 산만했다. 게다가 학회 참석자들은 모든 강의를 계속 들어야 했고 주최측이 제공한 점심도 그다지 훌륭하지 않았다. 버섯 모자를 받지 못해서 실망한 것도 있다.

일요일 오후 4시가 되자 정말 지루해졌다. 이틀 동안의 학회에 가면 늘 가장 마지막 발표자에게 미안함을 느낀다. 최종 발표자가 얼마나 열정적이고 흥미로운지는 중요하지 않다. 이틀 동안 엉덩이를 대고 앉아 수백 가지 사실과 수치를 흡수하고 나면, 뇌가 그냥 "일시정지" 모드로 들어가는 시점이 온다. 마지막 발표는 벌집을 검사할 때 어떤 종류의 공책을 가져가야 하는지에 대한 것이었다. 발표자는 벌집 상태를 기록할 수 있는 암호화된 속기를 발명했고 사람들에게 그걸 보여 주고 싶어서 흥분한 상태였다. 그는 그의 속기가 시간을 절약해 주었고 벌집의 뚜껑을 들어올린 후에 무엇을 찾아야 하는지에 집중할 수 있도록 도와 주었다고 했다.

마침내 나와 관련된 정보였지만, 속기남이 이야기를 마무리할 기회를 갖기 훨씬 전에, 나는 방전돼 버렸다. 집중력이 완전히 떨어졌다. 그래서 지니와 나는 우리의 노트, 프로그램북, 브로셔, 카탈로그, 그리고 지니가 산 목재 벌통을 챙겨서 신선하고 촉촉한 공기 속으로 걸어

나와 밴으로 갔다. 나의 충실한 "벌 내비" 없이, 강으로 돌아가는 길을 알게 된 것은 다행이었다. 나는 운전을 하면서 노숙벌이 된 그 친구를 많이 떠올렸다. 낯선 마을에서 그 벌이 혼자 살아남을 가능성은 꽤 희박했다. 살아남기 위해서는 무리가 있는 벌집에서 살아야 하지만, 호텔 근방 몇 킬로 이내에서 다른 벌집을 발견했더라도 이상한 강물 냄새가 나는 그를 받아들여 주지 않았을 것이다. 그리고 그 불쌍한 벌이 24km 떨어진 자신의 고향까지 날아 돌아갈 기회는 없었다. 무슨 차이가 있겠는가? 내 벌집으로 돌아온다고 해도, 곤경에 빠진 여왕과 함께 응애가 득실거리는 지저분한 전쟁터에서 살아남기 위해 노력할 운명이었을 텐데.

만약 컨퍼런스에서 내가 많은 것을 배웠고 벌집의 남은 부분이라도 구하기 위해 돌아갈 수 있었다면 상황은 달랐을 것이다. 그 벌의 용감한 행동은 의미가 있었을 것이다. 그는 나를 오래된 지혜의 원천으로 이끌었고 그걸 위해 최후의 희생을 치렀는데 그 대가로 나는 그를 실망시켰다. 사실, 나는 그곳에 있는 이틀 내내 단 한 장의 메모도 하지 않았다. 졸다 못해 아예 낮잠을 잤고 핸드폰으로 게임을 하고 페이스북을 서핑하기도 했다.

마음은 죄책감과 초라함으로 가득 찼지만, 나는 묵묵히 포기하지 않겠다고 다짐했다. 벌에 대한 지식을 계속 탐구할 것이다. 몸소 움직여 준 그 벌을 위해. 미리엄이

나 렌, 지니, 그리고 대회에서 모자를 쓰고 수염을 기른 양봉가들처럼 존경할 만한 어엿한 양봉가가 되기로 결심했다. 컨퍼런스에 간 것이 엄밀한 도움이 되지 않았기 때문에, 벌과 관련한 다른 정보를 찾아보기로 다짐했다. 양봉 관련 서적을 정독할 것이고, 양봉 수업도 듣고 양봉 클럽에도 가입할 것이다. 무슨 수를 쓰든, 다시는 내 벌들을 실망시키지 않을 것이다. 결심이 깊어지는 순간, 앞 유리를 통해 올려다보니 하늘이 갈라지고 먹구름이 사라진 것을 알 수 있었다. 내일은 건강하고 행복한 벌집에 대한 약속으로 가득 찬 새로운 날이었다. 혹독하고 얼음같이 차가운 캐나다의 겨울이 코앞으로 다가오면서, 내 벌들이 그 어느 때보다 나를 필요로 한다는 것을 알았다. 길을 잃고 헤매다 이제는 자신의 벌집에서 영원히 멀어져 버린, 대시보드 위 작은 벌의 죽음은 결코 헛되지 않았다.

12 우글우글 꿀벌 클럽

이듬해 봄 처음으로 양봉 클럽 모임에 참석했다. 나는 어딘가에 소속되기를 잘 하는 사람은 아니지만 양봉 지식을 늘리려면 모임 하나쯤은 참여할 수밖에 없겠다고 생각했다. 겸사겸사 좀 새롭고 재밌는 사람들을 만나길 기대했다. 북미 전역에서 수천 개의 양봉 클럽이 주민센터나 양봉가의 집, 그리고 내가 간 곳처럼 곰팡내 나는 오래된 교회 지하실에서 모임을 한다.

나는 따뜻한 화요일 저녁 6시 15분 교회 주차장에 들어섰는데, 일요일 아침 예배 직전 마냥 주차 공간이 하나도 없다는 것에 경악했다. 나는 길에 주차할 장소를 찾기로 했다. 천천히 주차장을 빠져나가면서, 회원들의 사회경제적 특성을 간파하고자 주차된 차들을 훑어보았다. 하이브리드 자동차가 지나치게 많다는 것은 놀라운 일이 아니었다. 거기에 클래식한 낡은 픽업 트럭들과 심지어 환경운동가들이 타고 다닐 것 같은 1964년식 앞유리 분할형 폭스바겐 마이크로버스도 있었다. 이와 대조적으로 최신형의 BMW와 심지어 아우디 SUV도 드문드문 있어서 이 무리들이 돈이 좀 있다는 걸 확신했다. 적어도 30 달러의 연회비를 마련하는 데 어려움을 겪을 사람은 분명 아무도 없어 보였다.

　나는 근처 샛길에 빈 곳을 살펴 밴을 주차했다. 나무가 늘어선 인도를 따라 교회로 다시 걸어가자 다른 많은 양봉가들도 이제 막 도착한 참이었다. 부유한 회원들과 함께 건강한 클럽에 가입하는 순간을 기대하며 육중한 교회 문을 밀었다. 일부러 6시 30분에 열리는 '뉴비 코너'라는 사전 모임을 위해 일찍 왔는데, 나처럼 덜 숙달된 벌치기들이 비웃음을 두려워하지 않고 말도 안 되는 질문을 할 수 있는 안전하고 가벼운 분위기일 거라고 짐작했다. 낡은 나무 계단을 내려와 예배당 지하실로 들어가자, 아래에서 들려오는 잔잔히 울리는 목소리에 감동했다. 나지막한 대화 소리는 한 계단씩 내려갈 때마다 커졌다.

　훈련되지 않은 귀에는 벌집이 내는 소리가 평범한 벌떼의 웅웅거리는 소리로만 들린다. 하지만, 숙련된 양봉가들은 뚜껑을 열지 않고도 벌집의 독특하고 변화무쌍한 음색을 해석할 수 있고 중요한 사실을 알아낼 수 있다. 예를 들어, 어떤 웅웅거리는 소리는 불만의 표현이지만, 그 소리를 약간 변형시켜서 불안을 전달하기도 한다. 아픈 벌집은 건강한 벌집과는 꽤 다르게 진동하는데, 슬프게도 나는 이 소리에 너무 일찍 익숙해졌다. 오래된 벌집의 리듬은 자라나는 어린 벌집의 리듬과 전혀 다르다. 생산적이고 바쁜 벌집은 그 안의 풍요로움을 크고 신나게 노래한다. 교회 지하실로 향하는 계단을 내려가면서, 나는 문을 열고 들어가기도 전에 이 클럽이 어떤 곳인지 직감했다.

계단을 따라 들려오는 목소리에는 에너지와 따뜻함, 서로 연결되어 있는 느낌이 어우러져 있었다. 쉴 새 없이 뒤섞이는 대화 사이로 풍성한 웃음이 드문드문 들려왔다. 몇몇의 높은 목소리에 비추어, 여성이 남성보다 좀 더 많겠구나 싶었다. 게다가, 정확하게 들리지는 않았지만 내 벌들처럼 부지런하고, 바쁘고, 서로에게 다정한 사람들임을 감지할 수 있었다. 마음 맞는 사람들이 자신들이 좋아하는 것, 즉 벌에 대해 이야기하는 소리였다. 마침내 맨 아래 계단에 이르러 방으로 들어가서 보니 이 "벌집" 양봉 클럽은 꽤 시끄럽고 매우 붐볐다.

회의를 위해 준비된 불편하고 낡은 검은색 플라스틱 접이식 의자 150여 개가 너무 빽빽하게 놓여 있는 바람에 사전 모임이 시작되었을 때 회원들은 의도치 않게 서로의 몸을 스쳐야 했다. 나는 널찍한 곳에서도 몸을 가만있지 못하는 사람이라서 저녁 발표 시간 내내 내 옆에 앉았던 사람에게 미안했다.

오늘의 초보자 코너는 벌집 근처에 심으면 가장 좋은

꽃에 관한 내용이었다. 벌들이 풍성한 흰색 토끼풀과 민들레를 선호한다는 것을 배웠지만, 선상가옥인 우리 집에는 잔디밭이 없기 때문에 쓸모없는 정보였다.

마침내 저녁 7시에 본회의가 시작되었을 때는 방 안에 있는 사람들을 위한 의자가 충분하지 않았다. 초청 연사의 소식을 듣고 신이 나서 달려온 회원이 200명이 넘었다. 연사는 다른 클럽 소속 여성 회원으로 말벌의 생애 주기에 대해 30분 동안 강연할 예정이었다. 최근에 수백 마리의 말벌을 죽인 나는 그들의 생애 주기 중 사망에 관해서는 내가 전문가가 아닐까 생각했다. 내가 아는 선에서 말벌의 삶의 마지막 단계는, 30분의 강의보다는 전기 파리채, 진공청소기 노즐, 그리고 처형자의 두꺼운 가죽 장갑 사이의 차이점에 대한 간단한 설명이 필요했다. 말벌 강사가 이야기를 마치자 모두가 정중하게 박수를 쳤고, 제시간에 도착했음에도 불구하고 뒤에 서 있어야 했던 불쌍한 클럽 회원들은 의도치 않은 기립박수를 보냈다. 발표자들이 변변찮은 마이크를 사용하고 있어서 아쉬웠고, 발표를 듣기가 조금 힘들었을 것이다. 회의가 길어지면서 에어컨도 없고 창문도 열 수 없는 지하실은 점점 더워졌다.

말벌에 대한 이야기 다음으로는 여왕벌 사육에 대한 파워포인트 발표가 있었고, 그 다음에는 브리티시컬럼비아주의 벌집 이동과 관련된 신규 규정 중 일부를 설명하는 지역 벌 조사관의 발언이 이어졌다. 조만간 벌집을 옮길 계획은 없었기 때문에 그 이야기가 그다지 흥미롭지 않았다. 하지만 여왕벌 사육에 대한 발표는 흥미로웠다. 나는 여왕벌이 수벌과 짝짓기를 한 후 2~3일 안에 알 낳기를 시작할 수 있다는 것을 몰랐다. 내가 길에서 만난 남자에게 사들인 후 급히 강으로 돌아오면서 주머니에 따뜻하게 보관했던 쓸모없던 여왕벌이 다시 생각났다. 확실히 그는 내 벌집에서 알을 많이 낳지 않았다. 그래서 나는 "내 바지 주머니에 알을 낳은 건가?"라는 생각이 들었고 "내가 그 바지를 빨았나?" 하고 걱정하게 되었다.

그러고 나서 한 회원이 벌에게 말을 걸면 벌들이 대답을 한다고 주장하는 한 여성이 쓴 새 책에 대해 얘기했다. 확실히 그 책의 모든 두 번째 장은 실제로 그녀의 벌이 쓴 것이라고 돼 있었다! 나는 이 작가가 혹시 벌들에게 뇌를 너무 많이 쏘인 건 아닐까 싶었다. 클럽의 다음 회의에 오리건 주 포틀랜드에 사는 저자를 초청해 강연을 부탁할지에 대한 짧은 토론이 이어졌다. 나는 찬성이었는데 그의 벌들이 글 교정도 할 수 있는지 알고 싶었기 때문이다.

다음으로는 밀린 회비와 클럽 규정의 사소한 변경사항, 길에 주차하지 말아야 할 곳(내가 주차한 곳)에 대한 지침 등의 지루한 잡무를 처리하느라 우리는 땀을 흘리고, 부채질하며 의자에서 뒤척였다. 하지만, 나는 클럽 회비가 분기별 뉴스레터에 지불하는 회비, 연사 사례비, 그리고 지하실 구석에 있는 접이식 테이블에 작은 도서관처럼 정리해서 진열해 둔 벌 관련 책과 잡지 같은 회원들이 대여할 수 있는 공용 물품의 구입 등에 쓰이는 것을 알게 됐다. 대여 물품 목록에는 벌집에서 꿀을 뽑아내는 데 쓰이는 세탁기 크기의 값비싼 스테인리스 벌꿀 추출기도 있었다. 또 밀랍을 양초로 만드는 데 사용하는 작은 틀 같은 멋진 도구를 빌릴 수도 있다. 나는 이 클럽이 많은 모임과 행사를 후원한다는 것을 알게 됐다. 그중에는 회원들이 직접 만든 예쁜 상록수 모양 양초를 전시할 법한 연례 크리스마스 파티도 있었다. 매달 마지막 주 목요일에는 클럽 회원들이 호프집에서 만나 맥주를 마시며 벌 이야기를 나누는 '벌과 맥주(Bees and Beers)'라는 행사가 또 있었다. 단어의 첫 글자를 맞춘 모임 이름이 마음에 들었다. 나는 맥주 맛을 좋아하지 않고 마시면 졸음이 오는데, 그래도 클럽 회원들이 깊고 우렁찬 목소리로 술집 종업원에게 "꿀 에일 한 잔 더 주세요"라고 부탁하는 것을 상상하니 재미있었다.

그런 상상을 하고 있는데, 클럽 회장이 우리 클럽의 회원 수가 최고 기록을 갱신했다고 발표했다. 우리는 커피와 수제 바나나 빵을 먹으며 15분간 휴식을 취했다. 휴식 시간은 꿀벌들이 식사를 하며 연결되는 것처럼, 다른 사람과 연결되고 소통할 기회였다. 그래서 나는 책장 옆에서 대화를 나누고 있는 남녀 양봉가 두 사람의 대화에 끼어들어 보기로 했다. 바나나빵 한 조각을 베어 먹으며, 나는 조용히 서서 대화가 잠시 멈추거나 내 소개를 할 타이밍을 기다렸다. 그들은 클럽이 어떻게 너무 커졌는지, 도시의 서쪽 지역에 사는 회원 중 일부를 새로운 클럽으로 쪼개야 할 때일지도 모른다는 논의를 심각하게 하고 있었다.

"오해하지 마세요"라고 그 남자가 말했다. "훌륭한 클럽이지만, 오늘 밤 주차할 장소를 찾지 못했고, 서 있는 것도 지겨워요. 나는 말벌에 대한 발표를 절반도 못 들었어요."

"맞아요." 여자가 고개를 끄덕이며 동의했다. "저는 회장의 발표를 여러 번 놓쳤어요. 우리는 너무 커졌어요."

그들은 내가 있는지도 몰랐지만, 나는 그들의 말 한마디 한마디에 귀기울이고 있었다. 왜냐하면 클럽-벌집 비유가 나를 강타했기 때문이다. 깨달음의 순간이었다!

"잠깐만," 나는 생각했다. "분리해서 다른 클럽을 결성하는 것을 고려하고 있는 이 두 사람을 포함해, 오늘 밤 너무 붐비고, 과열되고, 의사소통이 어려웠던 벌 클럽 모임 이 모든 것은 비유를 위한 것이었어! 모든 게 벌집하고 완전 똑같잖아. 건강한 벌집처럼, 여기는 바쁘고 부지런한 사람들로 가득하고, 대부분 여성들인데다가 서로 협력해서 공동의 이익을 구축하는 번창하는 클럽이야.

그리고 그들은 나같은 더 많은 회원들을 환영할 준비가 되어 있었지만, 어느새 더 이상의 성장을 유지할 수 없을 정도로 커진 거야. 회원의 분리, 무리를 나누는 건 자연스럽고 피할 수 없는 결과였고, 특히 봄은 벌 클럽과 벌집 모두 새롭게 시작할 때잖아."

벌 클럽이 두 개로 나뉠 수도 있다는 건 쉽게 이해할 수 있는데, 왜 벌집이 꼭 두 개로 나뉘는 걸까? 양봉 용어로, 벌들은 왜 **분봉할까**? 몇 가지 이유가 있다. 첫 번째는 간단하다. 그들은 건강하기 때문에 갈라진다. 건강하고, 성장하는 벌집만이 분봉할 수 있다. 부유하고 참석율이 높은 양봉 클럽도 물론 마찬가지다. 풍부한 회원과 자원이 있다면, 이런 클럽은 두 개로 나눌 수 있다. 반면에, 주차장이 비어 있고 회원도 별로 없는, 건강하지 못한 벌클럽은 스스로 나눠지지 않을 것이다. 건강한 벌집은 또한 분열되고 자라나 계속해서 종을 번식시키는 반면, 건강하지 않은 벌집은 사라진다. 옛말에 이르기를, 자연에서는 (그리고 동호회도) 강자만이 살아남는다. 내 벌집은 분봉한 적이 없다. 그냥 줄어들고만 있으니 건강한 새회원들을 끌어들이기 위해 상자 앞에 '안쪽에 자리 있음'이라고 번쩍이는 간판이라도 붙여야 되나 싶을 정도다.

벌집이 나뉘는 두 번째이자 가장 강력한 이유는 너무 붐벼서다. 겨울이 되면 자연적으로 벌집에 속한 5만 마리의 벌의 수가 1만에서 2만 사이로 줄어들 수 있다. 만약 벌치기가 가을에 생존에 충분한 꿀을 남겨주거나 혹은 적절하게 설탕물을 공급하는 기술을 익혔거나, 질병도 안 걸리고 응애가 덮치지 않으면 벌집은 추운 날씨를 견디고 날이 따뜻해지면 다시 번성한다. 봄이 되면 여왕벌은 더 많은 일벌을 만들어내고 왕국은 착착 성장해서 늦봄에는 정점에 달해서 5만 마리의 일벌들이 꿀에서 수분을 날리고 벌집의 온도를 맞추기 위해 자신들의 섬세한 날개를 파닥거리고 말벌로부터 왕국을 지켜내며 새끼들을 돌보고 꽃가루와 꿀을 찾아다닐 것이다. 4월에서 5월경에는 사랑스러운 아기 벌들이 아기방 여기저기서 부화하고 벌집은 이 교회 지하실보다 더 붐비게 될 것이다. 클럽 미팅에 우는 아이를 데려오는 사람은 없지만 말이다.

너무 붐벼서 생기는 열기도 벌집이 분봉하는 또 하나의 이유다. 따뜻한 봄날 저녁 이 모임에 참여해 본 사람이라면 쉽게 이해할 것이다. 사람들이 꽉 들어찬 교회 지하실에서 클럽 회원들은 오븐 속의 팝타르트*가 된 기분이었을 것이다. 상황은 명확하다. 하지만 벌들이 과열되어 있는지는 어떻게 알 수 있을까? 벌집 입구에 걸려 있는 크고 윙윙거리는 "벌 수염" 표식을 통해 알 수 있다. 이름에서 알 수 있듯이, 벌 수염은 사람 얼굴의 수염 모양으로 만들어지는 벌들의 덩어리로 배구공 정도의 크기

---

* 오븐이나 토스터, 전자레인지에 데워 먹는 미국의 인기 스낵.

로 만들어진다. 이것은 집벌들이 벌집의 내부 온도를 낮추려고 바깥에서 일하는 벌들을 벌집 밖으로 밀어낼 때 나타난다. 그래서, 만약 어느 날 벌집에 갔는데 입구에 산타클로스 수염 두 배 크기의 벌 무리가 늘어져 있다면, 그 벌집은 과열되고 있고 분봉 시점이 가까이 왔다는 뜻이다.

벌집이 분봉하는 마지막 이유는 의사소통, 더 정확하게는 의사소통의 부족과 관련이 있다. 의사소통의 단절 때문에 사람들 사이가 틀어지는 경우를 많이 봤다. 이러한 경향은 벌집에서도 마찬가지이다. 벌들이 어떻게 냄새를 통해 부분적으로 의사소통하는지, 그리고 여왕벌과 일벌들이 페로몬을 분비하는지 기억하는가? 이 페로몬들은 벌집 전체에 매우 중요한 메시지를 전달하고, 부분적으로 꿀벌들이 서로 먹이를 공유할 때 전달된다. 벌들은 먹이를 먹을 때, 실제로 의사소통을 한다. 사람들은 이것을 "저녁 먹으러 나간다"고 부르고 양봉계에서는 이 의사소통을 영양교환(trophallaxis)이라고 부른다.

여왕이 배출하는 페로몬은 본사에서 보내는 일종의 메모다. 이를 통해 여왕벌은 모든 벌들에게 먹이를 찾고, 벌집을 만들고, 어린 벌들을 돌봐야 한다고 말한다. 모든 벌들은 여왕이 없으면 자신들도 망한다는 것을 알고 있기 때문에, 사기를 북돋우는 페로몬 메모가 오지 않으면 걱정하게 된다. 여왕은 한 명뿐이고 벌집이 점점 커짐에 따라 모든 일꾼들이 여왕과 여왕이 풍기는 안심되는 냄새에 접근할 수 있는 것은 아니다. 많은 수의 벌들은 달콤한 페로몬 신호가 멈추면, 여왕이 존재하지 않는다고 생각하고 지도자가 없는 왕국에서 도망쳐서 자신들만의 새로운 왕국을 시작할 때라고 결정한다.

이 시나리오를 과열된 클럽 회원들과 비교해 보자. 본능을 따르면 새로운 벌 클럽을 결성하는 것이 맞다. 물론 벌 무리의 복잡성을 지나치게 단순화시킨 설명이지만 사람들이 이해하기엔 좋은 설명이다. 4월이나 5월에 벌떼를 봤을 수도 있다. 보통 그럴 때 사람들은 기겁을 한다. 부엌 창문 밖 뒤뜰에 있는 나무를 보다가 2만 마리의 벌들이 거기에 모여 있는 것을 발견하기도 한다. 만약 벌에 대해 아무것도 몰랐다면 나도 그랬을 것이다. 내 헤드베일 속에 작은 벌 한 마리가 들어왔을 때도 소스라치게 놀랐지 않는가. 종종 집주인이나 맘씨 좋은 행인이 떨어져나온 벌떼를 발견하면 소방서나 경찰서, 또는 동물보호센터에 전화할 것이다. 때로는 해충 방역회사를 불러서 윙윙거리며 쏘아대는 무시무시한 곤충 무리를 없애려고도 한다. 운 좋게도 이 모든 기관들은 보통 지역의 양봉 클럽에 전화를 건다. 누군가에게는 성가신 벌의 침입이 다른 이에게는 꿀벌이 가득 담긴 보물상자인 것이다.

대부분의 양봉 클럽들은 벌떼가 신고될 때마다 클럽 회원들에게 소식을 전달하기 위해 "벌떼 핫라인"을 유지

한다. 그러면 알림을 받은 양봉가들은 그 무리를 포획하여 집으로 가져가서 빈 꿀틀이 있는 상자에 넣어 공짜로 새로운 벌집을 만들 수 있는 기회를 갖게 된다. 내가 아는 몇몇 양봉가들은 떨어져 나온 벌떼를 보관할 수 있도록 특별히 디자인된 골판지 상자와 양봉복을 차 트렁크에 가지고 다닌다. 그들의 분봉 키트에는 나비 그물, 가지치기 가위, 훈연기, 대형 흰색 면 침대보, 플라스틱 박스, 그리고 양봉가들에게는 없으면 안 되는 필수품인 덕트 테이프가 들어 있다. 그런 식으로 벌떼에 대한 전화나 문자를 받으면, 그들은 그 장소로 직접 가서 벌 무리를 옮겨 담고 평화를 되찾아 준다.

물론 내 차에는 열심 있는 벌치기들이 차 트렁크에 보관하는 모든 물품이 있지는 않다. 트렁크에 이미 쓰레기가 너무 많다. 딱 한 번 우연히 벌떼를 발견했는데 그때 우리는 너무나 비참할 정도로 무방비 상태였다. 지니와 내가 양봉복으로 사용할 수 있었던 것은 세탁소에 가져갈 예정이었던 빨래 더미 속, 낡고 더러운 후드티뿐이었다. 밴의 뒷좌석 아래에 원래는 여섯 개의 아몬드 우유 팩이 들어 있던 코스트코 종이 상자가 있었고 우리는 이것을 임시 누크 벌통으로 사용할 수 있었다.

그 벌떼는 녹슨 오래된 쓰레기통 근처의 도로변에 있었고, 사실 나뭇가지나 기둥이 아닌 땅 위에서 쉬고 있어서 우리가 쓰레기통에서 발견한 낡은 지붕 자재용 널판지로 벌들을 쓸어담기가 수월했다. 그럼에도 널판지로 수천 마리의 벌들을 얇은 골판지 상자에 퍼 넣는 것은 약간의 노력이 필요했다. 20분간의 밀당 후에, 우리는 마침내 어린 아기들을 아몬드 우유 상자 속으로 밀어넣었다. 그 다음 우리는 순진하게도 위쪽의 양 날개를 차례로 덮어서 상자 위를 막고 측면에는 환기 구멍을 뚫었다. 그 과정에서 나는 두 번 벌에 쏘였지만 무료로 새 벌집을 얻는 작은 대가라고 생각했다. 지니의 개가 아파서 동물병원에 진료 예약을 했는데 이미 늦은 상태여서 우리는 30분 후에 그 상자를 가지러 오기로 결정했다. 수의사를 먼저 만난 후, 차에 있는 벌들을 선상가옥으로 완벽하고 안전하게 이송하기 위한 장비를 챙겨서 잽싸게 이 골판지 상자가 있는 곳으로 돌아올 계획이었다.

우리는 꿀벌 보물상자를 획득했다고 확신하며 벌이 가득 담긴 종이 상자를 키 큰 잔디 덤불 속에 숨겨 놓고 신이 나서 차를 몰았다. 공짜로 생긴 새 벌집이 기다리고 있다고 생각하니 마냥 들떴다. 사실이라기엔 너무 좋은 일이었고 사실이라기에 너무 좋은 일은…보통은 사실이기 힘들다.

우리가 서둘러 돌아왔을 때, 벌들은 모두 상자의 위쪽 날개 사이 틈으로 도망쳐 버렸고 그들의 최종 목적지를 향해 떠났다. 상자는 완전히 비어 있었고 단 한마리도 남아 있지 않았다. 완벽한 **탈옥**이었다.

분봉의 날은 한 나라의 독립기념일과 같다. 그것은 벌집의 역사에서 중요한 순간이다. 새로운 왕국이 형성되고, 새로운 벌집 계층이 형성되고, 새로운 사냥터가 정해진다. 벌집에 있던 벌들의 약 60퍼센트가 움직이기 시작해서, 여왕벌을 데리고 떠난다. 떼를 짓는 것은 한 나라가 적당히 평화적인 혁명을 겪고 두 개의 분리된 국가로 등장하는 것과 같다.

몇 년 전에 우리는 다뉴브 강을 따라 독일과 오스트리아의 농지를 지나 슬로바키아 공화국으로 이어지는 자전거 여행을 몇 주 동안 다녀왔다. 벌집들이 목가적인 길을 따라 늘어서 있었지만 우리는 어떤 분리의 흔적도, 더 정확히 말하면, 어떤 벌떼의 분봉도 보지 못했다. 그러나 슬로바키아 사회주의 공화국은 1993년에 체코슬로바키아로부터 떨어져 나와 독립된 두 개의 국가를 형성했다. 슬로바키아에서 왕이나 여왕을 데려갔다고 해도 내가 하고 싶은 얘기랑 큰 차이는 없기 때문에 역사적인 설명은 생략하기로 하고, 요점은 두 국가의 이익을 위해 평화롭게 이루어진 무혈 독립이었다는 점이다. 이 벨벳 혁명(Velvet Revolution)은 매년 봄, 독립을 위해 노력하는 전 세계의 민주적이고 평화를 사랑하는 벌들에 의해 반복되고 있다.

국가들의 독립 운동이 하룻밤 사이에 일어나지 않는 것처럼, 벌떼의 분리 역시 끊임없는 계획과 연습, 그리고 어쩌면 정치 공작까지도 필요로 한다. 3만 명, 아니, 단 서너 명이라도 동료나 이웃들과 힘을 합쳐 뭔가를 해 본 적이 있다면 내 말을 이해할 것이다. 벌들은 정식으로 떼를 이뤄 나눠지기 전에, 종종 몇 번의 예행연습을 한다. 한 무리가 일제히 벌집을 떠나 근처의 어떤 가지나 말뚝으로 날아가서 한두 시간 정도 그곳에 머물다가 원래의 벌집으로 돌아간다.

실제 분봉의 성공 비결은 구름 같은 벌떼 한가운데 있는 여왕을 곡예하듯 호위하는 벌 무리의 능력이다. 이들이 살아남으려면, 벌들이 그들의 새로운 집을 세울 장소까지 긴 비행을 하는 동안 여왕벌이 안전하게 이동해야 한다. 벌과 관련된 진부한 표현을 쓰자면, "다 된 밥에 꿀을 빠뜨린" 상황이다. 문제는 여왕이 몸 상태가 좋지 않아서 비행을 거의 하지 않았다는 건데, 솔직하게 말하면 너무 오래 날지 않아서 살이 찐 거다. 여왕벌은 비행에 서툴다. 몇 년 전에 공중에서 수벌들을 만나는 짝짓기 비행을 한 이후로 한 번도 비행을 하지 않았고 심지어 벌집을 떠나본 적도 없다. 지어낸 얘기라고 생각할 수도 있지만, 사실이다.

수 년 동안 여왕벌은 매일 수천 마리의 미래의 일벌들을 작은 육각형 벌방에 퐁퐁 던져 넣는 알 낳는 기계였다. 죽도록 일하는 동안 식사는 부족함이 없다. 원할 때마다 간식도 먹는다. 왜냐하면 벌집에 있는 5만 마리의 벌 모두가 여왕벌이 행복하고 배부르길 원하기 때문이다. 그들은 여왕벌에게 24시간 내내 먹이를 준다. 그러면 여왕벌은 어떻게 될까? 자연스럽게 과식을 하게 된다. 문제는 여왕벌이 나머지 벌들과 함께 분봉을 해야 할 때, 너무 뚱뚱해서 날 수 없게 된다는 것이다. 그래서, 분봉을 준비하는 몇 주 동안, 여왕은 비행에 적합한 몸을 만들기 위해 다이어트를 시작한다. 혁명에 대비하여 여왕벌은 산란도 멈춘다. 만약 벌집을 조사했는데 더 이상 알을 낳지 않는 날씬한 여왕벌이 있다면 독립운동이 진행 중이라는 신호일지 모른다. 일단 벌들이 독립을 결심하고 분봉 준비를 시작하면 어디로 떼를 지어 이동할지 어떻게 결정할까? 이 책에는 주로 작은 나무 상자에서 벌을 치는 이야기가 많기 때문에, 벌이 원래 살아야 할 곳이 상자가 아니라는 사실을 잊기 쉽다.

이른 봄, 여왕이 떼를 지어 준비하는 동안, 1인 2역을 하는 일벌 중 일부는 정찰벌 역할도 겸한다. 채집벌들이 매일 꿀을 따러 나갈 때, 새로운 벌집이 될 만한 곳도 찾아보는 것이다. 바람을 직접 맞지 않는 곳, 꽃꿀이 흐를 만한 식물 근처, 그리고 튼튼하고 안정적인 가지나 나무의 갈라지는 부분, 혹은 더 좋은 건 나무에 움푹 패인 구멍이다. 태양을 향하는 방향, 지면으로부터의 높이, 그리고 가까운 곳에 물이 있는지 여부 또한 정찰벌들이 정찰 임무에서 주목하는 중요한 요소들이다.

벌들이 원래 살아야 하는 나무로 떼를 지어 가는 것은 자연스러운 일이다. 나는 불쌍한 벌들의 꿀을 훔치고 백설탕으로 대체해 놓았다고 자랑하는 걸 좋아하지 않는 것과 마찬가지로 떼를 지어 온 벌들을 포획해서 상자에 집어넣는 것을 좋게 보지 않는다. 벌들은 나무 상자가 아닌 나무에서 살도록 되어 있다. 나는 어쩔 수 없는 옛날 사람이라 사자 엘자를 방생하는 위대한 영화 〈야성의 엘자(Born Free)〉[*]를 기억한다.

벌떼가 어느 나무로 옮겨갈지 알아내기는 어렵다. 벌들이 **언제** 분봉해 나갈지, 즉 그 계절과 하루의 때를 예측하는 것이 더 쉽다. 벌들은 보통 오전 11시에서 오후 2시 사이에 분봉해 나가는데 그들의 항해 능력이 하늘에 있는 태양의 위치와 밀접하게 연관되어 있기 때문이다. 고대에는 분봉의 유형, 즉 언제 떼를 짓고 어디에 정착하는지를 신이 내리는 징조나 메시지라고 생각했다.

만약 공중에 떠 있는 벌떼를 본다면, 오랫동안 그 모습을 잊지 못할 것이다. 벌의 분봉은 분당 수천 마리의 벌들이 벌집의 작은 입구를 빠져나와 구름을 형성하며 시작한다. 마치 불길한 폭풍이 다가오는 것과 비슷하게 보인다. 이 작은 구름은 무시무시한 악몽처럼 점점 더 커지다가 마침내 2만에서 3만 마리의 벌들로 이루어진 거

---

[*] 야생동물 보호 활동가 겸 작가 조이 애덤스의 1996년작 논픽션 영화.

대한 공중 소용돌이까지 형성되면, 천천히 한 방향으로 움직이기 시작한다. 이 소름 끼치는 무리는 짧은 거리마다 멈춰서 휴식을 취하며 이동한다. 벌떼가 움직임에 따라, 둔탁하지만 위협적인 윙윙거리는 소리가 내내 고요한 봄 공기에 퍼진다. 보통 벌떼는 벌집에서 50에서 100미터 정도밖에 못 가서 첫 번째 휴식을 한다. 평생 살게 될 새 집으로 가는 중에 여러 번 휴식을 취하는데, 아무 때나, 아무 데서나, 무엇에서나 쉴 수 있다. 벌떼가 큰 나뭇가지나 울타리에 상륙할 것으로 쉽게 예상하지만 벌떼의 집단 지성과 의사결정 과정은, 내가 아는 한 논리적인 경로를 따르지 않는다. 내가 벌떼를 발견했을 때처럼, 쓰레기통 옆, 소화전, 가족용 야외 테이블, 거리 표지판, 자동차의 흙받이, 자전거, 그리고 우체통에서 쉬고 있을 수도 있다. 어느 날 아침에 일어나서 우편물을 확인하러 밖으로 나갔다가 3만 마리의 벌이 똘똘 뭉쳐 만든 공을 맞닥뜨리게 된다면, 모든 청구서를 온라인으로 변경하고 싶어질 것이다.

벌떼가 일반 벌들이 날 때보다 훨씬 더 느리게 움직이고 그렇게 많은 휴식을 취해야 한다는 것이 이상하게 보일 수도 있다. 보통 벌들이 먹이를 찾을 때 하는 것처럼 퍼져서 서둘러 새로운 집으로 떠나는 것이 더 자연스러워 보일지도 모른다. 뚱뚱한 여왕벌이 중요한 비행을 준비하기 위해 체중 감량 프로그램을 부지런히 진행했던 것을 기억하는가? 여왕벌은 보통 목표 체중을 달성하지 못한다. 아직도 적당한 상태가 아니어서 효율적으로 비행할 수 없기 때문에, 벌떼 전체가 느린 속도로 여왕을 호위하는 것이다. 그는 자신의 페로몬으로 벌집 내부를 통제하고, 공중에서도 그의 곁에 있겠다고 아우성치는 3만 마리의 추종자들의 속도를 조정해서 그들이 페로몬을 사랑이라고 느끼게 한다. 벌떼가 일시적으로 상륙하여 휴식을 취하면, 일벌들이 여왕 폐하께 가까이 다가가기 위해 몸부림치고 밀치느라 벌들의 공은 작아진다.

이제 내가 가장 흥미롭다고 생각하는 부분인 분봉 과정의 마지막 단계, 3만 마리의 벌들과 그들의 통통한 여왕이 새로운 집을 찾아가는 길에 대한 이야기다. 휴식 중인 벌떼를 아주 가까이 들여다보면 빽빽히 들어찬 윙윙거리는 공 표면에서 여러 마리의 일벌들이 와글댄스를 추는 걸 볼 수 있다. 와글댄스의 춤꾼들은 독립을 위해 그들이 찾은 새로운 집의 위치를 가리키며 방향을 전달하고 있다. 너무나 많은 일벌들이 와글댄스를 출 때면, 벌떼 공은 콘서트장 맨 앞줄의 광란의 무리처럼 보인다. 여러 마리의 일벌들이 동시에 와글댄스를 추면서 여러 개의 새로운 벌집 후보자들의 위치를 알려 준다. 제안하는 장소가 좀 더 유망한 곳일수록 와글댄스도 더 격렬해진다.

여왕벌과 일벌 무리는 다음 번에 어디로 날아갈지에 대해 쉽게 결정을 내리는 법이 없다. 벌떼는 일벌들의 와글댄스에 기반하여 다음 행로를 종합적으로 정하는 동안, 몸이 불편한 여왕이 재충전할 수 있도록 두세 시간 동안 휴식을 취하기도 한다. 때로는 다시 모여서 공중 비행을 계속하기 전에 일부러 하룻밤을 보내거나 며칠을 심사숙고할 수도 있다.

이 상황은 1961년 브룩 벤튼의 히트곡 "목화바구미 노래(The Boll Weevil Song)"에 반복적으로 나오는 중독성 있는 구절을 연상시킨다. 1934년 리드 벨리가 처음 발표했던 전통적인 블루스 곡을 차용한 이 노래 가사처럼, 벌떼들은 "그저 집을 찾고 있을 뿐"이다. 긴 코로 목화꽃과 꽃봉오리를 훔쳐먹는 못생긴 파괴왕 목화바구미보다는 벌이 좀 더 나은 이웃이라 여겨지니 다행이다.

일단 벌떼 왕국이 새로운 가지, 나무의 갈라지는 부분, 또는 몸통 부분의 구멍에 정착하기만 하면, 삶은 계속된다. 그들이 남기고 간 기존 벌집도 아직 벌의 40퍼센트를 수용하고 있고, 그 역시 지속하기 위해서는 이제 새로운 여왕벌을 만들어야 한다.

만약 벌떼를 본다면, 겁먹지 마라. 그냥 벌떼로부터 거리를 두고 내버려둔 다음, 지역 클럽의 친절한 전문가들에게 전화하면 된다. 〈야성의 엘자〉를 좋아한다면, 당신도 그냥 갈길을 가고 벌들도 그들의 길을 가게 두면 된다. 무엇보다도, 트렁크에 적절한 포획 도구를 가지고 있는 지식이 풍부한 양봉가가 아니라면, 무리를 만지거나 막으려고 해서는 안 된다. 건드렸다가는 골치아픈 일이 생기거나 역효과가 날 수 있다. 교회 지하실에서 양봉 클럽 모임을 우연히 만나게 되더라도 마찬가지다. 그냥 모른 척해라.

양봉 클럽 회의가 끝난 후에 차로 걸어오면서 나는 클럽의 분리가 분명히 피할 수 없는 일이라고 생각했다. 나는 원래 클럽에 남아 있어야 할까, 아니면 새로운 장소로 날아가는 사람들의 무리에 합류해야 할까? 만약 새로운 무리에 합류한다면, 우리는 언제, 그리고 어디로 몰려갈 것인가? 날을 잡아서 오래된 교회 근처 식당에서 저녁을 먹으며 실험적으로 모여 보아야 할까?

선상가옥으로 돌아오는 길에 내가 방금 있었던 곳보다 더 크고 적절해 보이는 세 개의 교회와, 내가 알기로 꽤 큰 규모의 체육관이 있는 크고 현대적인 주민센터를 지나쳤다. 그 센터는 성장하는 양봉 클럽에 잘 어울릴 것 같았다. 그래서 나는 다음 번 양봉 클럽 모임에 대해 상상하기 시작했다. 쉬는 시간에 어떻게 커뮤니티 센터의 위치를 내 동료 클럽 회원들에게 알릴까. 그래, 이렇게 하자. 회원들이 바나나빵 부스러기를 입에 쑤셔 넣는 동안, 나는 팔을 정신없이 위아래로 펄럭이며 주민센터 쪽을 가리키는 '축이 있는 8자 모양' 와글댄스를 출 것이다.

13 꿀벌 학교

미리엄과 렌은 무모하게도 나에게 벌집을 맡겼지만 사용 설명서는 주지 않았다. 설사 줬다고 해도, 지금쯤이면 내가 그걸 시간 내서 읽지 않았을 거라는 걸 알았을 것이다. 내가 아는 벌치기 친구들과 가족들은 벌에 대해 모두 나보다 100배는 더 잘 알아서, 내가 미리엄에게 물어본 것처럼 여왕은 하루에 몇 개의 알을 낳는지, 응애 검사는 얼마나 자주 해야 하는지 혹은 처음 나한테 벌집을 맡겼던 평온한 시절에 내가 가장 자주 한 질문처럼, 언제쯤이면 약간이라도 꿀을 수확할 수 있을까 같은 멍청한 질문은 그들에게 재미없다. 특히 많은 사람들에게 내 벌집이 얼마나 대단한지 자랑해 놓고 나눠줄 꿀이 전혀 없는 건 더 재미없는 일이다. 나는 진짜 양봉가라는 가짜 명성을 얻었다. 아침에 일어나서 벌통을 확인하려고 뒷갑판으로 걸어 나갔는데 강으로 이어지는 갑판 위에 놓인 수십 마리의 죽은 벌들만 쓸어내야 하는 건 정말 너무 재미없다.

무능하다는 생각에 우울해졌고, 가족과 친구들로부터 능숙한 양봉가라는 명성을 회복해야 했다. 그래서 양봉가 양성 과정에 등록했다. 이 과정의 멋진 점은 최종 시험을 통과하면 브리티시컬럼비아 벌꿀생산자협회로부터 내가 공인된 양봉가임을 증명하는 문서를 받아 액자에 담을 수 있다는 것이다. 브리티시컬럼비아 주 농무부가 교육과정 개발에 참여한 공인 자격증이었다. 게다가 그 증명서에는 정말 멋진 금 도장이 양각으로 찍혀 있었다. 지니도 몇 년 전에 비슷한 과정을 마쳤지만, 그 과정은 자격증을 제공하지 않았다. 그 당시에 나는 지니가 주정부 인증 양봉가가 된다는 게 좋았다. 비록 지니의 벌집이 150킬로그램가량의 꿀을 생산하는 동안 나의 하나뿐인 벌집은 죽어가고 있었다고 해도 말이다. 미리엄과 렌은 자격증이 있었지만, 시험을 봤는지는 모르겠다. 적어도 내가 인증을 받는다면 자랑할 권리가 있을 테다. 과정을 수료하기 위해서는 250달러 정도가 드는데 이건 내 벌집을 구하기 위해 지불하는 작은 비용이자, 나의 자아를 다독이고 자존감 몇 조각을 회복하는 비용이다.

사실, 그 수료증에는 학구적이고 공식적으로 보이는 것 외에 실질적인 용도는 없다. 벌집을 사거나 꿀단지를 팔기 위해 증명서를 누군가에게 보여줘야 하는 것은 아니다. 무엇보다 벌들은 신경쓰지 않는다. 하지만 대학을 안 나온 내가 증명서를 받아 액자에 넣어 벌집 옆에 있는 선상가옥에 걸어 둘 수 있다는 점에 끌렸다. 단 한가지 문제는 이 과정에서 내가 205페이지 분량의 교과서를 읽고 실제로 12주에 걸쳐 24시간 동안 강의를 들어야 한다는 점이다.

나는 고등학교 때 생물학을 잘 못했고, 10학년 때 겪은 이름을 밝힐 수 없는 어떤 과학 선생님과의 경험으로 인해 안 좋은 감정의 응어리를 갖고 있다. 그는 인간 안구의 모든 부위들을 외워서 쓰는 10점짜리 퀴즈를 냈고 우리는 조잡하게 그려진 흑백 안구 그림에 그 단어들을 적어야 했다. 전날 밤 45분 동안 공부했는데도 모든 용어가 뒤죽박죽되어 10개 중 0개를 맞혔다. 잘못된 직업을 선택한 게 틀림없는 그 무심한 선생님은 채점한 시험지를 되돌려주며 다른 모든 학생들 앞에서 내게 망신을 줬다. 30명의 아이들은 여지없이 모두 웃었다. 그날 이후로 나는 필기시험, 특히 생물학과 관련이 있는 시험에 신경증적인 혐오감을 느껴왔다.

양봉반은 14명에서 15명 정도로 고등학교 때보다 학생 수가 적다는 것을 알게 되어 기뻤다. 그들은 모두 나같은 성인 초보자들이었다. 벌통을 가지고 있는 사람도 있고 하나 구할까 생각 중인 사람도 있었다. 첫 수업 때 선생님이 강의 계획서를 나눠 주셨는데, 우리가 그 과정을 잘 수료하기 위해 앞으로 3개월 동안 배울 주제들이 개괄적으로 적혀 있었다. 꿀벌 생물학의 기초, 자치 법규,

적절한 장비 선택, 벌 획득, 벌집 질병 식별 및 전반적인 벌집 건강 평가, 꿀 생산, 벌침과 벌집의 생산물, 꿀 수확 및 추출, 겨울 준비, 벌 수명 주기 및 벌집 포획 등이었다.

첫 수업 시간, 나는 맨 앞줄 가운데에 앉아 종이컵에 담긴 미지근한 커피를 홀짝이며 주간 수업 계획을 검토했다. 커리큘럼은 조금 흥미로워 보였다. 내 기억에 유일하게 남은 것은 자격증을 실제로 따기 위해서는 최소한 절반 이상의 문제를 맞혀 최종 시험을 통과해야 한다는 것이었다. 선생님은 24시간의 모든 강의와 모든 읽기 과제가 2점짜리 문제 50개의 최종 시험으로 압축된다고 설명했다. 시험의 기초가 되는 교과서에는 멋진 컬러 사진들이 있었지만, 나중에 보니 끔찍할 정도로 글이 건조했다. 그래도 나의 성공 가능성을 긍정적으로 점쳤다. 벌통에서 가장 가까운 선상가옥의 안쪽 벽면에는 은행에서 우편으로 보내준 달력이 걸려 있다. 거기엔 언제 꿀벌에게 먹이를 주었는지, 언제 응애를 마지막으로 확인했는지, 그리고 다른 중요한 양봉 관련 내용들이 간단하게 기록돼 있다. 집에 도착했을 때 나는 달력으로 곧장 걸어가서 다가올 최종시험 날짜에 커다랗게 빨간 ×표를 쳤다. 만약 성공한다면, 12주 후에 나는 양봉가 자격증을 그 달력 바로 옆 벽에 걸 것이다.

하지만 사실 40년 넘게 교실에서 시험을 본 적이 없다. 밴쿠버와 비엔나에서 대학 수준의 국제 스포츠 마케팅 과정을 파트타임으로 가르치기 때문에 시험을 내고 채점하는 일에는 익숙하지만 시험보는 것엔 그렇지 않았다. 그래서 벌 시험이 가까워질수록 슬슬 긴장되기 시작했다. 시험 실패 가능성에 대한 내 안의 신경증적 부정적 감정과 수치스러운 학업 패배로 인한 굴욕감이 나를 괴롭혔다. 수업 시간에 배운 것 중 시험에 나올 법한 것들을 외우려다 보니 밤에 잠을 못 자기 시작했는데, 필기를 전혀 하지 않아 외우기가 오히려 힘들었다. 수업의 3분의 1 정도를 빠지는 바람에 더 어려워졌고 지루한 교과서도 다 읽지 못했다. 암울했다.

나는 독, 프로폴리스, 애벌레, 로열젤리의 차이라든가 혹은 치명적인 미국부저병에 걸린 벌집을 다루는 최선의 방법처럼 기본적인 것들을 외우지 못했다. 시험에는 이 정도 문제들과 이보다 훨씬 어려운 수십 개의 문제들이 나올 것이다. 예를 들어 벌통 상자 안에서 나무로 된 꿀틀은 다른 꿀틀과 얼마나 떨어뜨려야 하는가 같은 문제 말이다. 1.3센티미터였나, 1.9였나? 머리, 가슴, 배 등 벌의 신체 주요 부위를 모두 외우려고 했지만, 열다섯개의 더 작은 하위 부위가 있어서 분명히 알 수가 없었다. 게다가, 일종의 생물학적인 부분을 배우려고 하니 분노한 붉은 잉크로 0점이라고 적혀 있던 안구 그림이 다시 내 머리 속으로 흘러 들어왔다. 어떤 수업 시간에는 현대 벌통을 발명한 사람이 랭스트로스라는 걸 배웠다.

그건 나도 이미 알고 있었는데, 그가 벌통 디자인의 특허를 1852년에 냈다는 걸 외워야 했다. 1853년이었나? 나는 매일 밤 침대에서 몸을 뒤척였고, 내 마음은 벌의 신체 부위, 질병 이름, 생물학적 이론, 시의 조례, 벌집을 지을 때 알아야 할 수치들, 역사적 사실, 그리고 벌과 관련된 잊기 쉬운 자질구레한 것들로 뒤죽박죽되었다. 벌 시험으로 인해 잠을 못 이루면서 낮 시간에 피곤해졌다.

시험이 2주도 채 남지 않게 되자 불안이 악화됐고 일상생활에 영향을 미치기 시작했다. 어느 날 나는 슈퍼마켓에서 식료품 값을 지불하고 식료품이 담긴 봉투 두 개를 두고 나왔다. *OX 문제: 일벌은 알을 키우기 위해 단백질, 탄수화물, 그리고 물을 가지고 있어야 한다.* 며칠 후에는 고속도로 출구로 나가는 걸 깜빡하기도 했다. *만약 여왕이 없는 왕국에 알은 없고 봉개된 유충만 있다면, 그것은 여왕이 8일 전에 알을 낳았다는 의미인가? 푸마길린이 노제마병 치료에 사용된다는 것이 참인가?* 나는 너무 긴장해서 가장 기초적인 질문에도 더듬거렸다. *꿀벌은 몇 개의 다리를 가지고 있나? 꿀벌은 몇 개의 날개를 가지고 있나?* 답이 4와 6이라는 것을 알았지만 뭐가 4고, 뭐가 6인지 헷갈렸다. 나는 양봉 최종 시험이 10학년 시절 비참했던 생물학 시험의 반복이 될까 봐 겁이 났다. 최종 시험 일주일 전, 교실에 있는 나머지 사람들을 둘러보았다. 만약 나는 떨어지고 다른 사람들 모두 합격한다면, 나를 비웃을까? 잔인했던 청소년기에서 벗어날 수 있기는 한 걸까?

그 질문에 대한 답을 몰랐지만, 알고 싶지도 않았다. 지금 하려는 말을 인정하고 싶지는 않지만, 창의적이고 설득력 있는 글을 쓰려면 완전하고 직접적인 정직함에서만 나올 수 있기에 말하겠다. 무슨 말이냐면, 벌 시험에서 컨닝을 했다. 자랑스러운 일도 아니고 왜 컨닝을 했는지 수십 가지의 이유를 댈 수도 있지만, 그냥 바로 여기서 인정하겠다. 컨닝했다.

고등학교 때 익힌 소위 "속기법"이라고 부르는 오래된 속임수를 사용했다. 벌의 신체 부위를 나열하는 것이 시험 문제로 나올 거라고 꽤 확신했기 때문에 교과서 11장에 열거된 열다섯 개의 신체 부위의 첫 글자나 두 글자를 가져다가 파란 펜으로 손에 써넣었다. 두꺼운 사인펜이 아니라, 미세한 파란색 잉크로 나만이 볼 수 있게 엄지손가락 아래 통통한 부분에 작게 써두는 것이다. 세상에 단 한 사람만이 아는 아주아주 작은 글씨들. 고등학교 시절의 부정행위 경험을 바탕으로 손의 통통한 부분은 30~40글자를 적을 만큼 넓적하고, 앉아 있을 때 책상위에 손바닥을 자연스럽게 내려 놓았다가 선생님이 보지않을 때 은밀하게 손바닥을 뒤집어 읽는 것이 쉽다는 걸기억하고 있었다.

양봉 시험에서 부정행위를 하는 건 결국 자신을 속이

는 것이라고 생각하고 있음을 안다. 하지만 앞으로도 이 미세한 벌 신체 부위를 다 알아야 할 필요는 없다고 생각한다. 교과서를 어디에 뒀는지만 기억하면 된다. 만약 신체 부위를 알아야 하는 경우가 생긴다면, 예를 들어, 벌들 중 한 마리가 대악샘이 아파서 치과에 데려갈 일이 생긴다면, 교과서를 참고해서 대악샘이 어디 있나 찾아보면 된다.

아마도 이 시점에서 나를 비난하면서 속기법이라는 지름길을 택하지 말았어야 했다고 생각할지도 모르겠다. 열심히 공부해서 모든 벌 부위를 외웠어야 했다고 느낄 수도 있다. 좋다. 같이 외워 보자. 더듬이 소제기, 주둥이, 대악, 대악샘, 더듬이, 인두선, 겹눈, 홑눈, 앞날개, 뒷날개, 날개고리, 나소노프샘, 침, 밀랍샘, 꽃가루 바구니.

벌써 지겹다.

이 지긋지긋한 목록을 한 번 보면, 한두 개의 글자를 숨겨서 많은 시간과 에너지를 절약할 수 있다는 것에 동의할 거라 믿는다. 더소, 주, 대, 샘, 더, 인, 겹, 홑, 앞, 뒷, 고리, 나소, 침, 밀, 꽃. 엄지손가락 아래를 슬쩍 보았을 때, 그 각각의 글자들이 뇌 속 깊은 곳에서 기억반응을 일으키는 신경 전류에 불을 붙여서 정확한 단어가 떠오르게 해줬다. 그건 실제로는 속임수가 아니라 작은 도움의 손길에 가까웠다.

다른 쪽 손에는 예측 가능한 다른 질문의 답을 쓰기

위해 암호화된 일련의 단어, 숫자, 그리고 글자들을 써두었다. 다른 쪽 손에 적힌 내용들은 벌치기로서 알아야 할 중요한 것들이었고, 그래서 그 이후로도 그것들을 기억할 것이라고 확신한다. 적힌 내용은 알을 낳은 후에 그 알이 벌집에 사는 세 종류의 벌 중 하나로 발전하는 데 걸리는 일수에 관한 것이었다. 여왕이 언제 마지막으로 알을 낳았는지 그리고 언제 새로 태어난 벌들이 나타날 지에 대한 단서로 이어질 수 있는 실용적인 정보이다. 여왕벌은 알에서 벌로 발달하는 데 16일이 걸리고 일벌은 21일, 수벌은 24일이 걸린다. 엄지손가락 아래는 "여-16, 일-21, 수-24"라는 코드가 적혀 있다. 그 손의 남은 공간에는 "인도"라는 단어를 썼다. 그것은 북미 꿀벌의 기원지이고, 또 아프리카 벌집딱정벌레를 뜻하는 "아벌딱"이라는 글자도 있었는데 내가 배우기로는 북미에서 벌집을 위협하는 새로운 해충이다. 내 벌집에 침입한 딱정벌레들에 대해서는 엄지손가락을 아래로 내릴 수밖에 없지만 그 이름을 보고 점수를 받으려면 엄지손가락을 치켜세워야 했다.

기말고사 몇 시간 전에 부엌 식탁에 앉아 엄지손가락 아래 작은 글씨를 쓰고 있는 내가 좀 한심하고, 약간 죄책감도 들고, 다소 어리석게 느껴진 건 사실이다. 양손에 더는 쓸 공간이 없어졌을 때, 글 쓰는 것을 멈추고 자동차 열쇠를 움켜 쥐고 시험을 보기 위해 출발했다. 그날 밤 벌 학교로 운전해서 가는 동안, 나는 컨닝을 들키고 결국 벌 시험 법정에 끌려가 1급 부정행위로 간주될까 걱정했다. 1급 살인과 마찬가지로 1급 부정행위는 계획 범죄라는 뜻이다. 하지만 검거될 위험은 적다고 생각했다. 시험 감독을 하는 여성분은 그렇게 주의를 기울이지 않을 것이다. 게다가, 어쨌든 50대 후반의 멍청하고 게으르며 저속한 인간이 취미를 위한 시험에서 부정행위를 한다고 굳이 신경을 쓰겠는가 말이다. 이건 속임수를 쓴다고 환자에게 해를 끼칠 정도로 중요한 의대 외과 시험은 아니니까. 피해자가 없는 범죄였다. 음. 음. 사실은 그렇지 않다. 5만 마리의 잠재적 피해자가 있었다.

죄책감이 들며 괴로웠지만, 사실 두 개의 두툼한 커닝 페이퍼가 꽤 자랑스러웠고 수십 개의 예상되는 시험 문제를 해결하기 위해 얼마나 잘, 그리고 깔끔하게 준비했는지에 대해 스스로 흐뭇하기도 했다. 잉크로 적은 암호는 시간과 노력을 들일 가치가 있고 합격점이라는 보상으로 돌아올 거라 확신했다. 금박으로 장식된 자격증은 권위 있는 변호사 사무실에 위풍당당하게 걸려 있는 액자 속 학위 증명서처럼 보일 것이다.

하지만 학교 운동장에 차를 세우고 주차하자, 땀이 흐르기 시작했다. 몇 분 후면 진짜 시험이었다. 땀 때문에 손에 적은 작은 글자들이 번질까 걱정했다. 교실에 들어섰을 때, 평소처럼 맨 앞줄에 앉지 않고 맨 뒷줄에 앉았는데 앞에서 컨닝을 할 만큼 뻔뻔하진 못해서였다. 나는 무심코 선생님의 원치 않는 주의를 끌 만한 잘못된 행동을 했을지도 모른다는 것을 깨닫고 땀을 뻘뻘 흘리고 있었다. 그가 힐끗 보았을 때, 나는 고개를 끄덕인 후 훌륭한 수험생처럼 바인더와 교과서, 메모장을 의자 아래 바닥에 가지런히 놓았다. 마케팅 수업에서 시험지를 나눠 줄 때 나는 학생들이 책상 위를 정리하는 것을 좋아하는데 그것이 시험지를 작성하는 일에 대한 존경심, 진지함, 그리고 정직하고 공정한 태도를 보여 주기 때문이다. 선생님이 시험지를 나눠 주면서 책상 줄 사이를 걸어갔다. 그가 시험지를 내 책상 위에 놓았을 때 나는 미소를 지으며 주먹을 꽉 쥐었다. 그가 가고 난 후 앞장에 내 이름을 깔끔하게 적었고, 방금 교감신경을 흥분시키는 주사를 맞은 듯 혈압이 치솟았다. 그리고 종이를 넘기자 나온 첫 번째 문제는 꿀벌의 신체 부위를 나열하는 것이었다. 빙고!

살면서 하는 대부분의 비행처럼 부정행위에는 중독성이 있다. 열다섯 개의 벌의 신체 부위를 모두 완벽하게 늘어 놓고 그 다음엔 손에 적힌 답들 중에서 객관식 질문에 맞는 답을 골라낸 후에는 아무 도움 없이 나머지 시험을 치러야 했다. 최선을 다해 참 혹은 거짓을 묻는 상자들에 적절하게 체크를 한 다음, 빈칸 채우기 문제를 맞닥뜨렸다. 50분 동안 깊은 생각을 너무 많이 해서 기진맥진했다. 내 머리는 완전히 비어 버렸고 여덟 개의 문제에는 답을 하지 못했다. 마지막 페이지는 모두 OX 문제였는데 어떻게 대답해야 할지 알 수가 없었다. 이 문제들에 대한 답은 손에 쓰지 않았고, 설사 썼다고 해도, 지난 시간 동안 땀을 너무 많이 흘려서 미세하게 그려진 작은 글자들은 파랗게 얼룩진 상태였다. 시계가 째깍째깍 울리면서 시험이 끝으로 향해 가면서 금박으로 장식된 자격증에 대한 꿈이 무너지는 것을 느꼈다. 당황한 나는 그 여덟 문제를 반복해서 읽었다. 생명줄이 절실히 필요했다.

(O / X)   벌집에 포름산을 처리하면 꿀벌응애와
          기문응애 모두를 잡을 수 있다

(O / X)   꿀이 흐르기 전에 벌집에서 모든 약을
          제거해야 한다

(O / X)   벌통을 일직선으로 배치하면 꿀이 흐르는 걸
          촉진한다

(O / X)   벌집곰팡이에 감염된 미라가 백묵병의 원인이
          된다

(O / X)   브리티시컬럼비아의 조례에 따르면 벌을 팔기
          전에 검사를 해야 한다

(O / X)   이온화 장치는 노제마병에 걸린 벌집을
          제거하는 데 사용된다

(O / X)   벌집은 남쪽으로 향하지 않는 것이 가장 좋다

(O / X)   벌에게 구매한 꽃가루를 먹이면 미국부저병에
          감염될 수 있다

인정하기 싫지만, 머리를 쥐어짜고 필사적으로 답을 알아내려고 노력하면서, 부정행위를 좀 더 하게 됐다. 이번 건 전혀 계획되지 않은 것이었고, 눈앞에 주어진 기회를 활용했을 뿐이다. 선물이랄까. 정말 즉흥적인 일이었기 때문에, 브리티시컬럼비아 꿀 생산자 협회가 나를 고발해서 결국 벌 시험 법정에까지 가게 된다면 판사는 분명히 더 관대한 판결을 내릴 것이다. 어쩌면 자격증도 받을 수 있게 해줄 것이다. 다만 빨간색 네임펜으로 **부정행위자**를 뜻하는 '부'자를 적어서 금박을 망쳐 놓겠지만.

우리가 시험을 본 교실에는 폭 180센티미터짜리 책상이 늘어서 있었다. 나는 그중 뒤쪽에 있는 책상에 두 명의 다른 학생들과 함께 앉아 있었다. 책상마다 세 명씩 앉아 서로 매우 가까웠고 서로의 시험지를 슬쩍 보기도 쉬웠다. 내 옆에는 길고 검은 머리를 한 중년의 동양인 여성이 앉아 있었다. 그는 뿔테로 된 다초점 안경을 쓰고 똑똑해 보이는 갈색 자켓과 자수가 놓인 고급스러운 빨간색 실크 셔츠를 입은, 그 반에서 가장 잘 차려 입은 사람이었다. 나보다 더 똑똑해 보였다. 생각해 보면 그 반의 모든 사람들이 나보다 더 똑똑해 보였지만 그는 나보다 훨씬 더 똑똑해 보였기 때문에 나는 무심코 그의 시험지 마지막 페이지에 있는 몇 개의 답을 훔쳐보았다. 피해자 없는 또 다른 범죄를 저질렀다.

시험 시간은 한 시간이었다. 35분이나 40분 후에 대부분의 사람들이 시험을 마치고 나갔다. 나는 모래시계의 마지막 모래알이 다 떨어질 때까지 답변을 작성했고, 각 질문을 고통스럽게 끝까지 반복 검토했다. 그럼, 시간이 다 된 직후에 무엇을 했을까? 뭐긴, 당연히 증거를 없앴다. 나는 서둘러 화장실에 가서 수술을 준비하는 외과의사처럼 양손을 꼼꼼하게 문질러서 엄지손가락 아래 살이 많은 부분의 잉크를 지워 냈다. 푸른 물이 시계방향으로 세면대 배수구를 따라 소용돌이치는 것을 보면서 깊은 안도감이 들었다. 손이 원래의 분홍색으로 돌아올 때까지 멈추지 않았다. 내가 컨퍼런스에서 만났던 시골 벌치기들 중 한 명이 아니어서 다행이었다. 왜냐하면 아마도 잉크가 열심히 일하는 손의 갈라진 틈과 굳은살에 단단히 박혀서 증거가 몇 주 동안 남아 있었을 것이기 때문이다. 그러나 나에게는, 내 인생에서 가장 철저하게 손을 씻는 2분의 시간 동안 카타르시스를 느꼈다. 나는 무고한 사람이 되어 화장실을 떠났다.

3주 후, 브리티시컬럼비아 벌꿀생산자협회에서 온 봉투가 우편함에 도착했다. 너무 큰 기대를 하고 싶지는 않았지만, 보통 크기의 봉투가 아니었다. 가로 22센티미터 세로 28센티미터의 아름다운 지방 양봉가 자격증이 들어 있을 만한 크기였다. 봉투를 열자 숨이 막혔다. 내가 이 시험에서 떨어질 리 없어, 절대로. 3분의 1은 수업을 듣고 답을 알았고, 또 다른 3분의 1은 내 손에 쓰여 있었고, 나머지는 옆 사람의 시험지를 베껴 채웠다. 봉투를 뜯자 세 개의 서류가 나왔다. 첫 번째 문서는 과정에 대한 평가서였다. 과정의 내용, 유인물 및 강사 역량에 대한 전형적인 수업 설문 조사를 간략하게 검토했다. 주관식을 작성하는 데서 잠시 머뭇거리다가, 최종 시험을 볼 때 180센티미터짜리 책상에 세 명씩 앉았던 게 맘에 든다는 말은 하지 않기로 했다. 나는 평가서를 구겨서 쓰레기통에 버렸다. 두려움에 떨면서, 두 번째로 스테이플러로 철해진 세 장의 서류, 나의 최종 시험지를 살폈다. 시험지 상단에 빨간 글씨로 100점 만점에 84점이라고 적힌 걸 보고 너무 기뻐서 무릎을 꿇을 뻔했다. 선생님이 "잘했어, 데이브!"라고 갈겨쓴 글씨가 보였다. 칭찬 덕분에 후회는 사라졌다. 믿을 수 없을 정도로 비굴해졌다. 난 정말, 망할 놈이다.

점수는 정말 환상적이었고 기분이 너무 좋아졌다. 하지만 나는 마지막 조각, 곧 두꺼운 양피지로 된 **공인** 양봉가 자격증에 가장 흥분했다. 자격증은 화려한 금색 잎 테두리와 가운데 내 이름, 그리고 화려한 글씨로, "데이브 도로기가 양봉가 입문 과정을 성공적으로 마쳤음을 증명한다"라는 선언이 있고 브리티시컬럼비아 벌꿀생산자협회 회장과 강사의 서명이 있었다. 아무도 지금 내게서 훌륭한 성적으로 시험에 통과한 성과를 빼앗아갈 수 없고, 나는 그걸 증명할 자격증을 가지고 있다. 옛날 고등학교 과학선생님이 안구 그림을 다시 들이민다고 해도 해낼 수 있다. 허니, 나 벌 생물학 수업에서 1등 했어!

추신: 비록 나는 죄책감이나 회한을 전혀 느끼지 않았지만, 나의 범죄행위가 불편한 사람들도 있을 것이다.

우선, 시험에서 부정행위를 한 것을 인정한다. 일종의 공소시효가 있기를, 그리고 브리티시컬럼비아 벌꿀생산자협회가 증명서를 돌려달라고 요구하며 집 문을 두드리러 오지 않기를 바란다. 그래도 혹시 모르니까, 만약 양봉가 복장을 한 권위적으로 보이는 사람이 우리 집 현관문을 두드린다면, 절대 문을 열지 않을 생각이다. 아니면 전기 파리채로 그들을 겁줄 수도 있다. 말벌에게도 효과가 있었으니까. 그래도 혹시 몰라서 나는 도서관에 증명서를 가지고 가서 고품질의 컬러 복사를 했다. 만약 인증서가 취소된다면, 사본을 보내고, 금박 처리된 버전은 내가 보관할 것이다.

둘째, 나는 렌이나 미리엄, 지니에게 최종 시험에서 부정행위를 했다고 말한 적이 없다. 아마 이 책을 읽고 알게 되겠지. 그들에게 점수를 좀 잃겠지만 내가 벌에 대한 책을 썼다는 사실을 생각하면 만회할 수 있을 것이다.

자, 벌의 다리는 네 개일까, 여섯 개일까? 알 게 뭐람? 검색해 보면 된다. 양봉가 과정에서 나는 B플러스를 받았고, 이젠 공인 양봉가라는 점, 그것만이 중요할 따름이다.

14 집단 비행

내가 열두 살 때, 이색적인 포스터가 대유행한 적이 있다. 엄마 속을 터지게 만든, 침대 위 벽에 걸어둔 웃기는 초대형 포스터 말이다. 나는 매주 용돈을 모아 포스터를 주문하고 돈을 보냈는데 그런 우편 주문 광고들은 내가 수집한 오래된 『아치 코믹스』, 『찰리 브라운』, 『타잔』, 『리치 리치』 만화책 뒷부분에 실려 있었다. 청소년에게 중의적으로 성을 소개하는 어구들과 다채로운 색상의 그래픽이 포함된 포스터였다. 기억에 남는 한 포스터에는 "Fly United"라는 제목과 함께 공중에서 짝짓기하는 두 마리의 오리가 만화로 그려져 있었다. 1969년에 매우 인기 있었던 이 포스터가 단연코 나의 최애였다.

그 시절, 침대 위에는 포스터를 붙여 놓고, 침대 밑에는 플레이보이 잡지를 숨겨 놓았다. 미스 5월에게 홀딱 반해 있었기 때문에 몇 월호인지 정확히 기억하는데, 1968년 5월호에는 비행기 화장실에서 성관계를 갖는 특이한 "진자 운동을 하는" 어른들에 대한 기사가 실려 있었다. 기사에는 이어서 비행기 안에서 일단 "그것"을 하면 마일 하이 클럽이라고 부르는 성욕 과잉의 성인들이 모인 엘리트 집단에 가입된다고 설명했다. 열두 살까지는 비행기를 타 본 적이 없었다. 그 이후에 여러 번 비행기를 탔지만 지금까지 실제로 비행기 화장실에서 성관계를 가진 사람을 단 한 명도 본 적이 없고, 공간도 비좁을 뿐더러 불쾌한 냄새 때문에 그렇게 재미있을 것이라는 생각도 들지 않았다. 나는 의심이 많은 아이였기 때문에 새들이 공중에서 짝짓기를 한다는 만화도 절대 믿지 않았다. 청소년기 이후로는 공중 짝짓기에 대해 더 이상 생각조차 하지 않았다. 벌치기가 되기 전까지는 말이다.

벌 학교의 한 수업에서 벌들이야말로 정말 공중에서 짝짓기를 한다는 매우 흥미로운 사실을 배웠다. 이것은 개그 만화도 아니고 판타지도 아니다. 옛날 플레이보이 지 속의 접힌 페이지에 있을 법한 상반신을 노출한 모델 사진 뒤에 숨겨진 음란하고 선정적인 1,200자짜리 스캔들 혹은 지어낸 이야기 기사도 아니다. 명백한 생물학적 진실이고 과학적인 사실이다. 벌들은 공중에서 교미한다. 생각해 보면, 벌들이 비행을 하는 동안에는 포식자들에게 잡아 먹힐 위험이 적으니, 편안한 하늘에서 "하나가 되는" 것은 일리가 있다.

십대라면 플레이보이가 짜릿하고 노골적이겠지만,

공인 양봉가 교과 과정에서 나눠준 양봉 교과서에 비하면 아무것도 아니다. 벌들의 컬러 사진은 미스 5월보다는 훨씬 덜 매력적이지만 여왕벌이 무엇을 하는지에 대한 신랄한 묘사는 그런 아쉬움을 충분히 메꾼다. 벌들이 공중에서 짝짓기를 하는 방식은 매우 놀랍고 내가 어린 소년이었을 때 상상했던 그 어떤 것보다도 훌륭하다.

여기서부터는 18세 이상만 읽을 수 있다. 벌 성애 묘사가 나오니 주의할 것, 분명 경고했다!

알다시피, 여왕벌은 알을 낳는 초강력 여신으로, 한 번에 몇 달 동안 하루에 최대 2,000개의 완벽한 알을 벌집에서 효율적으로 만들어 낸다. 하지만 알을 혼자서 만들 수는 없다. 알이 마침내 아기 벌이 되기 위해서는 두 가지가 필요하다. 지금부터 노래* 가사처럼 당신에게 새와 벌과 꽃과 나무, 그리고 하늘의 달과 사랑에 대해 말해 주겠다.

여왕벌의 짝짓기 의식에는 실제로는 둘 이상의 상대가 필요하다. 짝짓기 비행에서 여왕은 15~20마리의 수벌과 짝짓기를 한다. 미스 꿀벌의 성적 취향에 비하면 빛바랜 플레이보이의 여기저기 접어 둔 기사들은 시시할 정도다. 그러면 여왕벌은 어디서 어떻게 상대방을 유혹할까? 전형적인 벌집에는 수만 마리의 부지런한 암컷 일벌,

---

* 주얼 아켄스의 "The Birds and the Bees"

테스토스테론이 넘치는 수벌, 그리고 생식력이 있는 여왕벌 한 마리가 한 지붕 아래서 함께 살아간다. 암컷 일벌들이 꽃가루를 모으고, 방을 만들고, 꿀을 가공하고, 어린이들을 돌보고, 침입자를 막는 등 분주하게 활동하는 반면, 수벌은 그저 먹고 짝짓기를 하기 때문에 꽤 게을러 보인다. 하지만 수벌은 그냥 빈둥거리고 있는 게 아니라 타고난 몸의 구조 때문에 꽃가루나 꽃꿀을 모을 수 없다. 수벌은 심지어 침도 없다. 무서워 보이지만 위험하지 않다. 게다가, 수벌은 짝짓기를 위해 모든 에너지를 아껴야 한다. 일하지 않아도 되는 좋은 핑계다! 근본적으로, 짝짓기 철 동안 여왕벌과 성관계를 하기 위해 살고, 그때까지는 자신을 열심히 수발 드는 암컷 일벌들에 둘러싸여 하루 종일 벌집에서 빈둥빈둥 지낸다.

수벌은 논란이 되고 있는 플레이보이의 창시자 휴 헤프너와 여러모로 매우 비슷하다. 어렸을 때 그의 잡지에서 읽은 기사에 따르면, 헤프너는 셔츠 앞 포켓에 플레이보이 로고를 금실로 수 놓은 검은 실크로 된 실내복을 입고서 아름다운 여성들에 둘러싸여 하루 종일 저택에서 빈둥거렸다. 여성들은 열심히 사진을 촬영해 번 많은 돈으로 헤프너를 지원했다. 다른 점이 있다면 헤프너는 90살이 넘어서까지 살았지만 수벌은 최대 4개월밖에 살지 못한다는 것이다. 그리고 플레이보이 저택의 권력은 편향되었지만 벌집의 권력은 분명히 여성들에게 있다.

짝짓기 철이 끝나고 여왕이 성공적으로 임신해서 알을 낳으면 뚱뚱하고 인기 없는 수벌들은 벌집에서 밥만 축내는 존재가 되고, 따라서 여름에 40~50일 정도 사는 무자비한 암컷 일벌들이 이들을 내쫓는다. 일반적으로 추방된 수벌들은 유명 나이트클럽에서 쫓겨난 펑크족처럼 벌집 앞을 어슬렁거리다가 황금색 꿀에 접근하지 못하면, 결국 굶어 죽는다.

아마 당신은 이렇게 생각할 수도 있다. 모두 같은 곳에서 자란 수벌들이 상대를 꼬시기 위해 애를 쓰고 벌집에는 오직 한 마리의 여왕벌이 있다면, 곤충 근친이 아닐까? 여왕벌이 자신의 형제들 중 한 명과 짝짓기 하는 것을 막으려면 어떻게 해야 하지? 있을 법한 일이라고 생각하겠지만 그럴 가능성은 없다. 여왕벌이 젊고 정력이 넘치는 수벌 무리와 함께 시내에서 뜨거운 밤을 보내려면, 그는 자신의 벌집과 아이들로부터 멀리 멀리 떨어진 곳에 있는 고도 1마일 클럽에 합류해야 한다. 이런 클럽들은 숲의 지표면으로부터 약 60~90미터 위에 있다. 여왕벌은 이런 특별한 수벌 군집 지역 중 하나에 도달하기 위해 수 마일을 여행할 때도 있다. 200여 개의 서로 다른 왕국에서 온 약 25,000마리의 거대한 수벌 무리들이 짝짓기를 하기 위해 매년 정확히 같은 장소에 모인다. 여왕벌이 이 교외의 테스토스테론으로 가득 찬 수벌 무리에서 "상대"를 찾는 것은 자신의 왕국이 지속적으로 생존하기 위해 필요한 유전적 다양성을 얻는 확실한 방법이다. 어쨌든 그는 자신의 왕국에서 더 멀리 떨어진 수벌 군집 지역으로 비행함으로써, 근친 교배를 피할 수 있다는 것을 알고 있다. 그리고 물론 그의 형제들 중 한 명과 마주칠 수 있는 당혹스러운 가능성도 줄어든다. "어? 누나! 여기서 뭐하는 거야?"

수벌을 생각하면, 솔로들이 가는 술집에 모여서 지나가는 예쁜 소녀들에게 추파를 던지며 그중 한 명과 만나고 싶어 하는 20대 초반의 남자들 같다. 수천 마리의 수벌이 여왕벌 한 마리의 관심을 끌기 위해 치열하게 다투며 경쟁한다. 수벌은 매년 매우 특정한 시간과 장소에서 열리는 수벌 모임 중 하나에서만 유일하게 점수를 딸 수 있다. 하지만 수벌은 어떻게 이러한 사교 파티를 주최할 정확한 장소를 결정할까? 그것은 근처의 나무들과의 근접성, 하늘에 있는 태양의 위치, 그리고 우세풍의 방향과 관련이 있다. 어떻게 다음 해에도 수벌 무리가 같은 장소로 동시에 모이는지는 다들 짐작만 할 뿐 확실히 알지 못한다. 이런 걸 추적하는 사람들, 내가 "이상한 곤충 관음증"이라고 부르는 사람들은 수벌들이 12년 이상 매년 정확히 같은 장소에 모여든다고 기록했다. 그리고 너무 어려서 광활한 바깥 세계를 비행해 본 경험이 거의 없고 그래서 비행 시간 기록도 거의 없다시피 한 여왕벌들 또한 신비롭게도 이 솔로 수벌 무리들을 찾아내곤 한다. 수벌과 여왕벌들은 본능적으로 이 짝짓기 회합 장소 찾는 법을 알고 있는데, 아마도 그들의 DNA에 기록되어 있는 것 같다. 관찰 결과 다른 동물들도 비슷한 짝짓기 흔적이 DNA에 있다는 것이 밝혀졌다.

연어와 그들의 산란 습관을 예로 들어 보자. 연어들은 알을 낳을 때가 되면 어디로 가야 하는지 정확히 알고 있다. 나는 강 어귀에 살기 때문에 이 매력적인 물고기들과 그들의 놀라운 삶에 대해 조금은 알고 있다. 선상가옥을 정박하는 곳에서 500미터 정도 떨어진 곳에 큰 연어 가공 공장이 있는데, 그곳의 자망어선들은 매년 연어 대이동 때는 수 톤의 물고기를 그냥 흘려 보낸다. 매년 수백만 마리의 연어들이 브리티시컬럼비아의 중심부 위쪽에 있는 프레이저 강 지류에서 태어난다. 그들은 태어난 후에, 알래스카와 일본까지 수천 마일을 여행한다. 그러나 산란기가 되어 알을 낳을 때가 되면, 그들은 4년 전에 자신이 태어났던 동일한 장소에 산란을 하기 위해 먼 바다에서 돌아온다. 그 과정에서 연어들은 정확히 우리집 아래를 두 번 지나가게 되는데, 한 번은 바다로 떠날 때고 다른 한 번은 몇 년 후 다시 돌아올 때다.

황제펭귄들의 짝짓기 의식도 있다. 황제펭귄 수컷과 암컷은 영하의 날씨에 서로 수 킬로미터 떨어진 곳에서부터 짝짓기 춤을 추기 시작한다. 흑백 턱시도를 입은 펭귄들은 특정 번식지에서 만나기 위해 남극 부근에서 내

류까지 약 80킬로미터를 뒤뚱뒤뚱 걷는다. 그들은 회합을 위한 정확한 장소를 알고 있다. 그리고 나서 군중 속에 서서 수컷들이 자신의 짝이 목소리를 알아들을 수 있도록 암컷을 향해 나팔 소리를 크게 낸다. 그 후에는 짝짓기 전에 무리 주변을 한참 산책하고, 서로에게 깊이 고개를 숙이거나 코를 비비고 이상한 소리를 낸다.

벌, 물고기, 새, 그리고 수많은 다른 동물 종들은 자신의 연인을 찾으려면 어디로 가야 하는지 어떻게 아는 걸까? 불가사의한 일이다. 대자연이 인간을 포함한 지구상의 모든 생명체들에게 자신의 짝을 찾을 수 있는 본능을 부여하는 놀라운 일을 했다고 치자. 1970년대 후반 밴쿠버에서는 오일 캔 해리스, 파라오의 철수, 라즈베리 패치, 그리고 내가 가장 좋아하는 미스트리스 같은 클럽이 대유행이었다. 이 만남의 장소들에는 날아다니는 수많은 여왕들이 있었는데 모두 놀라운 헤어스타일, 달콤한 향수, 굽이 높은 신발, 그리고 죽이는 드레스로 치장한 상태였다. 나의 동물적 DNA에 새겨진 각인 때문에 옷을 차려입고 그들을 찾으러 나가야 했다. 나는 짝짓기 가능성을 높이기 위해 최첨단 유행이었던 청록색 나팔바지 정장을 입었다. 셔츠 깃을 멋스럽게 접어서 재킷 바깥으로 빼 놓고 위쪽 단추 세 개를 조심스럽게 풀어 얼마 안 되는 가슴털을 드러냈다. 그리고 나서 엄청난 양의 올드 스파이스 애프터 쉐이브 로션을 발랐다. 내가 통굽 구두 얘길

한 적이 있었나? 나는 키가 182센티미터다. 여기에 5센티를 더하면, 댄스 플로어에서 가장 크고 눈에 띄는 수컷 중 하나가 된다. 벌집에 있는 수벌은 암벌보다 크고, 수벌이 클수록 더 강하고 더 적합한 짝이 된다. 나도 수벌처럼 스스로를 크게 만들어 디스코 퀸을 유혹할 조건을 만들었다. 하지만 대부분의 경우, 약간 이상한 다윈의 진화론에 따른 종 선택 과정에서 나는 춤추자고 요청한 대부분의 여성들에게 거절당했다.

하지만 가끔 나와 함께 춤을 추겠다는 여왕도 있었다. 불행하게도, 짝짓기를 하고 싶은 욕망보다는 호기심 때문인 것 같다. 하지만 나는 일단 무대까지 데려가기만 하면 꼬시기에 성공했다! 조심들 해! 나는 그들 중 최고와 춤을 출 수 있었다. 전문 사운드 시스템 앰프의 음량을 11까지 올리고, 비지스, 아바, KC 앤드 더 선샤인 밴드 또는 배리 화이트의 최신 히트곡을 턴테이블에 올려놓는다. 그리고 내가 계획했던 일, 곧 적합한 짝을 꼬시기 위해 무대에 나를 풀어 놓는다. 나는 여성들이 거부할 수 없는 특정한 춤 동작을 가지고 있다. 무릎을 약간 구부리고, 엉덩이를 좌우로 흔들고, 음악에 맞춰 열 개의 손가락을 모두 꼼지락거리면서, 팔을 수평으로 빙빙 돌리고, 허리에 손을 댄 동작을 취했다가 손을 엉덩이에서 이마까지 올리기도 한다. 모든 동작이 활기 넘치는 디스코 비트와 완벽한 엇박을 타며 이루어진다. 실패 없는 이 춤을 나는 수줍은 참치 춤이라고 부른다. 미러볼 아래서 추는 수줍은 참치 춤, 꽤 멋진 긴 구레나룻, 버트 레이놀 즈 스타일의 콧수염, 그리고 묵직한 금 목걸이가 합쳐져 종종 즉흥적이고 말초적인 성적 매력으로 이어지기도 했다. 흠, 통한 것은 한 번뿐이지만. 정확하게는 상대의 룸메이트들이 갑자기 집에 들이닥쳐 모든 걸 망쳐 버렸으니 '거의' 한 번이다.

계속해서 이번에는 여성의 입장에서 벌의 짝짓기와 인간의 데이트 의식을 비교해 보겠다. 젊은 여성들은 성적으로 성숙해진 직후, 대부분 남자아이들에게 관심을 갖게 되고 데이트를 시작하고 싶어한다. 집을 떠나서 쇼핑몰에 가서 놀거나 '친구 집(파티를 뜻하는 암호)'에 가게 해달라고 부모님을 조르는 시기다. 여왕벌은 태어난 지 7일 만에 성적으로 성숙해짐에 따라 이 같은 데이트에 대한 관심도 빠르게 일어난다. 인간 십대들과 마찬가지로 여왕벌도 소녀들을 만나는 것에 관심이 있는 소년들을 발견할 수 있는 장소에 가고 싶어한다. 배회할 준비가 되었을 때, 그는 안전한 왕국을 떠나 큰 즐거움을 찾아 날아간다. 재잘대며 옹기종기 모이는 걸 좋아하는 어린 십대 소녀들과는 달리, 여왕벌은 혼자서 날아다닌다.

모든 성공적인 데이트와 마찬가지로, 여왕벌이 완벽한 파트너를 얻기 위해서는 약간의 준비 작업이 필요하다. 곤충의 세계에서 첫인상은 정말 중요하다. 긴 짝짓기 비행을 하기 전에, 어린 여왕은 몸을 가꾸고 날개를 강화하기 위해 몇 번의 짧은 비행을 했을 것이다. 공중에서 진행될 마라톤 섹스 파티에 돌입하는데, 다리가 풀리고 일어나지 못하게 되기를 원하지는 않을 것이다. 게다가 그 운동으로 더 날씬하고 매력적이게 된다. 여왕벌 역시 날씬해지고, 건강해지고, 데이트 가능성을 높이기 위해 체육관을 방문하는 성적으로 활동적인 많은 인간 남녀들과 다르지 않다. 여왕벌의 몸이 충분히 만들어지면 완벽한 수벌을 유혹하기 위해 자신을 더 매력적으로 만드는 방법을 생각한다. 색상에 관해서는 보통 노란색과 갈색이라는 기본을 고수한다. 그리고 에로틱하고 거부할 수 없는, 유혹적인 향수 페로몬을 사용한다. 성적으로 활동적인 여왕벌은 자신의 하악샘에서 나는 향기를 강력하게 전달하며 자연스럽게 이 페로몬을 내뿜는다. 여왕은 수벌 집결지를 비행하면서 마주치는 모든 수벌들을 유혹하고 불타오르게 할 수 있는 특유의 '도발적인' 페로몬을 분비해 그들을 성적 광기로 몰아넣는다.

벌집으로부터의 길고 혹독한 비행을 한 후 수벌 파티에 도착하면, 완벽하게 강하고 잘생긴 수벌이 나타날 때까지 (쉽게 수락하지 않고) 여왕벌의 첫 데뷔 무대는 혹독하게 계속된다. 그녀는 자신을 위한 종마, 즉 어떤 재주와 감각, 크고 근육질인 흉부, 해발 30미터 상공에서 원하는 것을 정확히 해낼 수 있는 유혹적이고 솜씨 좋은 작은 춤꾼을 찾는다. 완벽한 수벌이 나타나면, 여왕벌은 아주 짧은 시간 동안 날개를 펄럭이며 날아다니며 다섯 개의 눈 중 하나로 그에게 윙크하고 자신의 길고 촉촉한 주둥이를 감각적으로 튕기면서 상대를 성적으로 자극한다. 하늘 높이 떠 있는 태양, 저 멀리 부푼 흰 구름의 낭만적인 바람, 그리고 개똥지빠귀와 박새의 지저귀는 소리까지, 분위기가 절묘하게 맞아야 한다. 그 완벽한 시간에 가장 빠른 수벌이 여왕벌을 붙잡는다. 여왕벌의 위쪽과 뒤쪽으로 살며시 날아가서 다리로 그의 복부를 잡는다.

하지만 그것이 벌들의 전희의 전부다. 여왕벌은 재빨리 원하는 수벌을 유혹해서 그의 뾰족한 내음경을 자신의 복부 끝에 있는 질에 삽입하도록 만든다. 물론, 이것이 바로 매력적인 수벌이 태어나서 육각형의 작은 밀랍 방에서 기어나온 이후, 내내 하고 싶어 하고 하도록 예정되어 있었던 일이다. 공중에서 열두 개의 곤충 다리가 뒤엉키는 그 순간에 휘말린 수벌은 너무 황홀한 나머지 정신을 잃는다. 자신의 작은 골반과, 탈착 가능한 음경 안에 흐르는 욕망으로 과열된 채 부끄러운 줄도 모르는, 사랑에 굶주린 이 수벌은 그의 깊은 곳에 자리잡은 성적 본능을 통제할 수 없다. 이 사랑꾼은 오직 아슬아슬하며 부드럽고 달콤한 솜털에 가려진, 페로몬으로 가득한 아름다운 암컷과 공중에서 독특한 성관계를 가질 생각뿐이다. 물론 벌들은 말을 하지 않으니, 사람들은 이 친밀한 순간에 수벌이 무슨 말을 할지 상상할 수밖에 없다. 아마도 그는 "여왕님"이라고 말하거나, 둘이 하나가 되는 순간 여왕벌의 귀에 달콤한 말 대신 윙윙거릴 수도 있고, "오, 허니"라는 신음을 내뱉을지도 모른다. 그가 무슨 말을 하든, 그것이 그의 마지막 말이 될 것이다. 수벌이 여왕과 삽입 성교를 하는 순간의 욕망은 너무나 강렬해서 수벌은 성관계 후 자신이 바로 죽을 거라는 사실을 간과한다.

고공에서 이뤄지는 성적 곡예에 휘말린 수벌은 여왕의 달콤한 페로몬을 점점 더 많이 들이마신다. 그는 너무 흥분해서 여왕벌의 복부에 자신을 밀어넣는 것을 멈출 수가 없고, 마침내 극도로 절정에 달하면 '펑' 하는 소리가 난다. 치명적인 벌 오르가즘의 소리는 실제로 들을 수 있다! 수벌은 말 그대로 넋을 잃고 폭발하며 땅에 떨어져 죽는다. 짝짓기를 위해 뒤집은 수벌의 내음경은 쉽고 빠른 삽입을 위해 가시처럼 되어 있어서 음경은 여전히 여왕의 복부에 꽂힌 채로 내장 아랫부분만이 펑 소리를 내며 찢겨 나가서 죽는 것이다. 슬프게도 그는 자신이 그날 여왕벌과 짝짓기를 한 최초의 수벌이지만, 마지막 수벌은 아니라는 걸 알고 죽는다. 여왕벌은 금세 그를 잊을 것이고 다른 많은 수벌들과 속사포처럼 이어지는 공중 짝짓기를 할 것이다. 여왕벌이 존재하는 유일한 이유는 벌집 내부의 생명을 순환시키는 것이고 그러니 그날 가능한 많은 정자를 모아야 한다. 그러므로 사랑을 나누고 떠날 뿐이다.

하지만 수벌이 몸 속에 남기고 간 음경에 "짝짓기 표식"으로 알려진 냄새나는 점액질 코팅이 되어 있기 때문에 여왕벌은 그를 쉽게 잊을 수 없다. 그 끈적끈적한 흔적은 여왕벌의 엉덩이를 뒤덮고 있다. 그날 늦게 여왕과 짝짓기를 하기 위해 유인된 다른 수벌들은 첫 번째 벌의 짝짓기 표식을 지우고 자신의 것으로 대체하려고 시도할 것이다. 벌의 섹스는 날것이고, 지저분하고, 보기에 아름답지 않다. 여왕벌이 침대 기둥에 관계 횟수를 새겨 넣을 때마다, 점점 더 냄새나는 짝짓기 점액질로 뒤덮인다. 무분별한 짝짓기 놀이는 여왕벌이 호르몬 분비물로 만들어진 공처럼 될 때까지, 약 스무 번까지 이어진다. 이 냄새들은 여왕벌의 페로몬과 합쳐져서 욕망과 유혹을 더해줄 뿐이다. 냄새와 페로몬이 큰 의미를 갖는 이 거친 사교파티에서 여왕벌은 깊이 자리한 욕망이 채워질 때까지 하루 종일 수많은 수벌들과 공중 짝짓기를 계속 반복할 것이다.

내성적이고 내숭떠는, 그리고 상상력이 부족한 사람들은 방금 설명한 연례 짝짓기 행사를 보기 어렵다. 수천 마리의 수벌이 모여 여왕벌을 기다리는 모습은 이례적이고 여왕과 수벌이 실제로 짝짓기하는 모습을 보거나 절정에 달했을 때 '펑' 소리를 듣는 것 역시 극히 드문 일이다. 우리 양봉 클럽에서 본 사람이 있는지도 모르겠고, 나 역시 실제로는 본 적도 들은 적도 없지만, 다큐멘터리 영화에서 딱 한 번 보았다. 〈꿀보다 더(More than Honey)〉라는 영화의 예고편에 나온다. 경고하는데 이 영상은 자연 그대로의, 적나라한 야생 벌 섹스를 보여 준다. 공중에서 수벌을 껴안고 있는 여왕벌을 보여 주고 나서, 클로즈업해서 고화질 컬러로 화면에서 펑! 음경이 터지는 모습이 나온다. 좀 충격적이긴 하지만 정말 재미있다. 매우 희귀한 10초 분량의 영상은 카메라에 부착된 또 하나의 기계식 드론(수벌이 드론이라는 것에 착안)에 의해 포착되었다. 꼭 봐야 한다. 오늘 밤에 할 일이 없으면 "여왕벌의 결혼 비행"을 검색해 보라. 이건 마치 벌레 포르노다! 하지만 일단 한 번 보라. 다른 포르노와 마찬가지로, 벌레 포르노도 정신 건강에 좋지 않고 중독성이 있을 수 있다.

이런 일이 매년 전 세계 수벌 집결지에서 진행된다. 성적 매력이 충만한 여왕벌은 공중을 날아다니면서 욕정에 찬 수벌들을 체계적으로 무덤으로 보내고, 생명을 바치는 수벌들의 소중한 정자로 자신을 가득 채운다. 상상해 보라. 마침내 만족한 여왕이 벌집으로 돌아갈 때, 최대 20마리의 수벌이 땅 위에 죽은 채 누워 있고, 각각의 수벌은 자신의 작은 음경을 그리워하며 얼굴에 이상한 미소를 머금고 있는 모습을. 그 벌들은 운이 좋은 벌들이다. 회합 장소에 있는 모든 수벌은 결국 며칠 안에 죽을 것이다. 생명을 잃은 채 땅에 있는 자들은 그나마 짝짓기를 했고, 한두 번의 기쁨을 얻었고, 목적을 이룬 채 죽을 수 있었다.

짝짓기에 성공하지 못한 수벌들에 대해 말하자면, 음, 이것은 대자연이 설계한 잔인한 숫자 게임이다. 1970년대 디스코텍에서의 내 성공률과 비슷하달까. 수컷 1,000마리 중 1마리 만이 높은 댄스 플로어에 올라갈 수 있다. 여왕과 짝짓기를 하다가 죽지 않은 대부분의 수벌들은 나중에 벌집으로 돌아가도 찬밥 신세를 면치 못할 것이다. 만약 꽃꿀이 부족하다면 그들은 벌집으로 다시 들어가지도 못하고 굶어 죽을 것이다. 하지만 암컷 벌들에게는 큰 문제가 되지 않는다. 벌집은 다음 해 봄에 새로운 수벌을 생산할 것이고 삶은 계속될 것이다.

여기서부터는 과학적인 내용으로 이어진다. 여왕벌이 소란스러운 수벌들로부터 600만 개 이상의 정자를 얻었다 해도 그 당시에 수백만 개의 난자를 갖고 있지는 않기 때문에 짝짓기 비행 과정에서 임신을 하지는 않는다. 여왕벌은 필요에 따라 자신의 복부 속 별도의 장소에서 난자를 생산한다. 오늘이 여왕에게 중요한 날이며, 여왕벌은 평생 사용할 만큼의 충분한 정자를 채워야 한다. 다시는 나가서 짝짓기를 하지 않을 것이다. 몸 속에 정액을 가져온 여왕은 벌집으로 돌아와서 생명을 만들기 위해 정자를 이용한다. 그는 벌 왕국의 필요에 따라 알을 낳아서 생명을 탄생시키고, 탄생시키며, 또 탄생시킬 것이다.

이것은 건강한 번식과 벌집의 번성을 보장하는 벌들의 삶의 순환의 일부분이다. 여왕벌은 수벌과 암컷 일벌의 적절한 비율을 계속 맞춰서 채워야 하는데 특히 그들의 수명이 특히 짧기 때문이다.

1960년대에, 북미에서는 부모들이 초음파를 이용해 태아의 성별을 알아볼 수 있게 되었다. 이 분야에서도 벌들이 우리를 앞서간다. 벌집에는 추측이란 없다. 여왕벌은 알을 낳으면서 미래의 모든 꿀벌의 성별을 결정한다. 여왕벌은 벌집 내의 결정을 돕는 조언을 해 주는 수천 마리의 벌들에게 의지한다. 그들은 집단으로서 각 벌방에 먹이를 주고, 청소하고, 봉인하는 모든 일을 통해 수컷과 암컷의 정확한 비율을 알고 있다. 수컷과 암컷의 적절한 비율은 날씨, 계절, 그리고 벌집 주변의 끊임없이 변화하는 식물 환경을 포함한 다양한 조건에 따라 매년 바뀐다. 여왕벌이 알을 낳는 동안, 일벌들은 여왕 주위에서 춤을 추고 진동하며 여왕과 대화하고, 소년을 낳을지 소녀를 낳을지 상의한다.

여왕이 알을 낳기 위해 방에 엉덩이를 넣을 때에는 두 가지 선택지가 있다. 수벌이 될 수정되지 않은 알을 떨어뜨리거나 아니면 자신의 몸 안에 있는 미세한 난자에 정자를 첨가해서 수정란을 만들어 암컷 일벌로 만들 수도 있다. 정말 놀라운 일이다. 여왕벌은 실제로 알이 들어가는 방의 크기에 따라 자신이 낳는 각각의 알의 성별을 조절한다. 알을 떨어뜨리기 전에 자신의 작은 앞다리로 방마다 크기를 측정한다. 큰 방은 수벌을 위해 설계되었고 더 작은 아가용 방은 일벌이 될 암컷을 위해 지어졌다. 대단한 가족계획이다.

양봉가들은 각각의 벌이 어떤 성별로 태어나는지 알기 위해 암컷 일벌이 부화할 때까지 21일을 기다릴 필요도, 수벌이 부화할 때까지 24일을 기다릴 필요도 없다. 그냥 벌집의 꿀틀을 뽑아 육각형 방의 부화 패턴을 보면 된다. 알, 혹은 새끼는 알 속에 있는 벌의 성별에 따라, 특징적인 패턴, 질감을 가지고 특정한 위치에 놓여 있다. 여왕벌은 수벌이 될 알은 목재 꿀틀의 아래쪽에 낳는 반면, 수정된 암컷 알은 벌집의 중심에 가까운 쪽에 낳는다. 건강한 벌 무리는 꿀틀 가운데에 배구공 만한 크기의 원형으로 암컷 알을 낳는 패턴을 보인다. 또 다른 단서로 수컷 알은 항상 울퉁불퉁하고 딱딱한 껍질이, 방 높이보다 약 0.6센티미터 높게 솟아 있다. 수벌들이 암컷 일벌들보다 약간 더 커서 성장에 더 넓은 공간이 필요하기 때문이다. 암컷 알이 있는 나머지 아가방은 완전히 평평한 껍질이 덮고 있어서 더 작고 아늑하다. 그래서 어떤 벌치기가 상자에서 꿀틀을 들어올려서 그 틀을 주의 깊게 관찰하고 있다면, 아마도 부화 방식을 보고 있는 것으로 생각하면 된다.

마지막으로 가장 중요한, "예측 불가능한 알"이 있다. 우리는 수컷과 암컷 벌이 어떻게 만들어지는지 알고 있지만, 최강의 암컷이자 모든 벌의 생명의 원천인 여왕벌은 어디에서 오는 것일까? 버킹엄 궁전이라는 농담은 그만두자. 벌집에 있는 벌들은 집단적으로 그들의 여왕이 기력이 쇠해지는 때와, 그때가 바로 새로운 여왕을 만들어야 할 때임을 알고 있다. 엘리자베스 여왕처럼, 벌집의 여왕들은 보통 그들의 신하들보다 오래 산다. 앞서 언급했듯이 여왕벌은 여름에는 6주, 겨울에는 6개월만 사는 일벌과 달리 3~4년을 산다. 결국 여왕벌도 마지막 알을 낳고 죽게 되지만 벌집에 있는 모든 것들과 마찬가지로 왕위 계승 계획은 이미 잘 마련되어 있다. 일벌들이 새로운 여왕벌이 곧 필요할 것이라는 것을 감지하면 왕실 아기벌을 위한 특별한 밀랍 방을 만드느라 분주해진다. 그 방은 고급 콘도처럼 엄청나게 넓다. 그것을 여왕벌방 또는 왕위 찬탈의 방이라고 부른다.* 여왕벌방은 새끼손가락만 한 크기이며, 야생 벌집에서는 표면에 있거나 아래쪽 가장자리에 매달려 있어서, 표준적인 육각형 방과는 완전히 다르게 보인다.

그런 다음 일벌들은 여왕방의 유충에게 벌 태아의 분

---

* 우리 양봉업에서는 '왕대'라고도 한다.

자 구조 발달을 실제로 변화시키는 특별한 식단을 먹이기 시작한다. 우리가 로열젤리라고 부르는 것이다. 엘리자베스 여왕과 필립 공이 매일 아침 토스트에 바르는 것을 로열젤리라고 부르지는 않는다. 진짜 로열젤리는 유모벌의 작은 분비선에서 나오는 특별한 분비물이다. 일벌들은 실제로 성별이나 계급에 관계없이 왕국 내의 모든 유충들에게 극소량의 로열젤리를 먹인다. 새로운 여왕에게 왕관을 씌울 때라고 결정하면, 일벌들은 여왕벌 방에 태아 모양으로 웅크린 작고 흰 유충에게 엄청난 양의 로열젤리를 준다. 이 강력한 식단은 다른 종류의 발달을 유발해서 작은 세포들을 알을 낳는 데 필요한 완전히 발달된 난소를 가진 더 큰 여왕으로 만든다.

새로운 여왕의 탄생과 출현에는 한 가지 더 중요한 단계가 있다. 보통 일벌들은 새로운 여왕벌이 필요하다는 것을 감지하면 여러 개의 여왕벌 방을 만들고 강력한 로열젤리를 먹인다. 건강하고 생식력이 왕성한 여왕 한 마리를 배출할 가능성을 증가시키는 그들의 방법이다. 몇 주 후에는 한 벌집에서 6~7마리의 여왕벌이 나온다. 하지만 착각하지 말라. 결국 모든 벌집에는 통치할 여왕벌이 한 마리만 남을 수 있다. 가장 먼저 자신의 방에서 부화한, 새로 태어난 여왕벌은 다른 여왕벌방에 가서 안에서 자라고 있는 여왕벌들을 죽인다. 만약 두 마리 이상의 여왕벌이 동시에 부화한다면, 그들은 누가 왕좌를 차지할 것인지를 결정하기 위해 무자비한 사투를 벌인다. 목숨을 건 치열한 승자독식의 싸움에서 오직 한 명의 여왕만이 살아남는, 진정한 적자생존이 벌어진다. 싸움 후에는 사랑이 찾아온다. 7일에서 10일 뒤에, 새로운 여왕벌은 기쁨의 비행을 위해 떠난다. 그리고 다시 벌들의 데이트, 짝짓기, 출산에 대한 섹시하고 지저분하며 다소 섬뜩한 이야기가 전개된다. 이 모든 것은 때로는 상냥하고 때로는 잔인한 존재, 모든 여왕들의 여왕인 대자연에 의해 섬세하게 조정된다.

전체 벌의 번식 과정을 돌이켜보면, 나의 젊고 신나는 디스코 시절과 변변치 않았던 데이트 경험에 비교하지 않을 수 없다. 하지만 수벌의 비극적인 운명을 생각하면, 내 음경이 분리되지 않고 가시 모양으로 생기지 않아 다행이라 생각한다. 나는 죽지 않고 여전히 찬장에 꿀을 채워 넣고 벌들을 흠모하며 여기에 있다. 매일 아침 벌집에서 일어나는 생명의 기적과 긍정적인 에너지에 경탄한다. 벌들은 정말 나를 행복하게 만든다. 플레이보이와는 비교할 수 없을 정도로 말이다.

15 윈터 이즈 커밍

봄과 여름의 활기가 지나가고 가을의 파란만장한 영광도 사라지면 프레이저 강에는 캐나다의 혹독한 겨울이 찾아오면서 인간과 곤충 모두에게 중대한 문제가 발생한다. 매섭고 차가운 북부 한랭전선은 노출된 갑판 위 작은 나무 상자에 5개월 동안 갇혀 있는 벌떼도 힘들게 하지만 오래된 나무 바지선 안에 웅크린 대머리 벌치기 아저씨도 괴롭긴 마찬가지다.

동장군이 찾아오면 낡은 실내용 이동식 히터의 온도조절기를 아무리 높이 올려도, 나의 믿음직한 굽은 발 달린 무쇠난로에 아무리 장작을 넣어도, 두꺼운 회색 양모 스웨터를 아무리 겹겹이 껴 입어도, 온도계의 수은이 내려가고 찬 바람이 불어 오면 습한 선상가옥 안에서 벌벌 떨 수밖에 없다. 벌들과 함께 두 번째 겨울을 보내며, 기온이 확실히 영하로 떨어진 것은 세 번이다. 일주일 넘는 추위가 계속될 때마다 평소라면 쾌적하고 아늑했을 선상가옥은 시베리아 감옥으로 변했다.

프레이저 강이 어는 일은 드물지만 얼었을 때는, 특히 매끄럽고 완벽한 얼음 위에 신선한 눈이 얇게 쌓여 반짝일 때는 매우 예쁘다. 얼어붙은 강은 비현실적일 만큼 아름답다. 우리 집은 잔디에 물을 뿌릴 때 사용하는 정원 호스와 크게 다르지 않은 호스로 물을 공급받는다. 호스는 내 집 뒤에 있는 선착장에서 강 속으로 들어갔다가 뱃머리 근처에서 다시 나와 수면 위의 배수관과 연결된다. 따라서 강이 얼면 호스도 얼고 호스가 얼면 물도 없다. 아저씨와 벌을 비롯한 모든 생명체는 생존하기 위해 물이 필요하다.

그렇다면 캐나다의 야외 온도가 냉동실 온도와 같을 때, 벌은 어떻게 수분을 공급하고 매일 물을 얻을 수 있을까? 그것은 벌집 안에 있는 꿀의 수분 함량과 관련이 있다. 왜냐하면 꿀은 실제로 과포화 당 용액이기 때문이다. 대자연의 존재들은 놀랍게도 항상 계절의 변화에 대비하고 있다. 벌들이 여름에 공기를 불어넣기 위해 날개를 퍼덕이면서 꿀의 수분 함량을 줄이는 이유 중 하나는 겨울에 꿀이 얼지 않도록 준비하기 위해서다. 모두가 바라는 꿀의 수분 함량인 18.6퍼센트는 어떤 일반적인 액체에서 발견되는 것보다 더 많은 고체가 녹아 있는 수준이다. 생각해 보라. 꿀은 맛있고, 영양분도 많고, **심지어** 얼지도 않는다.

호스의 물이 얼어 붙는 겨울이면, 살아남기 위해 식료품점에 생수를 사러 가야 한다. 늘 그렇듯, 생존에 관해서라면 벌들은 나보다 더 똑똑하고 몇 걸음 앞서 있다. 그들은 수백만 년 전에 영하의 온도에 대비해서 꿀을 준비하는 방법을 알아냈기 때문에, 그냥 집 안에 있을 수 있다. 하지만, 나도 벌들이 건강하게 겨울을 나는 데 약간의 기여를 했다. 멀 해거드의 위대한 컨트리 송 가사처럼, 나는 소녀들이 "12월을 넘길 수 있도록" 돕는 중요한 겨울나기 작업을 수행한다.

벌들도 겨울 동안 따뜻하게 지낼 방법이 필요하다. 지금쯤이면 다들 알고 있겠지만 벌들은 큰 마찰 없이 일 년 내내 조화롭게 살아간다. 즉, 벌벌 떨면서 마찰을 일으켜 열을 만들어내야 하는 겨울까지는 말이다. 비록 벌들이 스스로 열을 생산하는 전략을 가지고 있다 해도, 양봉가들은 벌이 따뜻하게 지낼 수 있도록 다음 세 가지를 해야 한다.

첫째, 반드시 벌집의 전체적인 크기를 줄여야 한다. 내 벌통은 벌과 꿀틀이 들어 있는 나무 상자 세 개로 구성되어 있다. 봄과 여름, 초가을에는 3층 높이의 벌집에 4~5만 마리 정도가 살다가, 겨울에는 대자연에 의해 자연스럽게 2만 마리 정도로 개체수가 줄어든다. 이쯤에서 말하자면, 내 벌집은 겨우 1만 마리가 될까 말까 한 상태였다. 난방은 효율이 가장 중요한데, 벌집에 벌이 더 적으니 여분의 공간을 모두 데우는 것은 무의미했다. 그래서 먼저 벌들로 가득 찬 맨 위 상자를 떼어내어 갑판 위에 내려 놓았다. 그러고 나서 매우 조심스럽게 갑판 위의 상자에서 벌들로 가득 찬 꿀틀을 하나씩 들어 올려서 벌들을 아래 상자로 털어 내서 세 개의 벌집 상자를 두 개의 과밀한 상자로 합쳤다. 겨울의 과밀한 벌집은 따뜻함을 의미하고 따뜻함은 생존을 의미하기 때문에 좋은 일이다. 추운 겨울 밤에 30~40명의 친구를 집에 초대해서 거실에 옹기종기 모여, 비지스 음악에 맞춰 몸을 오들오들 떨면 더 따뜻해지는 것처럼 말이다.

　겨울 준비를 위한 두 번째 작업은 홈디포 직원이라면 누구나 추천할 만한 것으로 바로 단열재이다. 나는 좀 구식이긴 해도 효과 좋은 2.5센티미터 두께의 분홍색 스티로폼으로 벌집을 단열했다. 다우 클래드메이트라는 제품을 추천하는데, 한 장에 23.95달러인 이 제품을 구매하기 전에 열심히 조사를 했다. 구글에 "벌집 단열재"라는 유행어를 넣어 검색하면, 다우 클래드메이트 압출 스티로폼 단열재가 에너지 손실과 습기 관리에 도움이 되고, 가볍고 자르기 쉬우며, 저항값이 5라는 것을 알 수 있다. 사실 저항값 5가 무엇을 의미하는지 전혀 몰랐지만, 4보다는 낮고 6만큼 좋지는 않을 거라 생각했다. 마트에서 단열재를 사는 대부분의 사람들은 수백 평방미터를 채울 만큼 구매하지만, 나의 작은 벌집의 겨울나기 프로젝트에는 한 장이면 충분했다. 집에 돌아와서는 공작용 칼로 시트를 다섯 조각으로 자른 다음, 임시방편으로 낡은 자전거 바퀴 튜브를 끈으로 사용해서 벌집 외부에 단열재를 단단히 고정시켰다. 10분도 안 되어 벌들은 아주 편안한 상태가 되었다. 우리집을 제대로 단열하는 것도 언젠가는 해야지 하면서 절대 하지 않는 나의 할일 목록 중 하나인데, 그에 비하면 훨씬 쉬운 일이었다. 집은 단열하는 대신 온도 조절기를 켜고, 불 위에 장작을 하나 더 던져 넣고, 두터운 스웨터를 입는 게으른 방법을 선택하면 된다.

벌들의 따뜻한 월동을 돕는 세 번째 중요한 작업은 벌통 내부의 습도와 습기를 줄이는 것이다. 추운 날씨에 벌들의 가장 큰 적은 습기인데, 물에서 불과 90센티미터 위에 사는 내 벌들은 특히 힘들어했다. 팜스프링스나 피닉스에서 겨울을 보낸 적이 있는 사람이라면 누구나 알겠지만, 공기가 건조하면 어쩐지 덜 춥게 느껴진다. 축축한 추위보다 더 나쁜 것은 없다. 나는 지금은 비어 있는 상자를 더 좁은 10센티미터짜리 나무 상자로 교체하고 벌들이 가득 찬 나머지 두 개의 상자 위에 두되, 꿀틀과 벌 대신 대팻밥을 채워서 벌집을 단열하고 습기를 잡고 약간의 공기가 통하게 했다. 벌들 위로 대팻밥이 떨어지지 않도록 낡은 감자 포대 한 장을 상단 상자 바닥에 스테이플러로 덧붙였다.

말 그대로 골치 아픈 일이 일어났다. 벌집 안의 벌들은 이제 더 좁은 공간에서 아늑하게 살고 있었고, 그래서인지 공 모양으로 무리 지어 윙윙거리고 있었다. 진동하는 벌들의 공은 바닥용 이동식 전기 히터와 장작 난로를 합친 것과 맞먹는다는 점을 생각해 보면, 벌집은 아마 우리집보다 더 따뜻해질 것이다. 주변의 습기와 함께 벌들이 만들어내는 따뜻한 공기는 당연히 상승한다. 가열된 공기가 대팻밥이 있는 상단 상자에 도달하면, 대팻밥이 남아도는 수분을 흡수하고, 따라서 아래쪽 벌집 상자들은 깨끗하고 건조한 상태를 유지한다. 이론적으로는 말이다.

일단 "습기 먹는 상단"을 만들고 나서, 환기가 더 잘 되게 하기 위해 여름에는 침입자들을 막기 위해 좁혀 놨던 벌집 바닥 판과 주 출입구 크기를 조절했다. 좁은 클럽의 붐비는 댄스 플로어에 있는데 가게 주인이 마침내 뒷문을 열어 신선한 공기가 살짝 들어오게 해 주면 얼마나 좋겠는가. 마지막으로, 상자 뒤쪽 아래에 몇 개의 판자를 쐐기처럼 밀어넣고 벌집 전체를 약간 앞으로 기울여서 바닥으로 떨어지는 물방울이 작은 문을 통해 앞으로 흘러나오도록 했다. 겨우내 습기는 벌집(또는 선상가옥)에 좋지 않다. 습기는 추위를 혹독하게 만들면서, 끈적거림, 질병, 곰팡이를 유발한다. 마른 벌집이 행복한 벌집이다.

이 비교적 간단한 벌집 겨울나기 작업을 끝냈을 때, 낮이 짧아지고 겨울의 중반으로 접어들수록 벌들이나 나나 둘 다 밖에 나가지 않는다는 것을 깨달았다. 최악의 추위가 닥쳤을 때 특히 그랬다.

다음 단락을 읽고 오해는 말아달라. 뼈가 시려 오는 계절에 벌로 변신했다는 것은 아니다. 카프카의 「변신」은 아니지만, 겨울동안 벌들의 행동을 따라한 건 사실이다. 밴쿠버의 도로가 눈으로 뒤덮이고 위험해지는 시기가 오고 있으므로 나는 식량을 저장했다. 첫 한파가 닥치고 일기예보에서 이틀간 폭설이 내릴 것이라고 예보했을 때, 밴을 타고 마트로 벌처럼 윙 하고 날아가서 화려한 통로 사이로 먹이를 찾아다녔다. 대용량 맥앤치즈, 올리브 오일, 참치 통조림, 계란, 바나나, 특대 사이즈의 크래커와 시리얼, 생수, 아몬드 우유, 그리고 약간의 식물성 버거 패티 등의 식량으로 카트와 밴을 육각형 벌방에 하듯 가득 채웠다. 이렇게 먹이 사냥을 한 후에는 겨울 식량을 건조하고 직사각형인(육각형이 아닌) 찬장에 보관했기 때문에 음식을 구하러 나갈 필요가 전혀 없었다.

겨울 일기의 다음 부분은 화장실 얘기라 조금 민망하다. 겨울이 되면 벌집 주변의 비행 활동은 눈보라가 칠 때의 주요 공항처럼 모두 멈춘다. 벌들이 밖으로 나가는 유일한 이유는 배변 활동을 위해서다. 이 여행의 정확한 용어는 "비우기 비행"이다. 벌들은 오줌을 누지 않는다.

자신의 작은 몸이 담을 수 있는 만큼의 물을 저장하고 요산의 형태로 아주 적은 양의 액체 상태의 노폐물을 배출한다. 요산에는 물이 거의 없다. 벌집 안을 항상 청결하게 유지하기 위해 열심히 일하는 소녀들에게도 "응가"를 해야 할 시기가 온다. 그럴 때는 벌집에서 아주 멀리 떨어질 때까지 배설물을 참는다. 벌들이 겨울에 벌집을 떠나는 주된 이유는 그저 밖으로 날아가 멋진 야외를 그들의 화장실로 사용하기 위해서다.

혹한이 닥쳤을 때 나도 벌들과 같은 처지였다. 배관이 얼어서 변기 물이 안 내려갔고 어쩔 수 없이 비바람과 싸우며 밖으로 나가서 강에 오줌을 눠야 했다. 무슨 생각을 하는지 안다. 바다로 흘러 들어가는 강에 노상방뇨를 하는 것은 나쁜 짓이고, 물이 없다면 내가 손은 어떻게 닦았을까 싶은가? 나도 걱정스럽긴 마찬가지다.

인터넷에서 발견한 귀여운 영상에 따르면, 바다에 오줌을 싸는 일은 환경에 나쁜 일이 아니다. 민물에도 동일하게 적용된다는 말은 아니다. 소변은 95퍼센트의 물과 요소, 나트륨, 염소, 그리고 칼륨 등의 부산물로 구성되어 있다. 우리의 요소와 꿀벌의 더 단단한 요산은 그 화합물과 형태가 조금 다르다. 바다는 인간의 요소에서 발견되는 것과 같은 화합물을 포함하고 있다. 또한, 또 다른 오줌 부산물인 질소는 바닷물과 결합하여 해양 식물들이 음식으로 사용하는 암모늄을 만든다. 게다가, 요소의 양은 아주 작은 한 방울에 불과하지만, 우리집 앞 강이 이동하는 큰 바다는 수십 억 리터에 달한다.

물이 없는 추운 겨울 동안 내가 어떻게 청결을 유지했냐면, 다행히도 내가 매일 아침 샤워를 하고 화장실을 사용했던 멋지고 따뜻한 주민센터와 (아무도 오줌을 누지 않았을) 수영장이 길 아래에 있었기 때문이다. 하지만 얼어붙은 배관은 다른 청결 문제들을 야기했다. 설거지할 물이 나오지 않아서 접시와 잔, 냄비들을 쌓아 놨다가 이틀에 한 번씩 갑판 위에 내 놓았다. 나도 벌들처럼 더러운 것들을 외부로 배출함으로써 선상가옥의 내부를 건조하고 깨끗하게 유지하기 위해 최선을 다했다.

겨울엔 가끔 두껍고 밝은 오렌지색 스키용 다운점퍼를 입고, 두툼한 점퍼 위에 양봉복을 걸친 채, 미끄러운 갑판을 조심스럽게 돌아다니며 벌들을 확인하곤 했다. 그럴 때는 차갑고 습한 강 바람이 집 안으로 들어가지 않도록 뒷문을 재빨리 닫는, 벌집 위의 뚜껑을 열 때와 같은 기술을 사용했다. 벌집 뚜껑을 열 때 나는 소중한 더운 공기가 빠져나가는 것을 입자 하나하나까지 예민하게 의식하고 있었다. 가끔씩 가서 내 벌들이 아직 살아있는 것을 확인했다. 언제나 안심할 상태였다. 찬장에 쟁여 놓은 식료품이 줄어들자, 벌들은 살아갈 만큼 충분한 꿀을 가지고 있는지 걱정됐다. 가을에 벌집을 줄이고 벌들을 살찌우기 위해 필요한 설탕물을 먹였을 때, 모든 꿀틀을 조심스레 들어올려서 무게를 측정했다. 틀을 들어올릴 때 안심할 만하다 싶어서, 나는 벌집에 봄까지 버틸 꿀이 충분하다고 믿었다. 경험에 의하면 통상적으로 겨울 동안 약 18킬로그램의 꿀을 벌집에 남겨둬야 한다. 나는 그해 겨울에 꿀을 한 방울도 꺼내지 않고, 모두 벌들에게 주었다. 그 해에는 나눠줄 꿀 한 병도, 심지어 나 자신을 위한 꿀 한 병도 없었다. 소녀들을 위한 나의 희생이었다!

그래도 소녀들이 충분히 먹을 수 있는 꿀이 있는지 확인하고 싶었다. 설탕물은 너무 추운 날씨에는 얼어 버리기 때문에, 지니는 가루 설탕과 얼지 않는 꿀을 섞은 희한한 반죽 같은 혼합물을 만들었다. 몇 주에 한 번씩 최악의 추위가 올 때 벌집 안에 그 혼합물을 몇 덩어리 넣어두면 벌들이 게걸스럽게 먹어 치웠다. 겨울이 끝날 때쯤엔 꽃가루도 먹었다. 양봉 클럽의 한 회원이 양봉 관련 상점에서 "화분 패티"를 사라고 알려 줬다. 나도 마트에서 산 식물성 버거 패티가 있으니까 벌들도 그들만의 패티를 받을 자격이 있다. 이름에서 알 수 있듯이, 그것들은 넓적한 원반 모양으로 만들어진 작고 기름진 꽃가루 덩어리로, 땅콩 버터 정도의 점도였다. 어디서 난 꽃가루인지는 모르겠다. 아마도 여름에 다른 불쌍한 벌집에서 훔쳐다가 겨울에 부유한 벌들에게 다시 먹였을 것이다. 내게 6달러를 받고 꽃가루 패티를 판 양봉가는 패티를 성냥갑 크기로 만들어 벌집 안쪽 꼭대기에 던져 놓고 벌들이 겨울이 끝날 무렵까지 씹어 먹게 하라고 조언했다. 그렇게 했지만, 확인해 보니 벌들은 손도 대지 않았다. 나는 2월 중순까지 혼자서 대용량 식물성 패티 한 상자를 다 먹어치웠는데.

봄은 언제나 찬란하다. 눈이 녹고, 얼었던 강이 흐르고, 꽃이 피기 때문이다. 새로 피어난 작은 노란색 붓꽃, 일렬로 핀 수선화, 그리고 향기로운 히아신스가 흙에서 튀어나와 벌들에게 소리친다. "식료품 찬장이 열렸어요! 어서 와서 가져가세요!" 활짝 핀 꽃들은 너무나 유혹적이어서 배고픈 벌들을 매료시키고 밖으로 끌어낸다. 나까지도 밖으로 끌려 나왔다. 보트의 배관이 녹고 물이 다시 흘러서 나는 더 이상 샤워실을 쓰러 주민센터를 방문하지 않게 되었다. 마트에 가는 걸 줄이고 자전거를 타고 지역 농산물 시장을 다시 방문하기 시작했다. 3월 말의 따뜻하고 화창한 어느 날, 채소 시장에서 즐겁게 먹거리를 비축하고 추운 겨울 동안 수분을 공급해 준 플라스틱 물병을 버리기 위해 그리 즐겁지는 않지만 재활용 센터에 들렀다가 선상가옥으로 돌아왔다. 소녀들이 뭘 하는지 참을 수 없이 궁금해져서 벌집에 가보고 싶어졌다. 아마 그들도 봄 청소와 재활용품 분리수거를 하고 있었을 것이다.

집에 도착했을 때, 보트로 향하는 경사로에 잠시 멈

춰 서서 벌집 입구 밖에서 40~50마리의 벌들이 행복하게 윙윙거리는 모습을 바라보았다. 내가 마트에 신선한 채소를 사러 나간 것처럼, 벌들은 신선한 꽃꿀과 꽃가루를 모으기 위해 날아다니고 있었다. 벌과 인간, 벌집과 선상가옥, 우리는 함께 혹독한 겨울을 건넜다. 4월, 5월, 6월, 7월, 8월은 식은 죽 먹기일 거다. 동장군이 얼굴을 찌푸리며 떠나가고 봄과 여름이 명랑한 색과 새소리를 내며 춤추듯 찾아오면, 인간은 종종 새로운 낙관주의와 목적의식으로 채워진다. 동장군이 우리의 걱정과 고민을 자루에 담아 그의 등에 메고 떠나기라도 한 듯 우리는 완전히 새로운 시작을 맞이한다. 나는 몇 년간 양봉에 대한 지식과 많은 교훈을 힘들여 얻어 왔다. 올해가 벌집의 적들을 물리칠 수 있는 적기라고 느꼈다. 그러면 소녀들과 나는 다시 살아나 활기를 되찾을 수 있을 것이다.

16 내 벌들은 모두 죽었다

양봉복은 검은색이 아니다. 벌들이 어두운 색을 더 잘 인식하는데다가 스컹크, 너구리, 곰과 같은 어두운 물체에 접근하는 것에 경계심을 느끼기 때문에 벌치기들은 흰옷을 입는다. 온통 하얗게 입으면 벌들이 덜 방어적이고 덜 불안해서 안전하게 벌집에 접근할 수 있다. 지금까지는 흰색이 양봉 복장의 표준이고 적절한 색이었다.

겉모습은 그럴싸했지만, 바지선을 탄 이 아저씨에게는 또 다른 위기의 해였다. 더 열심히 노력했고, 벌집을 유지하기 위해 내가 아는 모든 지식을 동원했다. 그러나 복수심에 찬 말벌들이 돌아왔고 다양한 곰팡이와 신비한 전염병은 더 강력해졌으며, 여왕벌은 제대로 번식을 하지 못해 왕위가 위태로워졌다. 초보 벌치기가 되고 세 번째 가을을 맞았지만, 여전히 스스로 꿀을 1리터도 수확하지 못했다. 동네에서는 아무도 **벌**이나 **꿀**이라는 단어를 언급하지 않기를 바라며 몰래 숨어다녔다. 양봉 클럽 모임에서도 뒷줄에 앉았다. 지니의 벌집이 번성하고 성장할 때도 입을 다물었다. 낮이 짧아지고 기온이 떨어지면서, 소녀들과 나는 너덜너덜하고 지친 몸으로 세 번째 겨울을 맞이하기 위해 몸을 웅크리고 희망을 잃지 않으려고 애썼다.

이듬해 3월, 회색빛 추운 겨울 오후, 벌집을 확인하기 위해 비바람을 무릅쓰고 밖으로 나갔다. 갑자기 양봉복이 검은색으로 나왔으면 좋겠다는 생각이 들었다. 평소의 밝고 가벼운 기분이 빠르게 슬픔과 후회로 변했다. 벌집은 얼음처럼 차갑고 조용했다. 바람이 거세게 불던 그날, 벌집에 있던 모든 벌들이 죽어 있는 걸 발견했다. 한 마리도 빠짐없이. 평소에는 뚜껑을 열고 잠시 멈춰 서서 행복하게 서로 협력하는 왕국에서 윙윙거리는 벌들의 화려하고 아름다운 모습을 감상했다. 그 광경이 내 마음을 가득 채웠다. 하지만 잿빛으로 흐린 그날 오후, 내가 들어올린 것은 관 뚜껑이었다.

망치로 가슴을 맞은 것 같았다. 검지손가락 길이만큼 쌓인 황갈색 시체 더미가 벌집 바닥에 놓여 있었다. 약 1만 마리로 줄어든 벌집은 끝내 겨울을 넘기지 못했다. 한 때는 풍부한 햇빛 에너지와 신나는 먹이 찾기 비행에 대한 기대가 가져온 봄날의 기쁨이 가득했던 이곳에, 이제는 뒤틀리고 메마르고 생기 없는 시체들이 산더미처럼 쌓여 있었다. 질서와 조직, 목적은 사라지고 말벌과 개미들이 와서 먹어 치워야 하는 수천 마리의 사체만이 남았다. 한때 꿀이 있던 방에는 곰팡이와 죽음의 냄새가 감돌았다. 3~4분 동안 벌집 바닥에 누워 움직이지 않는 벌들을 물끄러미 바라만 보다가 안으로 들어가 지니에게 전화를 걸었다.

오늘날의 양봉가들은 이전의 양봉가들에게는 없었던 심각한 문제에 직면해 있다. 바로 군집붕괴현상(Colony Collapse Disorder)이다. 50년 전까지만 해도 존재하지도 않았던 새로운 용어다. 오늘날, 모든 양봉가들의 벌통의 거의 절반이 매년 죽어가고 있다. 내 친구 악셀은 브리티시컬럼비아 동부의 꿀벌 조사원이다. 그는 나보다 여섯 살 정도 많고 반쯤 은퇴했고, 주정부에서 일하며, 인구가 매우 적고 아름다운 우리 주의 농업, 광업 지역에서 벌집을 조사하고, 조언도 하는 등 양봉가들에 대한 전반적인 지원을 담당한다. 그는 내가 아는 사람 중에서 가장 박식하다. 그가 우리 클럽에서 한 강연을 들은 적이 있는데, 강연 말미에 자신이 어렸을 때는 양봉이 얼마나 쉬웠는지 말해 주었다. 그와 그의 아버지는 매년 봄에 집의 평평한 지붕 위에 대여섯 개의 벌집을 놓고, 6개월 동안 아무것도 하지 않아도 가을에 많은 양의 꿀이 모였다고 한다. 또 겨울 내내 벌통을 밖에 두고 계속 아무것도 하지 않아도 모든 벌통이 아무 문제 없이 겨울을 났던 것이다. 강인하고 독립적인 재래종 벌들에게는 생존을 위한 양봉가의 개입이 필요하지 않았다. 물론, 50년 전의 세계는 기후, 인구, 벌 서식지 면에서 지금과는 매우 다른 곳이었다.

오늘날 꿀벌을 포함한 전 세계의 많은 벌 종이 죽어 가고 있다. 당황하기 전에 말해 두는데, 지구상에는 지금까지 우리가 알고 있는 것만 2만 종 이상의 다양한 벌들이 있다. 하지만 속 편하게 "꿀벌 몇 마리가 뭐 어때서"라고 말하기 전에, 우리가 알거나 혹은 아직 모르는 많은 환경적, 인간적 스트레스 요인들로 어려움을 겪고 있는 꿀벌 종들이 여러 면에서 모든 식물들과 일반적인 우리의 생태계의 안녕을 위한 바로미터라는 것을 생각해야 한다. 그들이 겪는 문제는 우리가 주의를 기울여야 할 조난 신호다.

이쯤에서 알베르트 아인슈타인이 했다고 잘못 알려진, 자주 쓰이는 인용문 하나를 공유할까 한다. 언젠가 아인슈타인은 아마도 다음과 같은 취지로 이같은 말을 한 것 같다. "만약 벌이 지구상에서 사라진다면 인간은 4년밖에 살지 못할 것이다. 벌이 없으면, 꽃가루 수분도, 식물도, 동물도, 사람도 없다." 다시 말하지만, 겁먹기 전에 전에 나비와 나방, 그리고 우리의 소중한 오랜 친구 바람을 포함한 다양한 꽃가루 매개자들이 있다는 것을 기억하라. 하지만 유엔식량농업기구에 따르면, 세계 식량의 90퍼센트가 100가지 농작물에서 나오고, 벌들은 그 100가지 농작물 중 71가지의 꽃가루 수분에 필요하다. 이것은 분명 깊이 생각할 문제이다.

나는 아인슈타인의 말보다는 내 말을 인용하려고 한다. 혹시 내 말이 아인슈타인의 말 다음으로 유명해진다면, 책에 기록해 놓아야만 내가 한 말이라고 영원히 주장할 수 있을 테니까. 데이브 도로기는 늦겨울 어느 날, 꿀을 만드는 똑똑한 소녀들의 죽음에 충격을 받았고 프레이저 강 위에서 슬픔에 몸을 떨며 이렇게 말했다. "만약 벌들이 내 집 갑판에서 사라진다면, 그것은 전적으로 내 잘못이다. 나는 지구상에서 가장 나쁜 벌치기이기 때문이다."

벌집이 죽은 것을 발견한 후, 나는 애도의 5단계 중 죄책감의 단계로 바로 들어갔다. 지니는 전화를 걸어 나를 위로하려고 했다. 최근에 네 개의 벌집에서 150킬로그램의 꿀을 수확했으니 꿀을 몇 통 주겠다고 했다. 또 내가 양봉에 관한 많은 실수를 저질렀지만, 적어도 배운 게 있었을 것이라고 짚어줬다. 그는 벌 상자의 겉면에 내가 그린 다채로운 그림이 정말 마음에 든다고도 해 주었다. 다섯 살 어린이가 된 느낌이었다. 전화를 끊고, 아직 살아 있는 벌이 몇 마리 있지 않을까 바라며 다시 밖으로 나갔다. 현실 부정의 단계임에 분명했다.

꿀틀 하나하나 주의깊게 살펴보면서 소방관들이 불에 탄 건물들을 뒤지며 시체를 찾을 때 어떤 경험을 마주하는지 조금이나마 알게 됐다. 각각의 밀랍 벌방은 한때 인큐베이션 방, 육아방, 또는 식품 저장 공간의 기능을 하던 작은 공간이었지만, 이제는 차가운 영안실에 지나지 않았다. 시체들이 꿀틀 표면 여기저기에 흩어져 있었고 방 안에 안치되어 있었다.

벌집의 어떤 부분은 화산 폭발로 인해 수 톤의 화산재 아래 묻힌 고대 이탈리아의 도시 폼페이처럼 보였다. 폼페이는 거의 2,000년이 지나 발굴되었고, 고고학자들은 폼페이인들의 사망 당시 자세를 정확하게 볼 수 있었다. 머리를 벌방에 처박은 채 죽은 벌의 사체를 보았을 때 마음이 아려왔다. 그 모습은 분명 남은 꿀을 먹고 있었던 게 틀림없다. 4분의 3 정도 발달이 진행된 유충이 태아의 형태를 하고 웅크린 채 죽은 것도 목격했다. 밀랍방을 만들 때 취하는 자세로 다리를 뻗은 불쌍한 작은 벌들, 그리고 무고한 신생아 벌도 보고 말았다. 미안하지만 더 이상은 못하겠다. 간절했던 나의 마지막 바람과는 달리 생존자는 한 마리도 없었다. 토할 것 같았다.

따뜻한 선상가옥으로 돌아가는 길에, 나는 모든 벌들이 그냥 죽었을 리가 없다고 계속 생각했다. 분명히 몇몇은 여전히 어딘가에서 윙윙거리며 살아 있지만 귀가가 늦는 건 아닐까? 내일이면 돌아오지 않을까? 나는 고양이가 사라진 지 3주가 지났지만 여전히 집으로 돌아올 거라 믿는 고양이 집사처럼 굴었다. 고양이는 사실 이미 잡아먹혔을 텐데 말이다. 그날 밤 늦게 나는 애도의 5단계 중 현실 부정의 단계에 갇혀 있음을 깨달았다. 마틴 루터 킹의 말처럼 "우리는 유한한 실망을 받아들여야 하지만, 무한한 희망을 결코 잃지 말아야 한다." 나는 심지어 밤 사이 돌아온 벌들을 발견할 수 있기를 바라며 다음날 아침 해 뜨는 시간에 일어나기 위해 아이폰에 알람을 설정했다.

다음으로 분노의 단계가 찾아왔다. 이 일은 내게 꽤 나 큰 충격이었다. 나는 이 양봉 사업에 총 2,000달러를 투자했다. 미리엄이 벌집을 가져다줬던 행운의 첫 해, 꿀 대박을 터뜨리고 권위 있는 상을 받았던 행운의 첫 해를 제외하면, 나는 꿀을 한 방울도 수확하지 못했다. 양봉 서적, 벌 학교, 컨퍼런스, 클럽도 다녔고, 수많은 장비들, 두 마리의 새로운 여왕벌, 그리고 알과 유충이 있는 꿀틀에도 투자했다. 그런데 지금, 벌들은 몇 번의 쏘임과 끝없는 당혹감만 안겨주고, 모두 죽고 말았다. 화가 안 나겠는가. 아웃야드로 가는 길에 낡은 트럭 뒤에 실린 벌집이 뒤집어졌을 때처럼 화가 났고, 사악한 말벌의 침입을 막는 경비벌만큼 맹렬하게 화가 났다. 2,000달러면 남은 평생 먹을 만큼인 꿀 400병을 살 수 있는 돈이라는 건 말할 필요도 없다. 양봉 후에 내게 남은 것은 휘황찬란한 색상의 텅 빈 벌통들과 찢어진 양봉복, 그리고 상처 입은 자아와 마음뿐이었다.

그 다음은 우울 단계였고, 다행히도 이 어두운 심연은 하루 아침만에 지나갔다. 다양한 감정을 담은 애도 과정은 놀라울 정도로 빠르게 진행됐다. 다음날 일어나서 벌집으로 돌아온 벌이 없다는 것을 어쩔 수 없이 받아들인 후에, 나는 죽은 벌의 시체 수천 구를 처리해야만 했다. 얼마나 섬뜩한가. 나는 이 작은 시체들을 전에는 다정하게 "소녀들"이라고 불렀다. 보통 벌이 들어 있는 상자를 들어올릴 때는 천천히, 신중하고 섬세하게 들어올리지만 선상가옥 갑판 위의 빈 상자들은 더 이상 그렇게 공들여 처리할 가치가 없었다. 나는 극도로 불쾌한 그 작업을 가능한 한 빨리 끝내고 싶어서 3층짜리 죽음의 집을 재빨리 분해했다.

뒤이어 모든 위엄과 예의를 갖춰 쓰레기를 꺼내야 했다. 존중하고 엄숙하고 의미 있는 방법으로 1만 마리의 벌을 처리할 방법은 없다. 그래, 그들이 모두 죽었다는 사실은 슬펐다. 결국, 그들 하나하나가 개별적 벌레였고 각각의 벌들은 그 자체로 고유한 생명체였다. 하지만 내가 뭘 할 수 있겠는가? 죽은 벌을 한 마리씩 집어 들고 작별인사를 해야 하나? 아니면 하나씩 강에 던져야 하나? 그런 의례적인 과정을 거치면 하루 종일 걸릴 테니 비현실적인 방안은 차치하고라도, 어떻게 처리할지 자체에 관심이 없었다. 나는 대부분의 사람들이 이런 상황에서 할 것이라고 생각되는 일을 했다. 죽은 벌들이 수북하게 쌓여 있는 바닥 판을 뽑아들고 프레이저 강 위로 내밀어 판을 뒤집었다. 나는 속으로 "재는 재로, 먼지는 먼지로, 벌은 강바닥으로"라고 읊었다. 물살에 떠내려가는 벌들이 마치 장례식 배를 타고 꽃이 흐드러지게 피어 있는 벌의 사후세계로 향하는 1만 명의 이집트 여왕 미라들 같았다. 벌의 시체들을 먹어 치울 물새들이 주변에 하나도 없어서 다행이었다. 고맙게도, 죽은 벌들은 진흙투성이의 강을 따라 평화롭게 바다로 떠내려갔다. 눈에서는 멀어졌지만 마음에서 떠나지는 않았다. 말할 필요도 없이, 나는 그 아침 내내 넋이 나간 기분이었다.

애도의 단계 중 죄책감에 대해서라면, 나는 가장 확실하게 유죄였다. 시간과 돈을 아무리 투자했어도 나는 여전히 무능한 벌치기였다.

마지막 단계인 수용으로 들어가기까지 가장 긴 시간이 걸렸다.

나는 우리 동네에서 벌치기로 꽤 명성을 날렸다. 심지어 다른 선상가옥 주인들에게 꿀을 나눠 주기도 했다. 종종 강 근처 작은 교외 마을 중심가에서 그들과 마주치곤 했다. 시내에서의 일이란 꽤 사교적인 분위기 속에서, 서로 농담을 주고받으며 잡담을 나누는 것이다. 유일한 문제는 그 잡담이 거의 항상 벌들에 대한 질문으로 이어진다는 것이다. 만약 여러분이 사랑하는 존재 1만 명을 잃었는데, 비록 그들이 가축과 반려동물의 중간쯤 되는 존재라고 해도, 다음날 어떤 선량한 이웃이 마트 저쪽에서부터 활짝 웃으며 "안녕, 데이브, 벌들은 어떻게 지내니?"라며 말을 걸어온다면 기분이 어떨지 생각해 보라. 불쌍한 죽은 벌들의 몸에 일어난 사후경직처럼, 나는 얼굴에 차갑고 무표정한 미소를 장착했다. "잘 지내고 있어." 나는 거짓말을 했다. 그들이 모두 죽었다는 것을 받아들일 수 없었다. 아무렇지도 않게 그런 얘기를 할 용기가 나지 않았다. 가끔은 우연히 만난 사람들이 이렇게 묻곤 했다. "꿀을 더 따면 우리가 조금 살 수 있을까요?" 나는 아쉬운 듯 고개를 저으며 대답하곤 했다. "올 봄에 꽃꿀이 잘 안 나온다고 해서 언제쯤 드릴 만큼 모일지 모르겠어요. 하지만 종종 알려드릴게요." 심지어 마트 통로 중 하나를 따라 내려가 물엿을 섞은 값싼 중국산 꿀을 사서 내 항아리에 담아서 이웃들에게 나눠 주어서 그들이 입을 다물고 나를 내버려두게 만들고 싶다는 음울한 생각까지 들었다.

이사를 갈 수도 있었다. 어쨌든, 내가 사는 집은 배였고, 꽤 이동성이 좋았다. 예인선 직원인 브렌트에게 전화한 통만 하면, 죽은 벌들의 자취를 따라 강을 내려가 다른 굽이에 있는 선착장으로 갈 수 있었다.

한심했다. 나는 수상 경력이 있는, 정부가 공인한 양봉가인 척하며 거짓으로 살아왔다. 자연인인 척, 친근한 양봉가 이웃, 신선한 꿀을 주는 사람, 벌 학교 최고 학생들 중 하나인 척을 하며 말이다. 정신 차리자. 나는 누구를 속여 온 것일까? 수상 경력은 누나와 매형의 것이나 마찬가지였고, 양봉가 시험에서는 부정행위를 했다. 나의 산만한 본성, 내가 바란 요행, 나의 서툰 방식, 그리고 사소한 것에 대한 부주의가 내 벌들을 모두 죽였다. 모두 내 잘못이다. 미리엄과 렌이 벌집을 주고 간 지 3년 만에 나는 영웅에서 그냥 0이 되었다. 애도의 모든 단계 중에서 죄책감의 단계가 내 멱살을 잡고 흔들며 놔주지를 않았다.

수치감에 몇 주 동안 쇼핑하러 나가지 않았고, 대신에 시리얼에서 마카로니와 치즈에 이르기까지 모든 것을 평상시 마트에서 사서 쟁여 둔 특대 사이즈 상품들로 먹고 살았다. 괜찮았다. 나는 살아남을 것이다. 하지만 벌들은 돌아오지 않을 것이고, 내가 할 수 있는 일은 아무것도 없었다. 양봉가들은 내 벌집에 일어난 일을 "집단 폐사"라고 부르고 나는 스스로를 "바지선의 패배자"라고 부른다.

나는 좀 오랫동안 자책했다. 아이를 키우는 아버지처럼 소녀들이 건강하고 행복하게 자라기를 바랐다. 내 벌들에게 가장 좋은 것을 주길 원했다. 어디서부터 잘못됐던 걸까?

그러던 어느 날, 나는 아마추어와 심지어 전문 양봉가들이 매년 기르는 벌집의 거의 50퍼센트가 죽어가고 있다는 통계에 불편한 위로를 얻으며 스스로에 대한 연민을 멈추었다. 내 벌집에만 이상한 일이 일어난 게 아니었다. 나는 스스로를 괴롭히는 짓은 적당히 하고, 그보다 우리의 꿀벌을 죽이고 있을지도 모르는 무언가에 의미를 부여하기로 했다. 연구 결과 발견한 사실이 너무 중대했기에, 내 벌집에 일어난 개별적인 죽음에 대한 책임은 **일부** 내게 있다고 받아들이기로 했지만, 상황을 좀 더 거시적인 관점에서 보면 전 세계적으로 꿀벌이 줄어들고 있는 상황에 대한 책임은 더 많이 알려져야 한다. 더 큰 힘이 작용하고 있다는 것을 알게 되어 마음의 짐을 조금 덜기는 했지만, 한편 더 불안하기도 했다.

군집붕괴현상이라는 기이한 현상은 벌집이 광범위하게 감소하는 데 큰 역할을 했다. 내 벌집에 일어났던 일이 군집붕괴현상은 아니었다. 그건 정말 '집단 폐사'였지만, 군집붕괴현상에서 작용하는 일부 요인들이 내 벌집도 잡아 먹었을 가능성이 있다. 군집붕괴현상은 2006년경 처음 나타났으며 10년이 넘도록 계속해서 대혼란을 일으키고 있다. 갑자기 이상한 일이 벌어졌는데, 벌들이 상업용 벌집에서 사라지기 시작한 것이다 벌들의 시체가 남아 있지도 않았고 응애, 병원체, 포식자의 흔적도 없었다. 더 이상한 것은, 여왕벌과 아이들은 남겨졌다는 점이다. 일꾼들이 얼마나 부지런히 여왕을 보호하고 섬기는지 잘 알 것이다. 드문 일이지만 여왕벌은 혼자 남아서도 왕국을 유지하기 위해서 지칠 정도로 더 많은 알을 낳는다. 하지만 이 놀라울 정도로 알을 낳는 여왕벌조차 일벌과 수벌로 이뤄진 벌집 전체를 대체할 만큼 빨리 알을 낳지는 못한다. 그래서 엄청난 수의 죽은 벌집이라는 무서운 결과에 이르는 것이다. 어느 때에는 500개의 벌집이 하룻밤 사이에 없어진 것처럼 보였다. 언젠가는 미국의 양봉왕 브렛 에이디가 몇 달에 걸쳐 약 20억 마리의 벌들이 든 4만 개의 벌집을 잃었다. 그리고 같은 일이 그에게 2016년에 또 한 번 일어났다. 그는 9만 개의 벌집 중 약 절반을 잃었다.

어설프게 응애를 없애려고 했던 일, 말벌을 놓쳤던 것, 그리고 잘못 끓였던 설탕물까지, 다 지난 후에 왜 그랬는지 되새기는 일을 멈춰야 할 것 같다. "데이브," 나는 스스로에게 말했다. "이젠 그만 해도 돼. 벌들이 죽은 이유 중 일부는 네가 어떻게 할 수 있는 게 아니었어."

한동안 군집붕괴현상을 조사하는 과학자들은 혼란스러워 했고, 그 원인에 대해서는 여전히 정확히 합의된 바가 없다. 우리가 아는 건 복합적인 이유가 있을 가능성이 높다는 것뿐이다. 이해하기 쉬운 대여섯 가지 의심되는 요소만 집중적으로 짚어 보겠다. 물론 나는 벌집 하나를 잃은 아마추어 양봉가일 뿐 곤충학자는 아니지만 지금까지 군집붕괴현상에 대해 이해한 번변찮은 내용을 나누고자 한다.

예를 들어 아몬드와 마트에서 대량으로 살 수 있는 아몬드 우유부터 시작해 보자. 나는 아몬드 우유가 소젖보다 건강에 좋다고 생각하고, 맛도 좋아서 많이 마신다. 또 선상가옥을 나설 때는 손에 반드시 한 줌의 아몬드를 챙겨 나간다. 자, 그럼 아몬드와 벌은 무슨 상관이 있을까?

아랍 국가들이 세계 석유 생산을 지배하는 것처럼 캘리포니아는 세계 아몬드 생산을 지배한다. 세계에서 생산되는 모든 아몬드의 80퍼센트 이상이 그곳에서 생산된다. 골든 스테이트*에서 아몬드가 대량 생산되는 방식은 놀랍고, 덕분에 나는 코스트코에 가서 30달러로 1킬로그램의 아몬드를 살 수 있다. 우리의 놀라운 꿀벌들은 캘리포니아 아몬드 산업의 성공과 중요한 관련이 있다. 매년 봄 캘리포니아의 아몬드 작물을 수분시키기 위해서는 160만 개의 상업용 벌통이 필요하다. 다시 한 번 말하지만 160만 마리의 벌이 아니라 160만 개의 **벌통**이다. 그리고 이것은 아몬드만을 위한 것이다. 게다가, 벌들은 농업 수분을 위해 플로리다와 중서부에서 워싱턴에 이르기까지 북미 전역에서 트럭으로 운송되어 그 지역의 체리와 사과를 수분시킨다. 처음 있는 일은 아니다. 이집트인들도 바지선을 타고 나일강을 따라 벌집을 띄웠으니까. 그러나 엄청난 수의 벌과 벌집을 트럭으로 운송하는 것은

---

* 캘리포니아 주의 별명.

꽤 최근의 상황이다. 벌통은 나무들이 꽃을 피우고 꽃가루가 무성한 짧은 기간 동안만 필요하기 때문에, 그 일이 끝나면 다시 트럭에 실려 다음 목적지로 향한다. 벌집들이 늘 길 위에 있고 자신이 공연할 다음 도시에 대해 어렴풋하게만 알고 있는, 전국 투어로 몹시 지친 락앤롤 밴드 같다는 생각이 든다.

그래서 매년 봄에 꽃이 피는 아몬드 나무의 경우, 북미 전체에서 관리되는 벌통의 절반 이상으로 추정되는 약 160만 개의 벌통이 멀리서 트럭에 실려 모여든다. 미국 전역의 대부분의 전문 양봉가들은 심지어 이 먼 캐나다까지 수분을 위한 벌집 대여로 버는 돈이 꿀을 팔아서 버는 돈보다 더 많다. 슬프게도, 그들의 국내 꿀 판매 수익은 해외에서 온 사양벌꿀에 상당 부분 빼앗겼다.

지니와 나는 전에 날씨와 토양 조건이 아몬드 재배에 이상적인 캘리포니아의 샌 호아킨 밸리를 자전거로 종주했는데, 그때 눈으로 직접 지천에 널린 아몬드를 봤다. 우리는 보통 시속 20킬로로 자전거를 탔는데, 한 시간 내내 눈이 닿는 곳 어디에나 똑같은 아몬드 나무들이 줄지어 있는 것을 목격했다. 800미터씩 늘어선 나무들의 세 줄에 하나씩, 둥치 쪽에 벌집 네 박스가 가지런히 놓여 있었다. 우리가 지나온 것은 전체 아몬드 산업의 규모에 비하면 보잘것없었다. 2015년 캘리포니아 식량농업부는 캘리포니아 주에 100만 에이커 이상의 아몬드 농장이 있다고 추정했다. 그 거대한 농장에 있는 각각의 아몬드 나무들이 꿀벌 한 마리가 찾아와 꽃가루를 살짝 집어다가 그 줄의 다른 아몬드 나무에 떨궈 주기를 기다리고 있다 대부분의 식물들은 바람과 다른 식물의 도움을 받기도 하지만, 아몬드는 100퍼센트 벌 수분에 의존한다.

하지만 벌들을 캘리포니아 꽃가루 배달원으로 이용하느라 국토를 횡단했다가 돌아오게 함으로써 나처럼 검소한 고객들이 아몬드 한 봉지에 몇 달러를 절약하게 하는 것은 절대로 자연의 의도가 아니다. 차를 타고 미 대륙을 가로질러 운전하는 것이 우리의 신체 리듬을 깨뜨리는 것처럼, 벌들에게도 좋지 않다. 벌들은 부정적인 스트레스를 받게 되고, 새로운 날씨 패턴, 새로운 온도, 그리고 매번 달라지는 태양의 위치에 빠르게 적응해야 한다. 게다가 인간도 여행을 하면 감기, 독감 또는 알레르기에 노출되는 것처럼, 벌들도 여행으로 인해 낯선 병원체, 곰팡이, 그리고 다른 환경적 영향에 노출된다. 무엇보다 매일 꾸준히 아몬드 나무 꽃꿀과 꽃가루만 섭취하는 식단은 부자연스럽다. 오해는 마시라. 나는 누구보다 아몬드를 사랑하지만 아몬드만 먹고 살 수는 없지 않은가.

그렇다면 벌들을 구하기 위해 코스트코에서 아몬드를 그만 사는 게 답일까? 음, 그럴 수도 있지만 사실 그렇지는 않다. 아몬드 산업 없이는 현재의 꿀벌 산업 형태도 존재할 수 없다. 복잡한 문제다. 군집붕괴현상은 기후

와 꿀벌 그리고 지구상의 생명을 망치고 있는, 인간의 모든 인위적인 개입을 지적하는 포괄적인 개념이다. 이 모든 것을 한마디로 요약하면 '인구 과밀 현상'이다. 벌통에 많은 벌을 쑤셔 넣는 것처럼, 이 행성에 이렇게 많은 사람이 밀어 넣어져 있는 상태 말이다.

군집붕괴현상과 꽃가루를 찾는 작은 친구들이 몰락한 원인이라고 의심되는 다른 한 가지 역시 농업과 관련이 있다. 현대의 과일과 채소 농업은 단일 재배라고 불리는 방법을 사용한다. 이 매력적인 4음절 단어의 의미는 오로지 한 가지 작물만 재배한다는 것이다. 옛날에는 소규모 가족농들이 일년 중 서로 다른 시기에 무르익을 수십 가지의 다양한 작물을 심고 일했다. 그렇게 농사를 지어 가족들은 생계를 지속하고 벌들은 뷔페식 식사를 즐길 수 있었다. 콩, 옥수수, 당근, 밀, 감자가 완벽하게 조화를 이루며 나란히 있는 모습은 조금도 특이한 일이 아니었다. 다행히도, 현재 지속 가능성에 초점을 맞춘 많은 소규모 농업이 이 관행을 부활시켰다. 게다가, 비교적 최근에 우리가 잔디밭과 잔디 깎기에 집착하기 전에는, 집주인들은 완벽하게 손질된 잔디 대신 닭, 염소, 꽃, 그리고 채소들을 앞마당에 두곤 했다. 심지어 더 큰 농장들은 벌들의 안식처인 키 큰 풀과 꽃들을 경작된 농작물 바로 옆에 놓아두곤 했다. 하지만 지금은, "해충"의 접근을 막기 위해, 대부분의 기업형 농장들은 밭 가장자리에 생태

통로를 남겨두지 않는다.

단일 재배는 아몬드 농업에만 국한되지 않는다. 캘리포니아 횡단 자전거 여행에서 지니와 나는 다양한 대규모 단일 재배 작물들을 정말 많이 보았다. 이 방법은 높은 수확량과 효율을 목표로 하는 대규모 농업 관행, 이익률에만 관심이 있는 대기업, 그리고 먹거리가 필요한 터질 듯 과밀한 인구가 낳은 결과다. 오늘날 우리가 마트에서 구입하는 거의 모든 "완벽한" 과일이나 채소는 단 한 가지 작물을 수확해서 비용 절감 효과를 얻는 기업 농장에서 재배된다. 무농약 혹은 저농약으로 다양한 작물을 재배하는 소규모 농장에서 재배되어 팔리는 과일과 채소는 색깔, 모양, 흠집 면에서 결코 "완벽"하지 않다. 오늘날 먹거리가 어떻게 대량 생산되고 경작되는지에 대해서는 다들 잘 알겠지만 잠시 멈춰서 벌의 관점에서 생각해 보자. 벌들에게, 이 두 가지 농사 관행은 맛있고 다양한 음식을 맘껏 먹을 수 있는 유기농 뷔페와 전형적인 저녁 식판에 담긴 매시 포테이토와 농약 드레싱을 바른 크림이 범벅된 소고기 조각을 계속 먹는 것만큼의 차이가 있다.

벌들의 꽃가루와 꽃꿀의 원천으로 악명 높고 잠재적으로 사악한 유전자 변형 식품 작물인 GMO 얘기는 꺼내지도 않았다. GMO는 복잡한 논쟁 주제이기 때문에, 단일 재배도 GMO도 자연스럽지 않다는 것쯤으로 해 두자. 다만 대자연이 수백만 년 전에 놀랍고 다양한 종류의 벌을 만들어냈을 때에는, 오늘날 우리가 생산하고 벌들에게 먹이는 그런 음식들은 없었을 것임은 확실하다.

상업용 벌들을 유지하기 위해 사용하는 특별한 방식 중 하나도 군집붕괴현상에 깊은 영향을 줬을 거라 추측된다. 짐작했겠지만, 흰색으로 정제된 단맛의 왕, 설탕이다. 양봉가들은 단일 재배 작물을 위해 상업용 벌들을 여기저기 트럭으로 실어 나르고, 이와 동시에 야생에서는 점점 먹이를 찾기가 어려워져서 설탕물 용액을 더 많이 사용하는 쪽으로 눈을 돌리고 있다. 불행하게도, 벌들이 설탕만으로 살아남을 수 없다는 것이 점점 더 분명해졌다. 인간처럼, 벌들도 탄수화물과 단백질의 균형이 필요하다. 벌들은 벌집에서 꿀을 마실 때 탄수화물을 섭취하고, 꽃가루를 통해 이상적인 단백질을 얻게 돼 있다. 바쁜 일정과 사탕수수 설탕 섭취량의 증가로 인해 꿀벌들은 영양실조를 겪고 있다. 물론, 그로 인해 질병, 응애, 그리고 곰팡이 같은 다른 모든 스트레스 요인들도 증가하는 위험에 빠지게 된다.

꿀벌의 운명에 인간이 간섭할 수 있는 다음 단계는 유기농과는 거리가 멀고 첨단 기술에 가까우며, 상당한 논란의 여지가 있다. 아몬드를 먹고 단일 재배로 생산된 농산물을 섭취하는 것에 죄책감을 느끼기 시작했는가? 다음 단락에 또 다른 경고가 있다. 당장 휴대전화를 꺼라.

군집붕괴현상이 처음 등장했을 때 연구는 주로 기술

적인 것에 관심을 뒀다. 스위스의 한 연구에 따르면 휴대폰과 관련된 전파 신호가 불쌍한 꿀벌의 매우 민감한 신경계를 혼란스럽게 만든다는 사실이 밝혀졌다. 휴대폰 전파에 노출되면 벌들은 벌집을 방해하는 것이 있거나 벌떼를 만들려고 할 때 그들이 하는 방식으로 소리를 낸다. 휴대폰 신호와 군집붕괴현상을 연결하는 이 독창적인 이론은 이후 후속 연구에 의해 의문이 제기되었다. 하지만 생각해 보자. 복잡한 대기 속에는 휴대폰 뿐만 아니라 수없이 많은 주파수가 하늘을 통해 전파되고 있으며, 그중 상당수는 반세기 전에는 전혀, 적어도 지금 같은 정도로는 존재하지 않았다. AM과 FM 라디오 전파, 단파 라디오 전파, 레이더, 전자레인지, 그리고 와이파이. 주파수 및 전파 목록은 끝이 없다. 벌들은 윙윙거리는 소리와 진동수, 그리고 와글댄스로 의사소통을 한다. 그래서 인간의 기술적 소음이 적어도 한 번은 거대한 편두통을 일으키는 것이 틀림없다. 나는 과학자가 아니기에 이렇게 많은 무선 주파수와 전자기 소음이 어떻게 벌들의 의사소통을 심각하게 방해하는지는 밝혀 내기 어렵다.

그리고 이 문제는 의사소통보다 더 심각하다. 벌들은 선천적으로 정교하게 조율된 전기 감각을 가지고 있다. 빌은 양전하를 띠고 꽃은 음전하를 띤다. 벌들이 꽃가루 수분을 할 때, 이 둘이 반응하여 정전기가 일어나 꽃가루가 벌의 털에 달라붙는다는 의미다. 우리의 온갖 도구와

21세기형 장비 중독으로 인해 발생하는 전파가 벌들에게 는 반가울 리 없다.

당연히 살충제는 군집붕괴현상 미스터리의 또 다른 주요 용의자다. 단일재배 작물에 번성하는 다양한 해충을 박멸하기 위해 현재 사용되는 광범위한 살충제 중에서 네오니코티노이드는 꿀벌 감소와 밀접한 관련이 있는 것으로 밝혀졌다. 이름 속에 숨겨진 **니코틴**이라는 단어를 생각해 보라. 이런 이름을 가진 살충제가 꿀벌에게 좋을 리가 없다.

GMO와 단일 재배를 개발한 장본인들이 니코틴과 화학적으로 관련된 새로운 종류의 살충제를 개발했다. 이러한 독극물에 노출된 꽃의 옆면에는 담배 상자 옆면에 적힌 것처럼 꿀벌을 위한 경고가 적혀 있지 않다. 벌들에게까지 경고해 줄 의무는 없기 때문이다. 네오니코티노이드라는 용어는 기본적으로 "새로운 니코틴 류의 살충제"라는 뜻이다. 우리가 담배를 피울 때 흡입하는 니코틴처럼, 네오니코티노이드는 해충의 신경 시냅스에 있는 특정 수용체에 작용한다. 네오니코티노이드는 동물, 조류 또는 사람보다 벌레에 훨씬 더 독성이 강하며, 지독한 꿀벌응애에 대한 꿀벌의 감염률을 높이는 것과도 관련이 있다. 네오니코티노이드가 인기 있는 이유는 사용하기 쉬워서인데, 수용성이라 토양에 쉽게 스며들고, 식물이 이를 빨아들일 수 있다. 그 다음 단계는 꽃꿀에 굶주린 꿀벌이 살충제를 함께 마셔 버리는 것이다. 꿀벌이 꽃꿀을 한 모금 마실 때마다 담배를 깊이 빨아야 한다고 생각해 보자. 그렇기에 꿀벌에게 좋지 않을 거라고 말한 것이다. 꿀벌은 또한 새들의 주요한 먹이이기 때문에, 이 작은 해충 방제 칵테일이 어떤 부정적인 연쇄 작용을 일으킬지는 쉽게 예단할 수 없다.

연구에 따르면 네오니코티노이드에 약하게 노출되는 경우 꿀벌이 곧바로 죽지는 않지만, 꽃꿀을 먹는 능력, 꽃의 위치를 학습하고 기억하는 능력, 벌집으로 돌아가는 길을 찾는 능력이 손상될 수 있다. 인간은 담배를 끊을 수 있지만 벌들은 네오니코티노이드를 스스로 끊을 수 없다. 벌들의 건강은 이익과 재선을 염두에 둔 현대의 농부들과 국회의원들이 농작물에 더 많은 살충제를 살포할지 말지 하는 결정에 달려 있다. 벌들의 기침 소리가 점점 더 크게 들릴 것만 같다. 다행히 일부 국가에서는 네오니코티노이드 사용을 제한하는 규정을 통과시켰다. 다만 농약 규제를 완화해야 한다는 대형 농업법인의 압력이 있는 경우가 많아서, 네오니코티노이드 사용이 제한되는 방식은 통과된 개별 규제에 따라 달라질 수밖에 없어 문제가 해결됐다고 안심할 때가 아니다. 또한, 모든 나라가 네오니코티노이드 사용을 제한하는 것도 아니다. 일부 소식통에 따르면 네오니코티노이드가 군집붕괴현상의 주범일 수 있다는 이론은 뜨거운 논쟁거리다.

자, 이제 불쌍한 소녀들의 운명과 벌집의 폐사 원인을 가려내는 것이 얼마나 복잡한지 알겠는가.

　서로 연결된 수많은 요인들이 군집붕괴현상의 원인으로 의심된다. 마지막 요인은 거대한 세계적 난제인 기후 변화다. 만약 기후 변화로 인한 온도 이상으로 만년설이 이른 시기에 녹고 꽃이 일찍 피게 된다면, 벌들이 쉽게 적응할 수 있을지 확실하지 않다. 꽃은 일찍 피는데 꽃가루를 매개할 벌이 없다면 문제가 생길 거라는 건 아인슈타인이 아니어도 알 수 있다. 벌들은 0.5킬로그램의 꿀을 만들기 위해 약 200만 송이의 꽃을 방문해야 한다. 만약 아무도 봄이 일찍 왔다고 말해 주지 않아서 벌들이 꽃이 핀 줄 모른 채 몇 주를 놓쳐 버린다면, 나중에 더 많은 꽃을 찾아다니며 이를 만회할 시간이 있을까? 늦은 봄에도 충분한 꽃이 필까? 그리고 어느새 증가하고 있는 지역의 가뭄 현상은 어떤 영향을 미칠까?

　과학자들은 기후 변화가 벌들에게 미치는 정확한 영향을 빠르게 종합하고 예측하려고 노력하고 있다. 초기 징후는 해로운 쪽으로 결론이 났는데, 이는 놀랄 일이 아니다. 아, 그리고 기후 변화가 인류에게도 몇 가지 문제를 일으킬 거라는 얘길 했던가? 계절의 길이, 기온, 그리고 이용 가능한 물은 우리의 식량 작물을 재배하기 위한 필수 요소이다. 이미 예측을 들었을 것이다. 기후 변화가 이 필수 요소들을 망칠 것이고, 이미 망치고 있다는 것을 말이다. 나라면, 아몬드를 사재기할 것이다.

결국 벌의 삶을 둘러싼 모든 위협을 고려하고 나니 내 자신의 무능함에 대해 조금 덜 혼란스러워졌다. 복잡한 요소들이 너무 많아서 폐사의 정확한 원인을 찾는 것은 불가능하다. 내 양봉 기술이 부족해서였을까, 아니면 군집붕괴현상이 원인이었을까? 아마도 둘 다일 것이다. 군집붕괴현상을 일으키는 주범들은 전체적으로 벌집을 약화시키고 있었고 내 벌집은 전 세계적인 전염병의 작은 축소판이었을 뿐이다.

벌집을 잃은 것에 대해 오래도록 곰곰이 생각한 끝에, 마침내 곤충 애도 과정 중 '수용' 단계에 이르렀다. 어쩌면 나는 형편없는 벌치기가 아니라 아마도 인생에서 양봉을 너무 늦게 시작한 초보자일 뿐이다. 나는 10대 시절부터 벌을 쳤던 우리 동네 벌 전문가 악셀을 떠올려 보았다. 그가 양봉을 시작한 1970년대 중반에는 유전자 변형 식품, 기후 변화, 휴대전화, 단일 재배, 네오니코티노이드가 없었다. 레이첼 카슨의 1962년 저서 『침묵의 봄』에서 다뤘던 살충제 이야기로 크게 한 바퀴 돌아온 것 같다. 다시 인간들이 대자연의 완벽한 시스템에서 우물쭈물하며 문제를 일으키고 있다. 오래 전 브리티시컬럼비아 웨스트 쿠테네이스 지역의 꽃으로 가득한 넓은 공터 옆에 있는 벌집에 사는 악셀의 강인한 벌들을 떠올렸다. 뒤에는 눈 덮인 산이 있고 공기가 너무 신선해서 그들의 작은 폐는 아마도 기쁨으로 비명을 질렀을 것이다. 악셀의 벌들은 독립적이었고 인간의 개입이 거의 필요하지 않았다. 그때 만약 양봉가가 되었다면, 많은 꿀을 가졌을지도, 그 무게 때문에 선상가옥이 기울어졌을 수도 있었겠다는 상상을 해 봤다.

잠시나마 슬픔이 가라앉았다. 하지만 50년 후에 벌 키우기에 도전하는 불쌍한 취미 양봉가들의 모습을 상상하니 다시 우울함이 밀려왔다. 병들고 무기력한 벌을 키우기 위해 고군분투할까? 거대한 실내 온실에서만 벌을 키울 수 있게 될까? 휴대폰 전원을 끄고, 와이파이 공유기를 끄고, 라디오를 끄고, 선상가옥의 갑판에 있는 유전자가 조작되지 않은, 무농약 꽃을 돌보러 갔다. 식물들이 건강한 상태를 유지하도록 신선한 물을 듬뿍 줬다. 프레이저 강을 따라 먹이를 찾아 날아다니는 활기찬 벌들에게 꿀을 제공할 수 있도록.

17 헤어질 결심

우리 모두는 갈림길에 선다. 인생은 크고 작은 결정들을 스스로 내리는 즐거움의 연속에 지나지 않는다. 해외 취업, 대학 복학, 결혼, 집 구입, 자동차 구입, 멕시코 자전거 여행 같은 큰 결정들을 내릴 수 있다. 빌렸던 터키색 스웨터를 돌려주고, 복권을 사고, 다이어트를 시작하고, 어니스트 헤밍웨이가 쓴 모든 책을 읽고, 침대를 정돈하는 건 작은 결정들이다. 지난 몇 년 동안 내가 여행했던 길은 나를 '양봉을 계속할지 말지'라는 중대하지도 사소하지도 않은 결정으로 이끌었다.

솔직히 말하면 나는 양봉을 그만두고 싶은 마음이 컸다. 긴 해외 여행을 계획하고 있었고, 벌들이 겨울을 날 수 있도록 설탕물을 먹이기 위해 집에 돌아오는 방해를 받고 싶지 않았다. 이 개미지옥 같은 취미에 쏟아붓는 모든 돈이 지긋지긋했다. 얼마 전 150달러가 넘는 새로운 기화기를 구입했고, "낡은" 양봉복은 벌 크기의 구멍이 가득

나서 신형 개량 양봉복에 150달러를 투자해야 했다. 내 고생과 노력에 대한 보상은 뭐였지? 섹스에 미친 여왕벌의 짝짓기 비행처럼 내 지갑에서 빠져 날아간 돈에 대한 대가는? 남은 것은 벌집만 있고 꿀은 없는 유령도시였다.

그리고 한 가지 더, 벌에 쏘여도 놀라지 않게 되었다. 열 번 넘게 얼굴을 쏘였고 귀, 코, 목, 볼이 제멋대로 부풀어 올랐다. 그 모습이 전체적으로 좋아 보이진 않았다.

많은 결정들에 따른 투자된 시간과 돈 대비 만족감과 성취감이 따라왔는지에 대한 현실적인 분석이 있었다. 그러나 의사 결정을 분석할 때는 사랑, 애착, 회한 등의 감정으로 종종 가득 차게 된다.

우리 중 대부분은 강아지나 고양이 같은 반려동물의 죽음을 경험한 적이 있을 것이다. 정말 많이 사랑하고 너무 익숙해져 있어서 반려동물이 죽은 지 한참 후까지도 깊은 영향을 받는다. 반려동물을 잃은 뒤 슬픔을 처리하는 방법은 복잡하고 다양하며, 때때로 가족이나 친구를 잃은 것만큼 강렬할 수 있다. 보살핌에 익숙하고 평생 반려동물과 함께 살아온 많은 동물 애호가들은 새로운 반려동물을 너무 빨리 구하지 말라고 조언한다. 반려동물을 잃은 슬픔을 극복할 수 있도록 6개월에서 1년 정도 여유를 두고 어느 정도 시간이 지나면 새로운 반려동물을 생각해 보라고 한다.

벌들을 잃고 나서 이 말을 곰곰이 생각해 봤다. 새로

운 벌로 대체해야 할까? 어쩌면 대자연은 양봉이 내게 맞지 않는다고 알려 주는 것인지도 모른다. 아마도 나에게 미련을 버리라는 신호를 주었을 것이다.

하지만 나에게는 비싼 양봉 장비와 화려한 양봉복이 있다. 친한 친구들과 가족들 중에도 벌치기가 있고, 식료품점에서 우연히 만난 모든 사람들은 이제 나를 벌치기 데이브라고 불렀다. 게다가 주정부 공인 양봉가 자격증을 액자에 넣어 가지고 있었다. 양봉은 내 정체성의 일부가 되었고 양봉 기술을 배우는 데 인생의 3년을 투자해 놓고 그만두는 것은 부끄러운 일 같았다. 미리엄과 렌이 처음으로 내 선상가옥의 뒷갑판에 새 벌집을 내려 놓았을 때 가졌던 흥미와 호기심을 되찾을 수 있을지 궁금해졌다.

벌의 죽음 이후 며칠, 그리고 몇 주 동안, 이 취미가 계속할 가치가 있냐는 질문과 씨름했다. 이제는 그만하고 다른 취미로 넘어갈 때가 아닌가 하는 생각을 진지하게 했다.

만약 그만둘 때가 되었다면, 그렇게 해 **벌**여야 할 것이다. 어쨌거나 전에도 여러 가지 운동이나 취미, 심지어 동물 기르기도 많이 그만두거나 포기했으니까. 부끄러운 일이 아니다. 인간은 변화하고 성장한다. 관심사와 목표도 바뀐다. 그건 아주 자연스러운 일이다. 20대에는 동전 모으기와 라켓볼에 완전히 빠져 있었다. 그 취미에 적지 않은 시간, 돈, 에너지를 투자하고 열정적으로 빠져들었다가 어떤 이유에서인지 그냥 그만뒀다. 나는 결코 뒤돌아보지 않았고, 열정이 식은 것을 후회하지 않는다. 하지만 벌을 계속 기르기로 하는 선택은 벌에게 빠졌냐 그렇지 않냐처럼 간단하지 않았다. 좀 더 깊은 감정적 뉘앙스가 있었다.

과거의 반려동물에 대한 트라우마가 꿀벌을 잡지도 놓지도 못하게 하고 있었다. 50년 전, 뉴욕에 계신 할머니께서 골판지 상자에 거북이 네 마리를 넣어 보내 주신 적이 있다. 초콜릿으로 만든 게 아닌 진짜 살아있는 거북이었다. 1960년대 맨해튼의 동물 가게들은 잘 팔리게 하기 위해 작은 거북이의 등딱지에 꽃을 비롯한 다채로운 모티브를 그려 넣는 우스꽝스러운 짓을 했다. 그들은 지워지지 않는 유화 물감을 사용했다. 여덟 살의 어린 나이였던 나는, 유화 물감에 거북이를 죽일 만큼 해로운 화학물질이 들어 있고, 거북이 등 껍데기에는 미세한 구멍이 많아서 그 화학물질이 거북이의 혈관으로 흡수되며, 등에 귀여운 노란색 데이지가 그려진 거북이는 3~6개월 안에 죽을 운명이라는 세 가지 쓸데없는 사실을 알게 됐다. 할머니가 보내준 거북이들도 딱 그만큼 살았다. 그 짧은 기간 동안, 미리엄과 나는 거북이들을 열심히 보살폈다. 거북이에 대해 읽고, 엄청나게 관심을 주고, 조심스럽고 규칙적으로 먹이를 주며, 다들 그렇듯이 거북이들과 유대 관계를 맺었다.

사실 반려동물로서 거북이는 그다지 훌륭하지 않았다. 구경하는 재미가 있게 미친 듯이 날아다니며 벌과는 달리 거북이는 좀 지루했다. 너무 느리게 움직여서 우리는 종종 거북이가 죽었다고 생각했다. 그러던 어느 날, "잠깐만, 애네 진짜 죽었어!" 거북이들의 작은 심장에 유독한 페인트가 너무 많이 흘러들었던 것이다. 거북이 등딱지 미술이라는 미명 하에 죽은 거북이들을 끝으로 우리 남매는 더 이상 취미로 파충류를 기르지 않았다. 양봉을 하다가 실수했을 때 거북이에게 독성이 있는 화학물질을 바른 것마냥 어리석다고 느껴지곤 했다.

결국 심사숙고 끝에 절충안을 찾았다. 아마 휴식이 필요했을지도 모른다. 애도에 대한 동물 애호가들의 조언에 귀를 기울이면서, 벌들의 죽음과 새로운 벌집을 들이는 사이에 시간을 좀 갖는 것이 반성하고 치유할 수 있는 귀중한 기회가 될 것이라 생각했다. 휴식을 취하고 나면 깨끗한 백지 상태에서 시작할 수 있다. 그것이 진정한 휴식이다. 하지만 얼마나 오랫동안 휴식을 취해야 할까? 사람들의 조언처럼 6개월에서 1년 사이로 시간을 정하면 될까? 문제는, 이 기간이 반려동물 한 마리를 위한 것이라는 점이다. 나는 방금 1만 마리의 벌을 잃었다. 적어도 5천~1만 년 동안은 새로운 벌집을 마련할 마음의 준비가 되지 않을 것이다. 7020년에서 12020년은 돼야 내 허접한 양봉 기술을 다시 사용할 수 있을 거라는 의미다. 젠장, 생물학이나 물리학 분야에서 어떤 기적이 일어나 그 때까지 살아 있다고 해도, 그때쯤이면 내가 배운 모든 것을 잊어버릴 것이다. 나는 벌 학교에서 시험을 본 지 일주일 만에 거기서 배운 거의 모든 것을 잊어버렸다. 어쨌든 무슨 차이가 있겠는가? 나는 7020년에 없을 것이고, 군집붕괴현상이 점점 증가하는 추세를 보면, 꿀벌도 없을 가능성이 크다. 그리고 꿀벌이 없다면 인간도 없을 것이고…음, 상상에 맡기겠다.

양봉을 계속하려면 지금 당장 시작하는 것이 최선이라고 결정했다. 껍데기에 그려진 그림 때문에 혈관 속에 독이 흐르는 거북이처럼 침울하게 돌아다니는 짓은 그만두고 하얀 양봉복의 소매를 걷어 올리고, 이전의 문제와 실수를 돌아본 후, 텅 빈 벌통에게 윙윙거리는 새로운 삶을 채워 주어야겠다고 생각했다.

그런데 어디서부터 시작해야 할까? 어떻게 하면 실수를 반복하지 않을 수 있을까? 다시는 1만 구의 황갈색 시체들을 마주하고 싶지 않다. 기적적으로, 벌들이 죽은 지 한참 후에 나무 벌집 상자에 남아 있는 특정 질병을 다뤘던 벌 학교의 강의를 기억해 냈다. 그래서 무엇부터 시작해야 할지 명확해졌다. 바로 장비다. 만약 벌들이 죽은 후에 즉시 조치를 취하지 않으면, 남아 있는 질병으로 인해 벌집에 새롭게 들어올 미래의 살아 있는 벌들도 계속 죽게 된다.

벌 질병 중 하나인 미국부저병은 매우 치명적이기 때문에 벌통의 내벽을 토치로 지져야만 양봉 장비에서 70년 동안 살아 있는 페니바실러스 유충이라는 포자형성세균을 제거할 수 있다. 그렇다, 무려 70년! 막대 형태의 미국부저병 포자는 아주 작아서 눈에 띄지 않는다. 미국부저병에 감염된 벌집에서 간호벌들은 갓 부화해서 아무 의심도 없는 불쌍한 벌 유충에게 천상의 꿀을 먹인다. 하지만 그 꿀은 페니바실러스에 감염되어 있다. 아기들은 며칠 내로 죽는다. 아기 벌의 몸은 숨길 수 없이 이상한 냄새가 나는 – 부저병(foulbrood)은 냄새나는 아기라는 뜻이다 – 요소로 분해되어 수백만 수천만 개의 페니바실러스 포자를 방출한다. 더 많은 아기가 더 많은 오염된 꿀을 먹고, 밖에 있는 꿀벌들은 포자를 퍼뜨리는 일이 벌어진다. 온타리오 주 농림축산식품부에 따르면, 포자 하나면 태어난 지 한 시간 된 애벌레를 감염시킬 수 있고, 하루 된 애벌레를 감염시키는 데는 35개의 포자만 있으면 된다.

미국부저병이 있는지 확인하는 한 가지 방법은 말라죽은 애벌레가 밀랍방의 아래쪽 벽을 따라 딱딱하게 굳어 부서지기 쉬운 어두운 색의 흔적을 형성했는지 보는 것이다. 이것은 한때 부지런한 꿀벌이 되려고 했던 존재의 잔해다. 그래서 나는 오래된 꿀틀들을 꺼내서 빈 방에 부저병의 흔적이 있는지 조사했다. 흔적은 하나도 나오지 않았고, 이런 흔적마다 최대 25억 개의 포자가 들어 있을 수 있기 때문에 안심이 되었다. 운이 좋았다. 벌통을 태우려다 실수로 내 집을 불태웠을지도 모르기 때문이었다.

아마도, 끔찍하게 피를 빨아먹는 응애 때문에 약해진 벌들이 백묵병이나 노제마병으로 죽었을 것이다. 나는 정말 그 두 병의 차이를 기억해 내지 못했다. 양봉가 과정을 들은 지 1년이 지났으니까. 하지만 운 좋게도, 백묵병과 노제마 세포를 파괴하고 꿀틀, 상자, 양봉 장비에 서식할 수 있는 모든 미세한 해충을 죽일 수 있는 이오트론 전자빔 살균기라는 멋진 물건을 강사가 언급했던 것이 기억났다. 마치 스타 트렉에 나올 법한 기계의 이름이 마음에 들었다. 지금까지 양봉에 관한 것은 모두 낮은 기술 수준의 물건들이었기 때문에 변화를 위해 첨단 기술을 경험하는 것도 재미있겠다고 생각했다. 만약 양봉을 다시 한다면, 제대로 할 거다. 스캇, 이동광선을 쏴 줘!

다행히 캐나다에서 가장 큰 이오트론 전자빔 살균기는 포트 코퀴틀럼이라는 집에서 차로 한 시간 거리에 있는 밴쿠버 교외 지역에 있었다. 그래서 어느 토요일 아침 나는 오염된 벌집을 밴에 싣고 방역소로 직행했다. 바퀴가 18개 달린 트레일러들로 가득 찬 거대한 주차장에 도착해서, 30개의 더러운 꿀틀이 담긴 3개의 벌집을 해체해서 녹슨 양봉 도구를 손에 들고 코스트코 세 개 넓이의 거대한 회색 창고의 하역장 중 하나를 향해 걸어갔다.

『오즈의 마법사』의 에메랄드 시티 입구에서 종을 치는 도로시의 기분으로 벨을 눌렀다. 잠시 후, 무시무시한 마법사를 연상시키는 흰 실험복을 입은 대머리 남자가 대답했다. 나는 그가 "저리 꺼져!"라고 말할 줄 알았다. 내 벌집 상자들을 본 후, 그는 내가 제대로 찾아왔다는 걸 알고 미소를 지으며 나를 들여보냈다.

전자빔 가속기는 중형 여객기만한 크기의 아주 육중한 기계였다. 4.5미터 높이의 기괴하게 생긴 이 기계의 중앙에는 검은색 고무로 된 커다란 컨베이어 벨트가 지나가고 있었다. 컨베이어 벨트에 물건을 실은 커다랗고 네모난 화물차들이 올라가 있고, 지게차가 돌 무더기를 실은 팔레트를 들고 창고 주변을 질주하고 있었다. 이 모든 것을 지켜보면서 이곳의 규모에 비하면 나의 벌집 청소라는 일이 얼마나 작고 하찮으며 가벼운 일인지 깨달았다. 차라리 집에서 벌집 상자를 전자레인지에 넣을 걸 그랬다는 생각도 들었다.

이 기계가 대체 무슨 일을 하는지, 그리고 상업적으로 어떻게 활용되는지 정말 궁금했다. 실험실 가운을 입은 남자는 친절해 보였지만 시간이 촉박하다는 듯 손목시계를 연거푸 쳐다보고 있었다. 궁금증에 대한 답을 얻기는 어려웠다. 그래서 벌치기들이 많이 오냐는 질문으로 침묵을 깨려고 시도했다. 그는 알록달록하게 칠해진 나의 괴상한 벌통 상자를 보며 의아한 표정을 지었다.

"벌통 소독 매출이 우리 사업에서 차지하는 비중은 1% 도 안 됩니다. 주로 전문 양봉가들이 캐나다 서부 전역에서 한 번에 수천 개의 벌통을 이곳으로 배에 실어 보내죠. 양봉 클럽에서 회원들 벌통을 모아 1년에 한두 번 수백 개씩 보내기도 하고요." 그는 약간의 웃음을 터뜨리며 "당신처럼 벌통 하나만 가지고 혼자 찾아오는 사람은 거의 없긴 합니다"라고 말을 맺었다. 조그만 벌통 하나를 들고 서 있는 내 자신이 너무 바보 같았다. 하지만 매년 수천 개의 병든 벌통이 이 기계를 통과한다는 사실에 잠시 멈칫하며 벌통 한 개의 죽음에 대해 좀 더 넓은 관점에서 생각하게 됐다.

어쨌든 마법사는 내가 맘에 들었는지, 이 장비가 이름 그대로 전자를 가속시켜 의료 장비, 의약품, 실험기구, 농업용 사료 및 기타 여러 산업 품목을 살균하는 고속 전자 비방사성 "샤워"를 한다고 설명해 주었다. 그는 이 장비로 가장 많이 처리하는 것이 보석이며, 전 세계의 거대한 광산에서 온 보석들이 대형 화물차에 실려 이 특수 장비를 통과한다고 했다. 귀가 번쩍 뜨였다. 실제로 텍사스의 보석인 블루 토파즈는 땅에서 나올 때는 회색 혹은 무색이다. 그런데 전자빔 가속기에서 나온 방사선을 쐬면 놀랍도록 생생한 청록색으로 변한다. 그는 이 공장에서 매년 수백 톤의 토파즈를 처리한다고 했다. 공장을 잠시 둘러보면서 초보적인 질문으로 이 불쌍한 남자의 시간을 좀 더 낭비하고 나니, 그가 날으는 마법 융단을 타고 끈적끈적하고 곰팡이가 덕지덕지 붙은 내 상자들을 휘젓는 비용이 얼마인지 묻기가 두려워졌다. "제 꿀 한 통으로 퉁치면 안 될까요?"라고 농담을 해 봤지만 그 제안은 거절당했다. 가격은 10달러였고 다음날 아침에 벌집 상자를 가져갈 수 있었다.

상자를 가져왔는데 전날과 똑같아 보였다. 정말 방사선을 쏘인 걸까, 아니면 세계 최대의 사기극이었을까? 공장을 나서기 전에 50미터 길이의 거대한 기계를 빙빙 돌리며 컨베이어 벨트가 돌아가는 모습을 몇 분 동안 지켜보았다. 단돈 10달러만 지불했으니 너무 오래 머물고 싶지는 않았다. 상자를 챙겨 들고 작별 인사를 하고 나왔다. 밴을 타고 주차장을 빠져나오면서 혹시 거대한 트럭들 뒤에서 떨어진 청록색 토파즈 보석이 있지는 않을지 검은 아스팔트 도로를 주의 깊게 살폈다. 토파즈가 있었다면 오즈의 마법사를 만나고 온 이 여행의 기념품이 됐을 거다. 이제 전문가가 살균해서 병원체가 없는 상자들을 가지고 다시 양봉을 시작할 준비가 되었다. 카르페 디엠!

포트 코퀴틀럼은 이름에서 알 수 있듯이 바다 근처에 있다. 집으로 돌아가는 경치 좋은 길에서 아름다운 작은 만을 따라 일찍 꽃을 피운 나무들을 봤다. 봄처럼 신선함과 희망찬 기분을 주는 계절은 없다. 겨울이 곧 끝날 것 같다는 생각을 하면서, 결국 양봉과 벌통을 다시 시작해야 하는 내 상황으로 생각이 향했다. 그래, 벌통을 소독한 건 좋은데 벌은 어쩌지? 원점으로 돌아왔다. 다시 시작하려면 건강한 새 벌들이 필요했다.

　업무 보고서를 살폈다. 관심이 꿀벌에서 주식 시장으로, 다시 꿀벌로 왔다갔다 했다. 액면 분할되는 주식을 선호했지만 내 주식이 잘 된 적은 없다. 내 친구는 2003년에 애플 주식을 많이 샀는데, 그의 주식은 몇 번이나 분할되었다. 대신 나는 캐나다 양봉가에게 어울리는 블랙베리 주식을 샀다. 그런 투자를 할 때는 가능한 모든 돈을 저축하고 거래를 위해 눈을 크게 뜨고 있어야 한다. 양봉에 돈을 쓰지 않을 때면 나중을 위해 돈을 아껴 두었다. 양봉에서 유일하게 들인 돈만큼의 이익을 낼 수 있는 일은 건강한 벌통 하나를 두 개로 만드는 것이다. 벌집 나누기에 대한 이야기를 기억하는가? 벌집을 둘로 나눈다는 것은, 자연적 분봉이 일어나기 전에 인간이 개입한다는 말이다. 번성하는 벌집을 나누기에 가장 좋은 시기는 봄이다.

　벌통을 나누려면 꽃가루와 함께 밀봉된 꿀과 벌과 아기벌들이 담긴 4~5개의 꿀틀을 들어올려서 한 상자에서 다른 상자로 옮기기만 하면 된다. 벌들이 스스로 무리를 지어 새로운 벌떼로 나뉠 때, 저장된 꿀을 가져갈 수는 없었다는 걸 기억할 거다. 또한 밀랍 방에서 서서히 자라고 있는 아직 태어나지 않은 벌들도 가져갈 수 없었다.

인위적으로 벌집을 분할할 때는 다양한 발달 단계에 있는 아기벌 또는 알을 함께 옮기는 것이 중요하다. 이렇게 하면 새 벌통이 즉시 성장하기 시작하고 그 후로도 몇 주, 몇 달 동안 계속 성장할 힘을 갖게 된다. 하지만 여왕벌은 어떨까? 자연스럽게 분봉할 때, 여왕은 새로운 무리와 함께 떠난다. 인위적 분봉 때도 마찬가지로 마음을 편안하게 하는 페로몬을 지닌 여왕벌을 새 상자로 옮겨서 벌들이 새 집에서 잘 적응할 수 있도록 돕는다. 또, 여왕벌은 즉시 더 많은 알을 낳아서 새 벌통의 성장 속도를 높일 것이다. 하지만 여왕을 새 집으로 옮긴 후 원래 벌통에도 새 여왕을 추가해야 한다는 걸 잊으면 안 된다.

다행히도 나에게는 큰 벌통을 많이 가지고 있고 기꺼이 나랑 거래할 의향도 있는 여자친구가 있다. 지난 시즌 동안 지니의 벌집은 대박을 쳤다. 지니는 아버지의 농장에서 가져온 벌집 세 통으로 시작해서 번성과 분봉을 통해 열 여덟 개로 늘렸다. 마침 우연히 독립할 준비가 된 엄청나게 건강한 벌집을 갖고 있었다. 양봉의 좋은 점은 규정이나 불필요한 요식행위가 없다는 거다. 분할에 대한 허가도 필요 없고 영역 문제도 신경 쓸 필요가 없다. 대자연은 이런 식의 분할을 환영한다. 그래서 지니와 나는 하얀 양봉복을 입고 지니 아버지의 농장에 있는 벌집에서 필요한 것을 가져왔다. 그런 다음 꿀벌과 알, 꿀을 골판지 상자에 깔끔하게 담아 묶고 선상가옥으로 향했다. 나는 지니에게 벌들이 지낼 곳을 농장 뷰에서 강 뷰로 업그레이드해 주었다는 점을 강조했다.

선상가옥의 갑판에서 분봉의 다음 단계를 진행했다. 골판지 상자에서 벌통의 꿀틀을 하나씩 조심스럽게 떼어 내는 동안, 나는 벌들이 말끔하고 깨끗하게 소독한 알록달록한 벌집으로 들어가는 모습을 보며 뿌듯했다. 10달러를 쓴 보람이 있었다. 새 벌들에게는 전문 청소업체가 40시간 동안 싱크대 아래나 소파 뒤 등 손이 닿기 어려운 곳을 힘들게 닦아 낸, 먼지 한 톨 없는 아파트로 이사하는 것이나 마찬가지였기 때문이다. 사실 나무 상자는 그보다 훨씬 더 깨끗했다. 이오트론 공장에서는 외과 수술에 사용되는 의료 장비도 살균하니까, 내 벌통도 수술실만큼 깨끗해진 것이다! 섣부르고 어설픈 양봉 기술로 인해 모든 것을 망쳤던 과거는 가라! 새로운 양봉 생활의 첫날이었다. 아주 깨끗하게 다시 시작하고 나니, 비로소 양봉이라는 취미에 대해 좀 더 진지하게 임하게 되었다.

마지막 꿀틀을 골판지 상자에서 갓 소독한 벌통으로 옮기는 동안, 성공과 실패 그리고 삶의 순환에 대한 고상한 철학적 생각을 하면서 닥친 일에서 잠시 벗어날 수 있었다. 강에서 산들바람이 불어오는 완벽한 날이었다. 잠시 멈춰서 손에 들고 있던 꿀틀을 자세히 들여다보았다. 보호용 베일 아래 코에 씌워져 있던 돋보기 안경이 그 순간만은 깨끗했다. 하늘에는 구름 한 점 없고, 비가 오는 밴쿠버에서는 자주 볼 수 없는 강렬한 햇빛이 우리가 흔히 놓치는 작은 것까지 비춰 주었다. 나는 그 순간에 완전히 빠져들었다. 꿀틀의 아주 작은 정육각형 부분을 선명하게 볼 수 있었다. 작고 뚜껑이 덮인 부화방 예닐곱 개가 모여 있는 모습에 사로잡혔다. 일벌과 간호벌들이 마치 붐비는 기차역처럼 앞뒤로 바쁘게 뛰어다니고 정신없이 서로에게 부딪히는 모습에 완전히 마음을 빼앗겼다. 질서와 혼란이 뒤섞인 이 모순된 장면을 지켜보며 이해하려고 하는 동안 시간이 잠시 멈췄다. 그러다가 대부분 양봉을 하면서는 놓치기 쉬운 아주 작은 것, 너무너무 작지만 그래서 더 기적 같은 일이 일어났다. 부화방 하나에 밀랍 양초에 바늘을 찔러 낸 듯한 아주 작은 구멍이 생겼다. 아주 천천히, 아기벌의 작은 더듬이가 튀어나왔다. 그러더니 머리카락 한 올 같은 검은 더듬이가 살짝 떨다가 끈끈하고 포근한 밀랍 아기침대 쪽 구멍으로 다시 들어갔다. 이렇게 나는 우연히 벌의 생애 첫 순간과 마주했다. 잠시 후, 벌은 다시 더듬이를 내밀더니 몇 초 동안 씰룩씰룩 움직여서 구멍을 약간 넓혔다. 그리고 다시 휴식. 다음으로는 아랫턱으로 구멍을 조금씩 넓혀 나갔다. 아기벌은 작은 밀랍 구멍에 작은 머리를 대고 밀어서 밀랍 윗부분을 조금 더 깨뜨린 다음, 40여 초에 걸쳐 구멍을 점점 키우면서 조금씩 밀고 나왔다. 이런 본능적인 행동의 반복은 아기벌 안에 프로그램된 것이다. 구멍을 넓히고, 아래로 흔들고, 잠시 멈추고, 위로 흔들고, 흔들 공간을 더 넓히고, 더 많은 밀랍을 씹고, 다시 멈췄다. 아기벌이 나오기에는 아직 구멍이 너무 작아서 잠시 쉬고 다시 모든 단계를 반복했다. 꿈틀거리며 밀고 나오는 모습을 4분 정도 더 지켜보다가 나는 아기벌의 탄생을 끝까지 지켜보는 일에 취해 버렸다.

내 눈앞에 펼쳐진 것은 지난 3년간 관찰해 온 곤충의 삶의 복잡한 순환 중 첫 번째 단계였다. 물론 이 기적은 언제나 일어난다. 더듬이가 처음으로 튀어나오는 순간, 자매들과 함께 꽃가루 수분과 왕국의 생존이라는 중요한 작업에 기여하고 싶은 간절한 마음으로 작은 벌이 밀랍으로 덮인 방을 힘겹게 파괴하는 순간. 이런 모습들은 과거에도 우연히 마주했지만 생명이 탄생하는 정확한 순간을 본 것은 처음이었다.

드디어 세상에 나온 아기벌은 다른 아기들과는 달라 보였다. 외골격과 털이 아직 완전히 자라지 않았고 다른 자매들보다 약간 작고 가벼웠다. 나중에 알게 되었는데, 밀폐된 방을 벗어나 신선한 공기를 접하면 침샘이 활성화되고 방금 나온 자신의 방을 포함해 비어 있는 부화방들을 청소하려는 욕구가 발동한다고 한다. 그 후 2~3일 동안, 집안 청소에 전념한다. 여왕벌이 신선한 알을 낳으러 오면, 경험 많은 다른 벌들이 방을 꿀꿀과 꽃가루로 채운다. 여왕벌이 낳는 알에는 난자와 마찬가지로 본능적인 행동을 유발하는 신호, 코드, 수백만 개의 명령어가 미리 입력되어 있다. 세상이 굴러가게 하는 대자연의 질서 역시 우리 모두가 태생적으로 지니게 되는 이러한 명령어에 크게 의존한다. 당신도, 나도, 꿀벌도 그런 신호를 가지고 있다.

이 작은 벌이 그 다음으로 한 일에 정말 강렬한 인상을 받았다. 그는 임무 수행을 위해 시간을 낭비하지 않았다. 기어 나온 지 2초도 되지 않아 일을 시작했다. 태어나자마자 사회에 실질적인 진짜 기여를 하기 위해 바쁘게 움직이는 생물이 또 있을까? 나는 최소 25년이 걸렸다. 꿀벌은 정말 놀라운 존재다! 이 행성에서 불과 몇 달의 생만이 주어진 이 작은 벌은 벌집에 즉시 보탬이 되기 시작했다. 모든 벌들이 승급하는 데 필요한 일 경험을 쌓기 전에 시작하는 초급 작업, 즉 벌들의 계급 제도에서 가장 낮은 일은 청소다. 아기벌은 열과 성의를 다해 청소에 임했다.

다른 벌들과 함께 그냥 머리를 넣었다 뺐다 하며 벌의 태반과 잔해, 오래된 먹이들을 청소하기 시작했다. 방향을 잡거나 힘을 기르기 위해 5분 정도 쉰 것도 아니다. 길을 익히기 위해 자기가 맡은 꿀틀을 둘러볼 필요도 없는 것 같다. 다른 벌이 청소하는 법을 알려 주지도 않았다. 그냥 일하기 위해 태어난 존재다. 입이 떡 벌어졌다. 나도 남들에게 뒤처지지 않기 위해 당면한 나의 작업, 분봉을 완수하기로 했다.

그때야 비로소, 나는 반드시 계속 꿀벌을 키워야 한다는 것을 깨달았다. 꿀을 위해서도 아니고, 명성을 얻고 싶어서도 아니고, 여자친구나 누나와 공유할 취미를 갖기 위해서도 아니었다. 아니, 미리엄과 렌이 3년 전 선상 가옥에 첫 번째 벌집을 두고 갔을 때만 해도 양봉을 계속해야 하는 이유 같은 건 생각하지도 않았다. 우연히 벌치기가 돼서 꿀벌의 세계를 주의 깊게 관찰하고 또 존중하다 보니 지구라는 행성에서 떼를 지어 살아가는 복잡하고, 벌들보다 훨씬 더 엉망인 인간 군상을 헤쳐 나가는 법을 배우게 된 것 같다. 그것이 꿀벌을 계속 키우는 이유다. 꿀벌을 관찰하고 그들의 협력을 배우면 동료 인간들을 더 잘 이해하고 관계 맺을 수 있을지도 모른다. 우리가 직면한 위기는 꿀벌들이 직면한 위기와 크게 다르지 않다. 우리 모두는 대자연으로부터 오는 동일한 일들을 겪는다. 지도자와 시민의 변화, 질병과 기근, 극단적인 날씨와 자연재해의 변덕에 대처하는 과정에서 각자의 역할을 수행한다. 우리는 모두 그저 같은 것을 바라도록, 즉 부지런하고 평화로운 왕국 안에 안전하고 편안한 집이 있기를, 그리고 우리집 식품 창고에 꿀이 조금 있기를 원하도록 타고났다.

감사의 말

꿀벌도 남자친구도 모두 잘 돌보는 지니에게 감사의 말을 전한다. 내가 꿈꾸는 최고의 파트너이자 최고의 양봉가이다. 그리고 벌통을 가져다준 미리엄에게도 고맙다. 미리엄을 나의 누나로 맞을 수 있었던 것은 '형제 복권 당첨'이라는 행운이다. 필요할 때마다 찾아와서 이 프로젝트가 끝날 때까지 도와 준 일벌들이 있다. 끝없는 초고 작업에도 내 곁을 지켜 준 버몬트 출신의 인내심 많은 편집자 꿀벌 아마벨, 벌집은 약 4만 개의 벌로 구성되고 책은 약 8만 개의 단어로 구성된다는 사실을 이해하도록 도와 준 동기 부여 꿀벌 다프니, 항상 글을 쓰도록 격려해 준 다프니의 동생 제니퍼, 뛰어난 교정자이자 맞춤법 꿀벌인 네이오미, 그리고 어느 날 꿀 한 병과 이 책의 초기버전을 들고 불쑥 찾아온 쓸모없는 수벌에게 기회를 준 출판계의 여왕벌 타린 보이드에게 감사한다. 출판 전 원고를 읽고 의견을 준 데이비드 킨케이드, 브라이언 앤턴슨, 줄리 프레스콧, 다이앤 젤, 마타야 바섹, 미리엄 소엣, 지니 페이지에게도 특별한 감사를 전한다. 그리고 유머와 정확성 사이의 미세한 경계를 이해하는 능력이 뛰어난 독자 악셀 크라우스의 친절한 피드백에도 정말 감사하다. 마지막으로 친구이자 멘토, 영웅, 무엇보다 꿀 애호가인 릭 한센에게 감사를 전한다. 끝은 단지 또 다른 시작이다.

내 선상가옥은 프레이저 강의 경치 좋은 굽이진 곳에 있다.
건너편엔 버려진 섬이 있다.
사진 제공: 데이비드 킨케이드

이 집은 원래 강을 오르내리며 톱밥을 운반하던 바지선 위에 지어졌다.
뒤쪽 갑판에는 벌집 하나가 들어갈 만한 공간이 있다.
보통 벌집은 너댓 개의 나무 상자로 구성되어 있다.

나무 벌통은 조립되지 않은 상태로 제공되며 접착제와 못으로 고정해야 한다.
상자를 조립하고 망치질을 한 후에는 페인트칠을 해야 한다.
나는 벌들이 사는 상자에 휘황찬란한 만화를 그리는 것을 좋아한다.

내가 벌통에 그린 다양한 디자인들. 눈치챘겠지만,
이 책의 장 제목들이 대체로 이 나무 벌통들의 이름을 따서 지은 것이다.

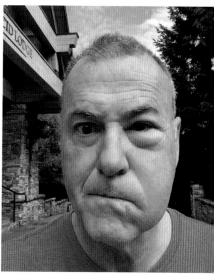

양봉 장비 중 가장 중요한 것 중 하나는 후드가 달린 베일이다. 얼굴에 쏘이면 보통 걷잡을 수 없을 정도로 기괴하게 부어오른다.

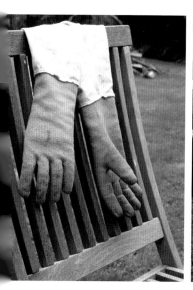

손에 쏘이지 않도록 두꺼운 가죽 장갑은 필수. 꿀벌 학교에서의 "현장" 학습.

프레이저 강을 배경으로 벌통에서 꿀틀을 꺼내는 모습.

전형적인 꿀틀. 바깥쪽 가장자리의 밝은 색 뚜껑이 있는 벌방에는 꿀이 있고,
가운데의 짙은 갈색 영역에 뚜껑이 있는 벌방에는 벌이 있다.

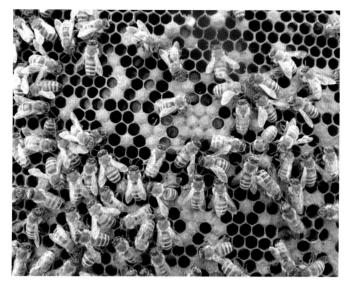

뚜껑이 있는 벌집과 뚜껑이 없는 벌집 위로 꿀벌이 기어가는 모습.

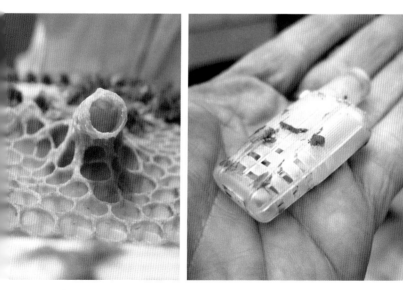

여왕벌방의 처음은 이렇게 생겼다. 여왕벌을 담아왔던 플라스틱 케이지.

꿀이 가득 들어 있는 꿀틀에 일벌들이 우글우글 모여 있다.
꿀틀의 중간 아래쪽에 여왕벌방이 튀어나와 있다.

밀랍을 새로 뽑아 내는 꿀벌들.

목재 꿀틀에 밀랍을 바르며 바삐 일하는 꿀벌들.

금속제 양봉 도구를 사용하여 벌집에서 꿀틀을 제거하는 모습.
벌들이 밀랍으로 벌방을 만들기 전의 꿀틀.

꿀벌들에게 먹일 설탕 포대.
백설탕이 벌통 안쪽 덮개 위에 있는 작은 구멍을 둘러싸고 있다.

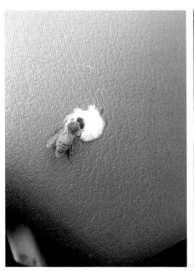

양봉 컨퍼런스로 향하는 폭스바겐 밴의 대시보드 위
꿀 한 방울 옆에 누운 벌 한 마리. 걱정 마, 비 해피.

세 종류의 꿀벌: 위쪽부터 일반적인 암컷 일벌, 가운데는 수벌,
맨 아래는 여왕벌의 모습이다.

또다른 거대한 꿀벌 벽화.

겨울은 꿀벌과 수상 양봉가에게 전의를 불타오르게 만든다.

검은 점들은 옥살산 처리 후 꿀벌에게서 떨어져 흰색 골판지 바닥 보드에 떨어진
꿀벌응애의 사체다. 벌통 바닥에 설치된 기화기에 자동차 배터리로 전원을
공급해서 응애를 퇴치할 수 있다.

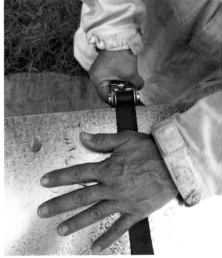

아웃야드로 가는 트럭 뒷좌석에 벌통이 단단히 고정되어 있다.
벌통 운반을 위해 벌통에 래칫 타이다운 스트랩을 단단히 감고 있는 모습.

숲이 사라진 후 가장 먼저 다시 자라는 식물 중 하나는 분홍바늘꽃이다.
꿀벌들은 이 식물의 꿀을 좋아한다.

아웃야드의 전기 울타리 뒤에 벌통이 놓여 있다.

채밀기에서 작은 그릇으로 흘러나오는 꿀.
꿀을 추출한 후에는 왁스 입자와 불필요한 이물질을 걸러내야 한다.

여과된 꿀을 병에 채우는 지니.

친구들에게 나눠 줄 준비가 된 선상가옥 꿀의 작은 병들.

전에도 말했고 다시 한 번 말하지만… 쇼 미 더 허니!